主　　编　殷涌光

副 主 编　于庆宇　罗　陈　牟光庆

其他编者　刘静波　李应彪　李次力

　　　　　胡爱军　杨芙莲

普通高等教育"十一五"国家级规划教材

食品机械与设备

殷涌光　主编

于庆宇　罗　陈　牟光庆　副主编

化学工业出版社

·北京·

本书主要介绍食品加工常用机械与设备，共分 15 章，分别介绍了输送机械与设备，清洗、分选及分级机械与设备，分离机械，研磨和粉碎机械与设备，脱壳与脱皮机械与设备，搅拌、混合及均质机械与设备，食品成型机械与设备，杀菌机械与设备，干燥机械与设备，食品冷冻机械与设备，浓缩设备，挤压加工机械与设备，发酵机械与设备，食品包装机械。

　　本书可供食品科学与工程专业课程教学使用，也可供食品质量与安全等相关专业课程教学使用，还可供有关研究人员、工程技术人员和高等院校有关专业师生参考。

图书在版编目（CIP）数据

食品机械与设备/殷涌光主编. —北京：化学工业出版社，2006.9（2023.5重印）
普通高等教育"十一五"国家级规划教材
ISBN 978-7-5025-8783-3

Ⅰ.食⋯　Ⅱ.殷⋯　Ⅲ.食品加工设备-高等学校-教材　Ⅳ.TS203

中国版本图书馆 CIP 数据核字（2006）第 117928 号

责任编辑：赵玉清	文字编辑：项　潋
责任校对：蒋　宇	装帧设计：潘　峰

出版发行：化学工业出版社（北京市东城区青年湖南街 13 号　邮政编码 100011）
印　　装：三河市延风印装有限公司
787mm×1092mm　1/16　印张 13¾　字数 356 千字　2023 年 5 月北京第 1 版第 16 次印刷

购书咨询：010-64518888　　售后服务：010-64518899
网　　址：http://www.cip.com.cn
凡购买本书，如有缺损质量问题，本社销售中心负责调换。

定　　价：36.00 元

前　言

　　《食品机械与设备》是食品科学与工程专业本科教学的必修课程用书。本书介绍了食品机械与设备的现状、分类、特点与要求，介绍了食品机械与设备的研究及发展；全面地介绍了食品加工时所使用的各类机械与设备，介绍了基本的和新的加工机械与设备，介绍了它们的工作原理与结构，这便于在食品加工中食品机械与设备的选择和使用，对于食品专业的学生和专业技术人员是应该了解和掌握的基本专业内容。

　　本书是食品科学与工程及相关专业的专业课教材，得到了教育部 2001～2005 届食品科学与工程专业教学指导分委员会的推荐，经过专家的评审，被教育部批准为普通高等教育"十一五"国家级规划教材。

　　本书编写分工为：殷涌光（吉林大学）、于庆宇（吉林大学）、罗陈（深圳职业技术学院）共同编写全书，牟光庆（大连轻工业学院）对第七、九、十、十二章进行了修改；刘静波（吉林大学）、李应彪（石河子大学）、李次力（黑龙江商学院）、胡爱军（天津科技大学）、杨芙莲（陕西科技大学）对本书部分章节进行了修改和提出了宝贵意见，本书由殷涌光统稿。

　　本书的编写出版得到了食品科学与工程教指委和出版社的大力支持，也得到了很多热心人的支持和帮助，在此向给予本书大力支持的所有人员表示衷心的感谢！

　　鉴于作者水平有限，书中难免存在不妥之处，恳请读者批评指正。

殷涌光
于长春吉林大学
2006 年 7 月

目 录

第一章 绪 论

第一节 食品机械与设备的历史与现状

食品是以农产品、畜产品、水产品和林产品等可食性资源为原料，按照一定的工艺要求，经过加工或重组，为人类提供可食用的各种制品。完成上述加工过程的工业为食品工业。食品机械则是在食品工业生产中，把食品原料加工或重组成食品或半成品的机械和设备。

食品是人类生存和社会发展的物质基础。它不仅影响当代人的素质和健康状况，而且关系着子孙后代的身体健康和智力发展，对于促进民族兴旺和国家昌盛有着极其重要的意义。因此，世界各国都高度重视发展食品工业。尤其是20世纪70年代以来，世界各国的食品工业得到了突飞猛进的发展。在工业发达国家，食品工业已由单纯的食品加工业逐渐扩展为食品制造工业，也即采用先进的工程技术，用工业化生产方法，将有限的天然食品原料加以合理利用，去除有害物质，提取有效成分，根据人体的营养需要，按照预期要求，进行科学重组，生产出更加精细、更有营养、更加适口、更加方便、更耐储存、更加卫生、更具针对性和吸引力的食品。

食品机械是食品工业的重要组成部分，同食品工业一样，在国民经济中也占有重要地位。食品机械的发展历程与食品工业的发展过程密不可分。食品工业的发展需求推动和促进了食品机械的发展，而发展起来的食品机械又保证和促进了食品工业的发展。食品机械与食品工业的这种相互依赖关系贯穿于食品机械和食品工业的全部发展过程。正是由于对食品加工生产能力要求的不断提高才促使大型、高效的食品机械的发展；正是由于对食品加工质量要求的提高才促进了高精度和技术先进的食品机械的发展；正是由于传统、特色食品工业化生产的要求，才促使一些新型食品机械的发展。我国食品工业及食品机械的发展历程可分为三个阶段。

第一阶段，20世纪50年代以前，几乎没有食品机械工业。食品的生产加工主要以手工操作为主，基本属于传统作坊生产方式。仅在沿海一些大城市有少量工业化生产方式的食品加工厂，所用的设备几乎全是国外设备。而粮食加工厂情况略好于食品加工厂。这时的粮食加工厂主要是以面粉的工业化生产加工为主。同样，面粉加工厂所用的设备也几乎全是国外设备。在20世纪50年代以前，全国几乎没有一家像样的专门生产食品机械的工厂。

第二阶段，20世纪50～70年代，食品加工业及食品机械工业得到一定的发展，全国各地新建一大批食品加工厂，尤其是面粉、大米、食用油的生产加工厂。在主要的粮食加工厂中，基本上实现了初步的机械化工业生产方式。但同期的食品加工厂尚处于半机械半手工的生产方式，机械加工仅用于一些主要的工序中，而其他生产工序仍沿用传统的手工操作方式。这时，与食品工业发展相适应，食品机械工业也得到了快速发展，即我国食品机械起步于20世纪70年代。全国新建了一大批专门生产粮食和食品机械的制造厂，使得国产食品机械基本能满足我国食品工业发展的需求，并为实现食品工业化生产做出了重大贡献。食品机械工业已初步形成了一个独立的机械工业。

第三阶段，20世纪80年代以后，食品工业发展迅猛。这得益于80年代以后的改革开放政策。随着外资的引入，出现了很多独资、合资等形式的外商食品加工企业。这些企业在将先进的食品生产技术引进国内的同时，也将大量先进的食品机械带入国内。再加上社会对食品加工质量、品种、数量要求的不断提高，极大地推进了我国食品工业以及食品机械制造业的发展。通过消化吸收国外先进的食品机械技术，使我国的食品机械工业的发展水平得到很大提高。20世纪80年代中期，我国食品工业实施了第一轮大规模的技术改造工程。经过这一轮的技术改造工程，食品工业全面实现了机械化和自动化。进入20世纪90年代以后，又进行了新一轮的技术改造工程。在这一轮的技术改造工程中，许多粮食加工厂和食品加工厂对设备进行了更新换代，或直接引进全套的国外先进设备，或采用国内厂家消化吸收生产出的新型机械设备。经过两轮的技术改造工程，极大地推进了我国食品机械工业的发展，食品机械工业已完全形成了一个独立的机械工业，现已形成门类齐全、品种配套的产业，已成为机械工业中的十大产业之一。

第二节　食品机械与设备的分类、特点和要求

一、食品机械与设备的分类

食品加工机械种类繁多，食品机械的品种一般在3000种以上，我国大约有1500种左右。据1984年发布的中华人民共和国机械工业部标准（JB 3750—84）产品种类划分，按食品机械的功能、加工对象把食品机械分为专用加工机械和通用加工机械，共计28类，即制糖机械、饮料加工机械、糕点加工机械、蛋品加工机械、蔬菜加工机械、果品加工机械、乳品加工机械、糖果加工机械、水产品加工机械、油脂深度加工机械、调味品加工机械、方便食品加工机械、豆制品加工机械、屠宰和肉食加工机械、酿酒机械、果蔬保鲜机械、烟草机械、罐头食品加工机械、食品粉碎设备、食品混合和搅拌机械、食品浓缩设备、均质机械、杀菌机械、干燥机械、洗刷机械、分选机械、热交换器和不锈钢食品槽罐。

本书突出设备的功能、工作原理及特点，按设备的功能将食品机械分为：输送机械与设备，清洗、分选及分级机械与设备，分离机械与设备，研磨与粉碎机械与设备，脱壳与脱皮机械与设备，搅拌、混合及均质机械与设备，食品成型机械与设备，杀菌机械与设备，干燥机械与设备，食品冷冻机械与设备，浓缩设备，挤压加工机械与设备，发酵机械与设备，食品包装机械等。

二、食品机械与设备的特点

食品机械是特点非常突出的一种加工机械。由于食品工业加工对象（农产品、畜产品、水产品和林产品等）繁多，加工性质和工艺（物理的、化学的、生物的、物理化学的等）不同，需求品种各异，加工的最终产品是食品。因此，食品机械除具有一般机械产品的共性外，还有其特殊性，即食品机械的专业性强、品种多、批量小、结构灵巧精确、易于拆卸和清洗；零部件材料防腐、防锈，卫生条件好；不同设备易于配套成线，并具有自动清洗和消毒系统。现代化高水平成套生产线还具有连续、密闭、高度自动化并在无菌状态下工作的特点。

食品机械的加工对象主要为动物和植物，加工出的产品服务对象是人。人们对食品的要求不但有食品的营养价值，还有食品的色、香、味等。食品的营养价值虽然主要取决于原料成分，但是采用不合理的加工方法与设备，有时会使食品原有营养大量损失，破坏了食品的色、香、味等。因此食品机械设计应充分考虑这一特点。

三、食品机械与设备的要求

（1）食品机械的工艺性　根据食品原料的特征以及加工工艺性的要求，通常会对食品机械的加工温度、加工时间等有一定限制。要设计出合理的食品机械，其前提是充分了解该食品的工艺性特点，如对一些热敏食物的加工，为了防止因加工温升过高而使食品变性，特别要注意

控制机械加工的温度和时间。设计时要考虑如何减少加工时的温升，要在结构设计时采用各种冷却方式，如风冷、冷却夹套结构来控制温升。如胶体磨的设计中，常在定子外壁设置冷却循环水夹套。而在另一些场合，如螺杆挤压膨化成型机中，为了满足物料在挤压腔中达到熟化的工艺要求，设计时采取的措施一方面是增大螺杆，增加机筒与物料间的摩擦和挤压作用，另一方面在机筒内壁开设阻转槽以及在机筒外壁增设电加热装置。为了避免因加工过程中的温升而加速食品及物料的氧化变性，现代较为先进的食品机械常设有真空装置，如真空斩拌机、真空均质机、真空擂溃机、真空油炸机等。

（2）食品机械的卫生性　食品机械加工出的产品要符合食品卫生要求，因此在设计食品机械时，要充分考虑卫生性要求。如在结构设计时，应尽量避免工作区内的死角，以避免因死角内物料长时间存积而发生腐烂变质，造成污染。结构设计时要充分考虑设备的拆卸与清洗方便。有些食品机械对卫生性的要求特别高，如乳制品加工机械、肉类加工机械，当采用间歇生产方式时，要求对设备每班进行清洗，有的甚至是每班进行拆卸式清洗，因此对这类设备设计时，一定要考虑具有快捷拆装的结构。

保证食品机械卫生性要求的另一个重要方面是食品机械材料的选择。食品的原料大多数是高分子化合物，呈现酸性和弱碱性，因此食品对金属材料有较强的腐蚀作用。设计食品机械时，在材料的选择上，最低要求是：凡与食品直接接触的零部件所用材料务必是耐腐蚀的金属或非金属。使用较多的耐腐蚀金属是不锈钢，使用较多的非金属是各种无毒塑料。

（3）食品机械的密封性　为了防止轴承润滑油泄漏污染食品以及食品物料中水分泄漏腐蚀机械部分，食品机械的密封要求一般较高，因此在设计密封装置时要给予充分考虑。目前填料密封和机械密封是食品机械中用得最多的两种密封结构形式。除选用可靠的密封结构外，还应认真考虑轴承的结构布置，如将主轴上支承改为下支承，可有效防止润滑油泄漏污染食品。

（4）食品机械的可靠性　大多数食品机械属连续性生产方式，具有机械化和自动化特点。很多食品加工是连续流水线生产方式，有的甚至是不间断运行，如果某个生产环节的设备出了故障，不能正常工作，将势必影响整条生产线，甚至导致停产。因此，食品机械的可靠性在食品加工过程中是非常重要的。

第三节　食品机械与设备的研究及发展

虽然最近二十年来，食品机械实现了跨越式发展，取得了很多成果，但食品机械工业起步相对较晚，科研、设计、制造的基础比较薄弱，还不能很好适应现代食品工业发展的需要，存在许多亟待解决的问题。

一、我国食品机械工业发展目标

为满足食品工业发展需要，食品机械工业的发展应和食品工业的发展保持同步增长或略快。食品机械产品品种 2010 年将达 3000 种；食品机械成套水平每年增加 100 种；目前已有的食品加工生产线缺门缺项的单机，基本补齐；食品加工成套设备最高小时生产率比目前各成套最高小时生产率提高 1 倍左右。

二、食品机械发展重点

为适应食品工业企业生产规模，满足食品工业市场需求，为食品工业提供所需的各种类型、不同规格的食品机械，既要满足量大、面广的中小型加工企业的需求，也要满足大型食品加工企业和新组建的企业集团的需求，为保证食品工业在 2010 年前重点发展的基础原料工业、方便食品、营养保健食品、传统食品、出口产品加工业在食品机械上的需求，提供急需的和关键的设备，食品机械有以下发展重点。

（1）粮油加工机械与设备　发展能提高大米和面粉得率、降低杂质含量的机械与设备，适当发展免淘米、珠光洁米、专用粉、杂粮精加工机械与设备，发展粮食深加工和综合利用的机械与设备。

发展膨化等油脂浸出工艺、油脂精炼和豆粕低温脱溶机械与设备，开发并应用棉籽、菜籽的脱毒机械与设备。

（2）方便食品加工机械与设备　发展和提高方便面、方便米饭、方便粥、方便米粉、挂面、膨化食品、馒头、包子、春卷、馄饨、饺子等方便主食加工成套机械与设备；发展快餐、课间餐、午餐等工业化生产机械与设备。重点发展传统食品、保健食品、婴幼儿食品加工机械与设备。

（3）啤酒、饮料加工机械与设备　发展啤酒、果汁、茶饮料、纯净水、富氧水的节能、低耗、高品质加工成套技术、机械与设备。

（4）果蔬保鲜与加工装备　大力发展利用气调、^{60}Co 辐射、速冻、真空干燥、冷冻干燥、脱水保鲜等技术、机械与设备；发展果蔬分级技术、机械与设备，果蔬汁、袋装鲜菜加工技术、机械与设备；发展分离和提取果蔬资源中功能成分的技术、机械与设备。

（5）屠宰与肉类加工机械与设备　发展畜禽屠宰机械与设备，大力发展熟肉制品和方便肉食品的加工技术、机械与设备，加快发展冷却肉、配菜或调理肉食加工技术、机械与设备，发展畜、禽屠宰的内脏、血液、皮、骨、羽毛和各种腺体的综合利用技术、机械与设备，应用分离和提纯新技术开发功能性生理活性物质的加工技术、机械与设备。

（6）水产加工机械与设备　发展鱼类洗净、分割和虾类脱壳分级的处理技术、机械与设备。发展低值鱼为原料加工鱼糜的技术、机械与设备，加快发展水产功能食品及食品添加剂原料制备技术、机械与设备，发展仿真工程食品生产技术、机械与设备。

（7）淀粉与淀粉糖加工机械与设备　发展大型玉米淀粉、大中型薯类淀粉生产技术、机械与设备，发展玉米直接法制果糖和变性淀粉生产技术、机械与设备，加快发展淀粉厂废渣、废水的综合利用技术、机械与设备；开发微生物多糖、各类低聚糖、有机酸等功能性食品原料的生产技术、机械与设备。

（8）植物蛋白加工机械与设备　发展各种豆制品、豆奶的生产技术、机械与设备，发展各种植物蛋白（大豆、花生、玉米、米糠及叶蛋白等）提取技术、机械与设备。加快发展利用低温脱溶和脱毒处理后的大豆粕、菜籽粕、棉籽粕提取食用植物蛋白的技术、机械与设备。

（9）节能机械与设备　大力开发食品工业中杀菌、蒸发、浓缩、干燥、焙烤等高能耗单元的节能技术、机械与设备。

（10）食品加工中废弃物综合利用机械与设备　食品加工中将会产生大量的废弃物，例如渣、汁、液、内脏、血和各种含钙物质等，应通过加工取其有用之物，大力开发废弃物综合利用技术、机械与设备。

（11）食品加工中重点应用的高新技术　重点发展应用的高新技术是真空技术、高压技术、超临界流体萃取技术、生物工程技术、膜分离技术、微波技术、超声波技术、保鲜辐射技术、挤压膨化技术、微胶囊技术、冷冻升华干燥技术、无菌包装技术和光电技术等。

三、食品机械与设备的研究与发展

随着食品加工业的深入发展，对食品机械的各种性能以及功能的要求会越来越高，要求食品机械的机械化和自动化程度、运行的可靠度、生产率及效率等越来越高，因此要适应食品加工业深入发展要求，需要研制光机电一体化的新型食品机械与设备；研制利用电磁传感技术原理的食品分选机械与设备；研制食品超高压加工机械与设备；研制高效超细粉碎机械与设备；研制高效节能的热处理与干燥设备；研制高电压脉冲电场杀菌设备；研制冷杀菌设备以及超声波均质机械与设备等。

第二章　输送机械与设备

食品加工中，存在着大量的物料输送问题，为了保证卫生要求，提高劳动生产率和减轻劳动强度，需要采用各式各样的机械来完成物料的输送任务。尤其是自动化食品生产线中，输送机械是连接各个生产工序必不可少的重要环节。食品工厂的原料、燃料、容器及各种辅助材料都是通过各种运输工具运到食品工厂的所在地，然后进入厂区内的物流系统。

食品工厂中输送机械的作用是：组成流水线和自动化不可缺少的重要环节，构成了生产中的中间媒介和衔接纽带；降低产品成本、保证食品卫生、减少人身和产品的事故；食品加工工序的重要组成部分，有时还在输送中对物料进行某种工艺（如干燥、混合等）操作。

输送机械一般根据被输送的物料不同，分为固体物料输送机、酱体物料输送机、液体物料输送设备等。输送固体物料和粉状物料时，采用各种类型的输送机及气力输送设备；输送液体及酱体状物料时，则采用各种形式的泵和液流输送装置。

第一节　固体物料输送机械

一、带式输送机

（一）概述

带式输送机是一种应用广泛的连续输送机械，适用于块状、颗粒状物料及整件物品的水平或小角度输送。输送中，可以对物料进行分选、检查、清洗、包装等操作。

带式输送机的优点：结构简单，自重轻，便于制造；输送路线布置灵活，适应性广，可输送多种物料；输送速度高，输送距离长，输送能力大，能耗低；可连续输送，工作平稳，不损伤被输送物料；操作简单，安全可靠，保养检修容易，维修管理费用低。

带式输送机的缺点：输送带易磨损，且成本大（约占输送机造价的 40%）；需用大量滚动轴承；中间卸料时必须加装卸料装置；普通胶带式输送机不适用于输送倾角过大的场合。

普通带式输送机国内已有定型产品，如 TD 型通用固定式胶带输送机、轻型固定式胶带输送机、GH69 型高倾角花纹胶带输送机等。食品加工厂常使用轻型的帆布带或网带输送机。

带式输送机中的输送带是输送机的牵引构件，同时又是承载构件。整条输送带均支承在托辊上，并绕过驱动滚筒和张紧滚筒。

根据带式输送机的工作条件、工作要求和被输送物料的性质，可将带式输送机分为不同的类型。按支承装置的形式，可将其分为平型托辊输送机、槽型托辊输送机及气垫带式输送机等。按输送带的种类，可分为胶带式、帆布带式、塑料带式、钢带式和网带式输送机等。胶带输送机在粮油工业上使用最广泛。依胶带表面形状，又可将其分为普通胶带输送机和花纹胶带输送机。按输送机机架结构形式，又可将带式输送机分为固定式和移动式两大类。

（二）带式输送机的工作原理及主要构件

1. 带式输送机的工作原理　带式输送机是食品工厂中采用最广泛的一种连续输送机械。它用一根闭合环形输送带作牵引及承载构件，将其绕过并张紧于前、后二滚筒上，依靠输送带与驱动滚筒间的摩擦力使输送带产生连续运动，依靠输送带与物料间的摩擦力使物料随输送带一起运行，从而完成输送物料的任务。带式输送机常用于块状、颗粒状物料及整件物料水平方向或倾斜不大的方向运送，同时还可用作选择、检查、包装、清洗和预处理操作台等。

2.带式输送机的主要构件　带式输送机简单可靠，带式输送机是一种具有挠性牵引构件的运输机，以输送带为传动和承载构件，其上组成部件有输送带、驱动滚筒、张紧装置、托辊、机身、装料和卸料装置、辅助装置等，如图2-1所示。

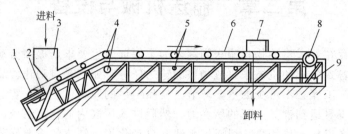

图 2-1　带式输送机结构
1—从动滚筒；2—张紧装置；3—料斗；4—转向滚筒；5—上、下托辊；6—输送带；
7—卸料装置；8—驱动滚轮；9—驱动装置

（1）输送带　在带式输送机中，输送带起着牵引和承载物料的作用。它应具备以下条件：强度高，自重轻，挠性好，伸长性小，输送物料的适应能力强，使用寿命长等。输送带一般有以下几类：橡胶带（胶带）、纤维编织带、塑料带、钢带和钢丝网带等，其中最常用的是橡胶带。

橡胶带是由若干层棉织品、麻织品或人造纤维衬布等材料制成的强力层，用橡胶加以胶合而成的，可以用于传递动力，衬布之间的橡胶层为胶合层。国产橡胶带的各种类型及规格尺寸可查阅机械设计手册。选择橡胶带时，主要应确定下列规格尺寸：带宽、强力层层数和带长。带宽可参考同类型输送机或根据生产能力计算，并按标准规格选用；带长则应根据输送机长度进行计算后确定；而强力层层数则根据工作拉力和胶带的种类、带宽等因素决定。胶带连接的方法主要有皮线缝纫法、带扣搭接法、胶黏剂冷粘法和加热硫化法等几种形式。其中以硫化接头（加热硫化法）最为理想。其接缝强度可达基体原有强度的90%，同时接口无缝，表面平整；皮线缝纫法和带扣搭接法接头简单，但对于带子的损伤很大，使接头强度降低很多，只有原来的35%～40%；胶黏剂冷粘法是一种新式连接方法，操作简便易行，如胶黏剂配方合理，粘接时操作得当，其接头强度亦可接近带子的自身强度。在采用硫化接头或冷粘时，一般应将带子按层数刻成阶梯形，然后进行接头操作，以保证接头处的强力层能够较好地连接，确保接缝处的强度。

常用的纤维编织带是帆布带。帆布带在焙烤食品生产中，主要用于成型前的面片和坯料的输送。帆布带抗拉强度大，柔性好，能经受多次反复折叠而不疲劳。帆布的接缝通常采用棉线和人造纤维线缝合。

塑料带具有减摩、耐油、耐腐蚀和适应温度范围大等优点，已被逐渐推广使用。塑料带分多层芯式和整芯式两种。多层芯塑料带和普通橡胶带相似；整芯式塑料带制造工艺简单，生产量高，成本低，强度高，但挠性较差。一般采用塑化接头。

钢带和钢丝网带的共同特点是强度高、耐高温，通常适用于产品需经油炸或高温烘烤时。特别是钢丝网带，带有网孔，有利于保证带上产品的加工质量。一般采用销式接口。

（2）驱动装置　驱动装置一般由一个或若干个驱动滚筒、减速器、联轴器等组成。倾斜输送时，还应设有制动装置。驱动滚筒通常用钢板卷制后焊接制成，为了增加滚筒和输送带之间的摩擦力，可在滚筒表面包一层木材、皮革或橡胶等材料。滚筒的宽度比带宽大 100～200mm。驱动滚筒一般制成鼓形，即中间部分直径比两侧直径稍大，使之能自动纠正胶带的跑偏。除板式带的驱动滚筒为表面有齿的滚轮外，其他的输送带的滚筒通常为直径较大、表面光滑的空心滚筒。其中驱动滚筒的布置方式如图2-2所示。

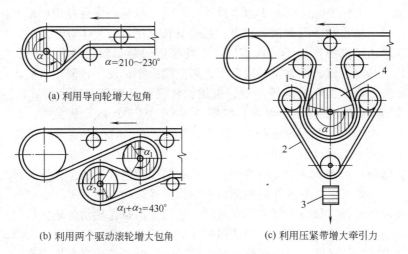

(a) 利用导向轮增大包角 $\alpha=210\sim230°$

(b) 利用两个驱动滚轮增大包角 $\alpha_1+\alpha_2=430°$

(c) 利用压紧带增大牵引力

图 2-2　驱动滚筒布置方案

1—传送带；2—压紧带；3—重锤；4—驱动轮

（3）张紧装置　输送带张紧的目的是使输送带紧边平坦，提高其承载能力，保持物料运行的平稳。带式输送机中的张紧装置，一方面要在安装时张紧输送带，另一方面要求能够补偿因输送带伸长而产生的松弛现象，使输送带与驱动滚筒之间保持足够的摩擦力，避免打滑，维持输送机正常运行。

带式输送机中的张紧装置有中部张紧和尾部张紧两大类。常用的尾部张紧装置有螺旋式、重锤式和弹簧调节螺钉组合式等，如图 2-3 所示。

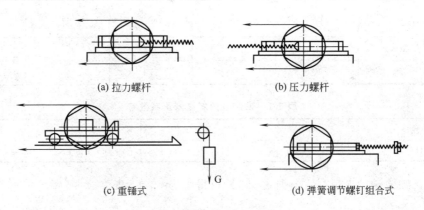

(a) 拉力螺杆

(b) 压力螺杆

(c) 重锤式

(d) 弹簧调节螺钉组合式

图 2-3　张紧装置简图

螺旋式张紧装置是利用拉力螺杆或压力螺杆，定期移动尾部滚筒，张紧输送带，优点是外形尺寸小、结构紧凑，缺点是必须经常调整；重锤式张紧装置是在自由悬挂的重锤作用下，产生张紧作用，其突出优点是能保证输送带有恒定的张紧力，缺点是外形尺寸较大；弹簧调节螺钉组合式张紧装置是由弹簧和调节螺钉组成的，其优点是外形尺寸小，调节方便。上述的几种尾部张紧装置仅适用于输送距离较短的带式输送机，可以通过直接移动输送机尾部的改向滚筒进行张紧。对于输送距离较长的输送机，则需设置专用张紧辊。

（4）机架和托辊　食品工业中使用的带式输送机多为轻型输送机，其机架一般用型钢（槽钢、圆钢等）与钢板焊接而成。可移式输送机在机架底部安装滚轮，便于移动。

托辊分上托辊（承载段托辊）和下托辊（空载段托辊）两类。通常平型托辊用于输送成件物品，槽型托辊用于输送散状物料。下托辊一般均采用平型托辊。对于较长的胶带输送机，为了限制胶带跑偏，其上托辊应每隔若干组，设置一个调整托辊，这种托辊两端有挡板，能做少量的横向摆动，可以防止胶带因跑偏而脱出。托辊总长应比带宽大100～200mm，托辊间距和直径根据托辊在输送机中的作用不同而不同。上托辊的间距与输送带种类、带宽和输送量有关。输送散状物料时，若输送量大，线载荷大，则间距应小；反之，间距大些，一般取1～2m或更大。此外，为了保证加料段运行平稳，应使加料段的托辊排布紧密些，间距一般不大于250～500mm。当运送的物料为成件物品，特别是较重（大于20kg）物品时，间距应小于物品在运输方向上长度的1/2，以保证物品同时有两个或两个以上的托辊支承。下托辊的间距可以较大，约为2.5～3m，也可以取上托辊间距的2倍。

托辊用铸铁制造，但较常见的是用两端加了凸缘的无缝钢管制造。托辊轴承有滚珠轴承和含油轴承两种。端部设有密封装置及添加润滑剂的沟槽等结构。

（5）装载和卸载装置　装载装置亦称喂料器，它的作用是保证均匀地供给输送机以定量的物料，使物料在输送带上均匀分布，通常使用料斗进行装载。卸料装置位于末端滚筒处，小件卸料时，采用"犁式"卸料器，它的构造简单、成本低，但是输送带磨损严重。

（三）生产能力计算

输送散装物料的输送能力为

$$Q = KB^2 v\rho C \tag{2-1}$$

式中，Q 为输送能力，t/s；K 为断面系数，见表2-1；B 为传送带的宽度，m；v 为输送带的速度，m/s；ρ 为物料密度，kg/m³；C 为输送机倾斜度修正系数，见表2-2。

表 2-1　断面系数 K

物料在带上的动态堆积角 φ（一般为静态堆积角的70%）		10°	20°	25°	30°	35°
K	槽型输送带	316	385	422	458	496
	平型输送带	67	135	172	209	249

表 2-2　输送机倾斜度修正系数 C

倾斜角度	0°～7°	8°～15°	16°～20°	21°～25°
C	1.00	0.95～0.90	0.9～0.8	0.8～0.75

因此，已知输送量求带宽，根据式（2-1）可得

$$B = \sqrt{\frac{Q}{K\rho vC}} \tag{2-2}$$

如果带式输送机不均匀给料，应将 Q 乘以供料不均匀系数（约为1.5～3.0）。

二、斗式输送机

（一）斗式输送机的工作原理

斗式输送机是一种在垂直或大倾角倾斜向上输送粉状、粒状或小块状物料的连续输送机械，在我国粮油工业中用得非常广泛。斗式输送机的一般结构如图2-4所示。它自下而上可分为三部分：下为机座6，包括进料斗10、张紧机构9和底轮3等；中为机筒7，包括牵引构件1和承载构件4等；上为机头5，包括传动机构8、止逆机构12、卸料管11和头轮2等。斗式输送机的牵引构件可以是带，也可以是链，它环绕于头轮和底轮之间，并被张紧装置张紧。在带或链的全长上，每隔一定距离，安装一个料斗（承载构件）。为防止物料的抛散和灰尘的飞

扬，外用机壳封闭。工作时，传动机构将动力传递给牵引构件，使料斗运动。物料由机座进入运动的料斗，再被料斗沿机筒提升。在机头处，物料由料斗中抛出，经卸料管卸至机外。

斗式输送机的优点：结构简单，紧凑，占地面积小，工作平稳可靠，提升高度高（可达 30～50m），生产率范围较大（3～160m³/h），耗用动力少，有良好的密封性等。

斗式输送机的缺点：对过载敏感，必须连续均匀地供料，料斗容易磨损，容易引起粉尘爆炸等。

（二）主要构件

（1）料斗 料斗是斗式输送机的盛料构件，根据运送物料的性质和提升机的结构特点，料斗可分为 3 种不同的形式，即圆柱形底的深斗和浅斗及尖角形斗，如图 2-5 所示。

图 2-5（a）中所示深斗的斗口呈 65°的倾斜，斗的深度较大，用于干燥的、流动性好的粒状物料的输送。（b）所示为浅圆底斗，斗口呈 45°倾斜，深度小，它适用于运送潮湿的和流动性差的粉末和粒状物料，由于倾斜度较大和斗浅，物料容易从斗中倒出。（c）所示为尖角形料斗，它与上述两种斗不同之处是斗的侧壁延伸到底板外，使之成为挡边，卸料时，物料可沿一个斗的挡边和底板所形成的槽卸料，它适用于黏稠性大和沉重的块状物的运送，斗间一般没有间隔。

（2）牵引构件 斗式输送机的牵引构件有胶带和链条两种。采用胶带时料斗用螺钉和弹性垫片固接在带子上，带宽比料斗的宽度大 35～40mm，牵引动力依靠胶带与上部机头内的驱动轮间的摩擦力传递。采用链条时，依靠啮合传动传递动力，常用的链条是板片或衬套链条。胶带主要用于高速轻载提升，适合于体积和相对密度小的粉末、小颗粒等物料；链条则可用于低速重载提升。

（3）机筒 机筒是斗式输送机机壳的中间部分，为两根矩形截面的筒，多使用厚度为 2～4mm 的钢板制成，在筒的纵向和端面配以角钢，以加强机筒的刚度，同时端面角钢的凸缘又

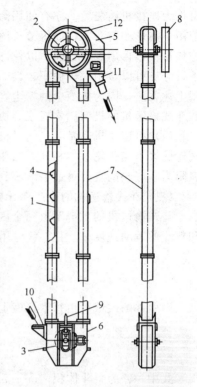

图 2-4 斗式输送机的结构

1—牵引构件；2—头轮；3—底轮；4—承载构件；5—机头；6—机座；7—机筒；8—传动机构；9—张紧机构；10—进料斗；11—卸料管；12—止逆机构

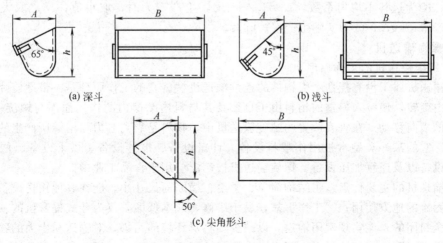

(a) 深斗　　　　　　　　　(b) 浅斗

(c) 尖角形斗

图 2-5 料斗的形状

可作为连接机筒法兰。亦有使用圆形截面的机筒，这种机筒使用钢管制作，它的刚度好，但需配用半圆形的料斗。机筒每节长约 2～2.5m，使用时根据使用长度用多节相连，连接时法兰间应加衬垫，再用螺栓紧固，以保证机筒的密封性能。低速工作的斗式输送机，牵引构件的上、下行分支可以合用一个面积较大的机筒，以简化整机结构。但高速工作的斗式输送机不可以使用上述方法，因为机筒中的粉尘容易在单体机筒的涡状气流中长期悬浮，导致粉尘爆炸。有少数斗式输送机的机筒用木板或砖块砂浆制成，以降低整机造价。

（4）机座 机座是斗式输送机机壳的下部，由机座外壳、底轮、张紧装置及进料斗组成。底轮的大小与头轮基本相同，当斗式输送机提升高度较大或生产率较高时，为了减少料斗的装料阻力，底轮的直径可适当减小到头轮直径的 1/2～2/3。

（三）斗式输送机的生产率计算

斗式输送机的生产率由两个因素决定，即牵引构件单位长度上的物料质量 q（称线载荷）和料斗的运动速度 v，生产率 Q 用下式计算

$$Q = \frac{3600}{1000} qv = 3.6qv \tag{2-3}$$

牵引件的线载荷由每米长度上料斗的数目和每个料斗内所盛装物料的质量来确定，即

$$q = \frac{V}{a} \rho \psi \tag{2-4}$$

式中，V 为料斗体积，m^3；a 为料斗间距，m；ρ 为物料密度，kg/m^3；ψ 为料斗装满系数，见表 2-3。

表 2-3 料斗装满系数选用表

料斗线速/$m \cdot s^{-1}$	逆向进料	顺向进料	料堆取料
1.0～1.5	0.95	0.90	0.60
1.5～2.5	0.90	0.80	0.50
2.5～4.0	0.80	0.70	0.40

由于斗式输送机对过载敏感，因此使用时实际生产率应低于设计生产率，否则进料量稍有增加，就会发生机座堵塞事故。

$$Q_{设计} = KQ \tag{2-5}$$

式中，K 为进料不均匀系数，$K = 1.2～1.4$，生产率大时，取小值；反之取大值；$Q_{设计}$ 为设计生产率，kg/s；Q 为实际生产率，kg/s。

三、螺旋输送机

（一）螺旋输送机的工作原理

螺旋输送机属于没有挠性牵引构件的连续输送机械。它的工作原理是：带螺旋片的轴在封闭的料槽内旋转，使装入料槽的物料由于自重及其与料槽摩擦力的作用而不与螺旋一起旋转，只能沿料槽横向移动。在垂直放置的螺旋输送机中，物料是靠离心力与槽壁所产生的摩擦力而向上移动。它的某些类型常被用作喂料设备、计量设备、搅拌设备、烘干设备、仁壳分离设备、卸料设备以及连续加压设备。螺旋输送机被广泛应用于食品工业中。

螺旋输送机的主要优点：①结构简单、紧凑、横断面尺寸小，能在其他输送设备无法安装时或操作困难的地方使用；②工作可靠，易于维修，成本低廉，仅为斗式提升机的一半；③机槽可以是全封闭的，能实现密闭输送，以减少物料对环境的污染，对输送粉尘大的物料尤为适宜；④输送时，可以多点进料，也可在多点卸料，因而工艺安排灵活；⑤物料的输送方向是可

逆的，一台输送机可以同时向两个方向输送物料，即向中心输送或背离中心输送；⑥在物料输送中还可以同时进行混合、搅拌、松散、加热和冷却等工艺操作。

螺旋输送机的主要缺点：物料在输送过程中，由于与机槽、螺旋体间的摩擦以及物料间的搅拌翻动等原因，使输送功率消耗较大，同时对物料具有一定的破碎作用；特别是它对机槽和螺旋叶片有强烈的磨损作用；对超载敏感，需要均匀进料，否则容易产生堵塞现象；不宜输送含长纤维及杂质多的物料。

螺旋输送机用于摩擦性小的粉状、颗粒状及小块状散粒物料的输送；在输送过程中，主要用于距离不太长的水平输送，或小倾角的倾斜输送，少数情况亦用于高倾角和垂直输送。

（二）螺旋输送机的主要构件

如图 2-6 所示，它是由料槽、转轴、螺旋、轴承和传动装置等部分组成。

（1）**螺旋**　螺旋可以是单线的也可以是多线的，螺旋可以右旋或左旋。螺旋叶片如图 2-7 所示分为 4 种类型。

当运送干燥的小颗粒或粉状物料时，宜采用实体螺旋，这是最常用的形式；输送块状或黏滞性物料时，宜采用带式螺旋；当输送韧性和可压缩性物料时，宜采用叶片式或齿形式螺旋，这两种螺旋在运送物料的同时，还可以对物料进行搅拌、揉捏及混合等工艺操作。

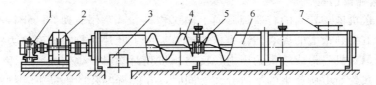

图 2-6　螺旋运输机

1—电动机；2—减速器；3—卸料口；4—螺旋叶片；5—中间轴承；6—料槽；7—进料口

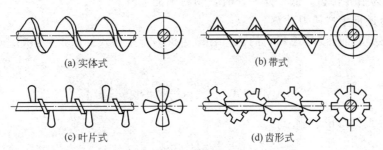

(a) 实体式　　　　　　　　　(b) 带式

(c) 叶片式　　　　　　　　　(d) 齿形式

图 2-7　螺旋叶片形状

螺旋叶片大多是由厚 4～8mm 的薄钢板冲压而成，然后互相焊接或铆接到轴上。带式螺旋是利用径向杆柱把螺旋带固定在轴上。在一根螺旋转轴上，也可以一半是右旋的，另一半是左旋的，这样可将物料同时从中间输送到两端或从两端输送到中间，根据需要进行。

螺旋的螺距有两种：实体式螺旋，其螺距一般为直径的 0.5～0.6 倍；带式螺旋，其螺距等于直径。

（2）**轴**　轴可以是实心的或是空心的，它一般由长 2～4m 的各节段装配而成，通常采用钢管制成的空心轴，在强度相同情况下，质量小，互相连接方便。轴的各个节段的连接，可以利用轴节段插入空心轴的衬套内，以螺钉固定连接起来，如图 2-8 所示。

（3）**轴承**　轴承可分为头部轴承和中间轴承。头部应装有止推轴承，以承受由于运送物料的阻力所产生的轴向力。当轴较长时，应在每一中间节段内装一吊轴承，用于支承螺旋轴，吊轴承一般采用对开式滑动轴承，如图 2-9 所示。

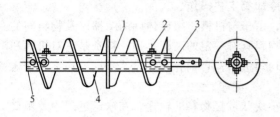

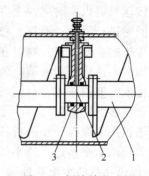

图 2-8　螺旋输送机轴连接示意图

1—轴；2—螺钉；3—连接轴；4—螺旋面；5—衬套

图 2-9　螺旋轴的连接

1—轴；2—轴连接；3—对开式滑动轴承

（4）料槽　料槽是由 3～8mm 厚的薄钢板制成带有垂直侧边的 U 形槽，为了便于连接和增加刚性，在料槽的纵向边缘及各节段的横向接口处都焊有角钢。每隔 2～3m 设一个支架。槽上面有可拆卸的盖子。料槽的内直径要稍大于螺旋直径，使两者之间有一间隙。螺旋和料槽制造装配愈精确，间隙就愈小。这对减少磨损和动力消耗很重要。一般间隙为 6.0～9.5mm。

（三）垂直螺旋输送机

垂直螺旋输送机依靠较高的转速螺旋向上输送物料。其工作原理为：物料在垂直螺旋叶片较高转速的带动下得到很大的离心惯性力，这种力克服了叶片对物料的摩擦力将物料推向螺旋四周并压向机壳，对机壳形成较大的压力，反之，机壳对物料产生较大的摩擦力，足以克服物料因本身重力在螺旋面上所产生的下滑分力。同时，在螺旋叶片的推动下，物料克服了对机壳摩擦力做螺旋形轨迹上升而达到提升的目的。离心惯性力所形成的机壳对物料的摩擦力是物料得以在垂直螺旋输送机内上升的前提，螺旋的转速越高，其上升也就越快。能使物料上升的螺旋的最低转速称为临界转速。低于此转速时，物料不能上升。

（四）螺旋输送机生产能力计算

对于螺旋输送机而言要考虑物料的性质、输送机的布置形式等因素的影响。可以通过以下式子进行计算

$$G=3600Av\rho=3600\frac{\pi D^2}{4}\varphi C\frac{tn}{60}\rho=60\frac{\pi D^2}{4}tn\varphi\rho C \tag{2-6}$$

对于带式螺旋 $t=D$ 时，则

$$G=15\pi D^3 n\varphi\rho C \tag{2-7}$$

对于实体螺旋 $t=0.8D$ 时，则

$$G=12\pi D^3 n\varphi\rho C \tag{2-8}$$

式中，G 为螺旋输送机生产率，kg/h；A 为料槽内物料的截面面积，m^2；v 为物流速度，m/s；ρ 为物料的堆积密度，kg/m^3；D 为螺旋输送机的螺旋直径，m；φ 为物料的充填系数，某些物料的 φ 见表 2-4；C 为输送机倾斜度修正系数，见表 2-5；n 为螺旋转速，m/s。

表 2-4　物料推荐充填系数 φ

物料的块度	物料的摩擦性	典型物料	推荐充填系数	推荐螺旋面形式
粉状	无摩擦性	面粉、苏打	0.35～0.40	实体
	半摩擦性	谷物、颗粒状食盐、果渣	0.25～0.35	实体
	摩擦性	糖	0.25～0.30	实体
固状	黏性、易结块	含水的糖、淀粉质的团	0.125～0.20	带式

表 2-5 输送机倾斜度修正系数 *C*

输送机的水平倾角	0°	5°	10°	15°	20°
C	1.0	0.9	0.8	0.7	0.65

四、振动输送机

(一) 振动输送的原理

振动输送机是一种利用振动技术，对松散态颗粒物料进行中、短距离输送的输送机械。振动输送机工作时，由激振器驱动主振弹簧支承的工作槽体。主振弹簧通常倾斜安装，斜置倾角为 β，称为振动角。激振力作用于工作槽体时，工作槽体在主振板弹簧的约束下做定向强迫振动。处在工作槽体上的物品，受到槽体振动的作用断续地被输送前进。

当槽体向前振动时，依靠物料与槽体间的摩擦力，槽体把运动能量传递给物料，使物料得到加速运动，此时物料的运动方向与槽体的振动运动方向相同。此后，当槽体按激振运动规律向后振动时，物料因受惯性作用，仍将继续向前运动，槽体则从物料下面往后运动。由于运动中阻力的作用，物料越过一段槽体又落回槽体上，当槽体再次向前振动时，物料又因受到加速而被输送向前，如此重复循环，实现物料的输送。

振动输送机具有产量高、能耗低、工作可靠、结构简单、外形尺寸小、便于维修的优点，目前在食品、粮食、饲料等部门获得广泛应用。振动输送机主要用来输送块状、粒状或粉状物料，与其他输送设备相比，用途广；可以制成封闭的槽体输送物料，改善工作环境；但在无其他措施的条件下，不宜输送黏性大的或过于潮湿的物料。

(二) 振动输送设备的结构

振动输送机的结构主要包括输送槽、激振器、主振弹簧、导向杆、隔振弹簧、平衡底架、进料装置、卸料装置等部分，如图 2-10 所示。

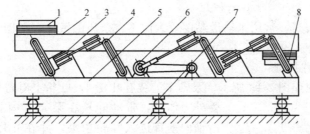

图 2-10 振动输送机结构示意图
1—进料装置；2—输送槽；3—主振弹簧；4—导向杆；5—平衡底架；
6—激振器；7—隔振弹簧；8—卸料装置

(1) **激振器** 激振器是振动输送机的动力来源及产生周期性变化的激振力，使输送槽与平衡底架产生持续振动的部件，可分为机械式、电磁式、液压式及气动式等类型。其激振力的大小，直接影响着输送槽的振幅。

(2) **输送槽与平衡底架** 输送槽（承载体、槽体）和平衡底架（底架）是振动输送机系统中的两个主要部件。槽体输送物料，底架主要平衡槽体的惯性力，并减小传给基础的动载荷。

(3) **主振弹簧与隔振弹簧** 主振弹簧与隔振弹簧是振动输送机系统中的弹性元件。主振弹簧的作用是使振动输送机有适宜的近共振的工作点（频率比），使系统的动能和位能互相转化，以便更有效地利用振动能量；隔振弹簧的作用是支承槽体，使槽体沿着某一倾斜方向实现所要求的振动，并能减小传给基础或结构架的动载荷。弹性元件还包括传递激振力的连杆弹簧。也有不使用弹性元件的振动输送机。

（4）导向杆　导向杆的作用是使槽体与底架沿垂直于导向杆中心线做相对振动，并通过隔振弹簧支承着槽体的重力。导向杆通过橡胶铰链与槽体和底架连接。

（5）进料装置与卸料装置　进料装置与卸料装置是控制物料流量的构件，通常与槽体采用软连接的方式。

第二节　液体物料输送机械

一、齿轮泵

齿轮泵属于回转式容积泵，如图 2-11、图 2-12 所示，是靠一对转动啮合的齿轮完成泵送工作的。它的工作容积由齿槽与泵壳内壁组成。随着啮合齿轮的不断旋转，工作容积交替扩张和缩小，从而完成吸入和压出液体的输送任务。按齿轮的啮合方式可分为内啮合式泵与外啮合式泵。

图 2-11　外啮合齿轮泵示意图　　　　　　图 2-12　内啮合齿轮泵示意图

齿轮的形状有正齿轮、斜齿轮和人字齿轮等。齿轮的齿形有渐开线齿形，也有摆线齿形，前者应用普遍。

齿轮泵产生的压头高，常用来输送黏度较大而不含杂质的液体，如糖浆、油类等。

二、离心泵

（一）离心泵的工作原理

离心泵的工作原理如图 2-13 所示。泵轴 1 上装有叶轮 2，叶轮上有若干弯曲的叶片。泵轴受外力作用，带动叶轮在泵壳 3 内旋转。液体由入口 4 沿轴向垂直进入叶轮中央，并在叶片之间通过而进入泵壳，最后从泵的液体出口 5 沿切线排出。

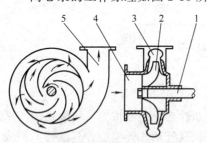

图 2-13　离心泵工作原理简图
1—泵轴；2—叶轮；3—泵壳；
4—液体入口；5—液体出口

离心泵多用电动机带动。开动前泵内要先灌满所输送的液体，开动后，叶轮旋转，产生离心力。液体在离心力的作用下，从叶轮中心被抛向叶轮外周，形成很高的流速（15～20m/s）随后在壳内减速，经过能量转换，达到较高的压力，然后从排出口进入管路。叶轮内的流体被抛出后，叶轮中心处形成真空。泵的液体入口一端与叶轮中心处相通，另一端浸没在被输送液体内，在液面压力与泵内压力的压差作用下，液体经液体入口进入泵内，填补了被排出液体的位置。只要叶轮的转动不停，离心泵便不断地吸入和排出液体。

离心泵启动时，如果泵壳与液体入口管路内没有充满液体，则泵内充满空气，由于空气的密度远小于液体的密度，而不可能产生较大的离心力，致使叶轮中心处所形成的真空不足以将液体吸入泵内。此时，虽然启动离心泵，但不能输送液体，此种现象称为气缚。为了使泵内充满液体，在液体入口管底部安装带吸滤网的底阀，底阀为止逆阀，滤网为了防止固体物质进入泵内损坏叶轮的叶片而保证泵的正常操作。离心泵的出口后面可装调节流量的阀门。

（二）离心泵的基本构成

典型离心泵的结构如图2-14所示。离心泵主要由泵体、泵盖、轴、叶轮、轴承、密封部件和支座等构成。由电动机带动固定在轴上的叶轮旋转，使叶轮中的液体获得能量（包括压力能和动能）。为防止液体从泵壳等处泄漏，在各密封点上分别装有密封环或轴封箱。轴承及轴承悬架支持着转轴。整台泵和电动机安装在一个底座上。离心泵的过流部件包括吸入室、叶轮及排出室（又称蜗壳）。对过流部件的主要要求是能达到所需要的流量和扬程，流动稳定、损失小、效率高以节省能耗。对整台泵的综合要求是：结构紧凑、工作可靠、检修方便、安全耐用。

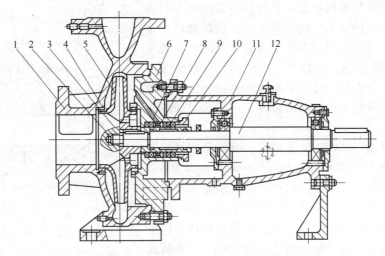

图 2-14　IS 型单级单吸离心泵结构图

1—泵体；2—叶轮螺母；3—止动垫片；4—密封环；5—叶轮；6—泵盖；7—轴套；

8—填料环；9—填料；10—填料压盖；11—轴承悬架；12—轴

（1）**叶轮**　叶轮是将原动机的机械能传送给液体的部件，提高液体的静压能和动能。如图 2-15 所示，离心泵叶轮内常装有 6～12 片叶片 1。叶轮通常有四种类型。

① 闭式叶轮，如图 2-15（a）所示，叶片两侧带有前盖板 2 及后盖板 3。液体从叶轮中央的入口进入后，经两盖板与叶片之间的流道流向叶轮外缘。这种叶轮效率较高，应用最广，但只适用于输送清洁液体。

② 半闭式叶轮，如图 2-15（b）所示，吸入口侧无前盖板。

③ 开式叶轮，如图 2-15（c）所示，叶轮不装前后盖板。半闭式与开式叶轮适用于输送浆料或含有固体悬浮物的液体，因叶轮不装盖板，液体在叶片间运动时易产生倒流，故效率较低。

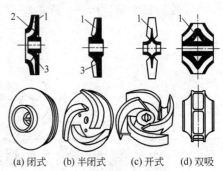

(a)闭式　(b)半闭式　(c)开式　(d)双吸

图 2-15　离心泵的叶轮

1—叶片；2—前盖板；3—后盖板

④ 双吸叶轮，如图 2-15（d）所示，适用于大流量泵，其抗汽蚀性能较好。

（2）**泵壳**　离心泵的外壳多制成蜗壳形，其中有一个截面逐渐扩大的蜗牛壳形通道，如图 2-16 所示。

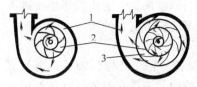

图 2-16　泵壳与导轮
1—泵壳；2—叶轮；3—导轮

叶轮在泵壳内顺蜗形通道逐渐扩大的方向轮转。由于通道逐渐扩大，以高速从叶轮四周抛出的液体便逐渐降低流速，减少了能量损失，并使部分动能有效地转化为静压能。所以，泵壳不仅是一个汇集由叶轮抛出液体的部件，而且本身又是一个能量转换装置。

（3）轴封装置　轴封的作用是防止高压液体从泵壳内沿轴的四周漏出，或外界空气从相反方向漏入泵壳内，常用的壳轴与泵壳之间的轴封装置有填料密封和机械密封两种。离心泵所采用的填料密封装置是填料函，又称盘根箱，如图 2-17 所示。图中 1 是和泵壳连在一起的填料函盖，软填料 2 一般为浸油或涂石墨的石棉绳。填料压盖 4 用螺钉拧紧，使填料压紧在盖与转轴之间，以达到密封的目的。内衬套 5 防止填料被挤入泵内。为了防止空气从填料函不严密处漏入泵内，在填料函内装有液封圈 3。通过填料函盖上的小管可以和泵的排出口相通，使泵内高压液体顺小管流入液封圈内，所引入的液体不仅能防止空气漏入泵内，还起到对轴的润滑和冷却作用。

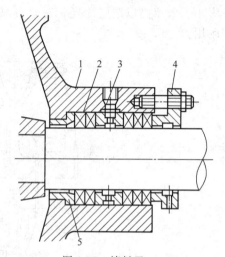

图 2-17　填料函
1—填料函盖；2—软填料；3—液封圈；
4—填料压盖；5—内衬套

对于输送食品等有特殊要求的泵，最好采用机械密封，又称端面密封，其结构如图 2-18 和图 2-19 所示。主要密封元件由动环、静环所组成，密封是靠动环与静环端面间的紧密贴合来实现的。由图可见，动环与轴一起旋转，动环的端面紧贴静环，而静环则与静环座固定连接，两端面的紧密贴合是借助于压紧元件——弹簧通过推环来达到的。两端面间的紧贴程度可用弹簧来调节。动环密封圈和静环密封圈等为辅助密封元件，除具有一定的密封能力外，还具有一定的弹性，可吸收对密封面有不良影响的振动作用。与填料密封相比，机械密封具有液体泄漏量小、使用寿命长、消耗功率少、结构紧凑、密封性能好等优点；缺点是机械加工复杂，加工精度高，安装的技术条件严格，成本高。

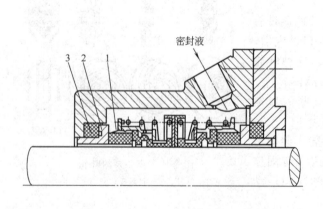

图 2-18　双端面密封
1—动环；2—静环；3—静环密封圈

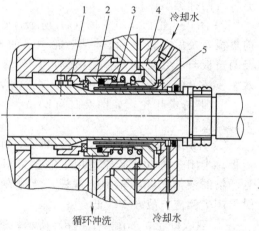

图 2-19　精制式机械密封
1—动环；2—静环；3—推环；4—弹簧座；5—挡水套

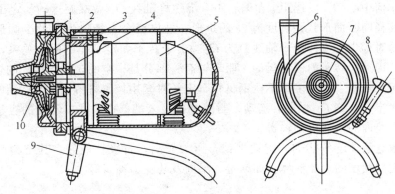

图 2-20　离心式饮料泵

1—活动泵壳；2—叶轮；3—固定泵壳；4—轴封装置；5—电动机；
6—出口；7—进口；8—快拆箍；9—支架；10—泵轴

食品厂常用的离心式饮料泵（图 2-20）的轴封方式常采用不透性石墨端面密封结构（图 2-21）。离心式饮料泵壳体内所有构件都是用不锈钢制作的，常称为卫生泵，用于输送原浆、料液等。泵的结构和工作原理与普通的离心泵相同，叶轮采用叶片少的封闭式叶轮，泵盖及叶轮拆装方便，以满足食品厂食品卫生和经常清洗的要求。

（三）泵的计算

（1）泵的流量　泵的流量是指单位时间排出的液体量 q_V 和 q_m 的关系为

$$q_V = \frac{q_m}{\rho} \qquad (2\text{-}9)$$

式中，q_V 为体积流量，m^3/h；q_m 为质量流量，kg/h；ρ 为输送温度下液体密度，kg/m^3。

（2）泵的功率和效率　泵在单位时间内对液体所做的功，称为有效功率 P_e，其数值为

$$P_e = Hq_V\rho g / 3600 \qquad (2\text{-}10)$$

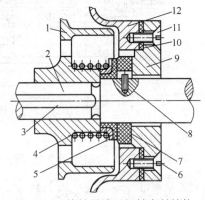

图 2-21　饮料泵端面机械密封结构

1—叶轮；2—主轴；3—键；4—弹簧；5—不锈钢挡圈；6—氯丁橡胶垫圈；7—不透性石墨；8—柱头螺钉；9—压紧盖；10—橡胶垫圈；11—紧固螺钉；12—泵体

式中，P_e 为泵的有效功率，W；H 为泵的压头，m；q_V 为泵的流量，m^3/h；ρ 为液体的密度，kg/m^3；g 为重力加速度，m/s^2。

泵在工作时由驱动机传给泵轴的功率称为轴功率，用 P 表示。

泵的效率 η 是指泵的有效功率与轴功率之比，即

$$\eta = \frac{P_e}{P} \times 100\% \qquad (2\text{-}11)$$

实践证明，有效功率总是小于轴功率。其原因为：①容积损失，由于泵体与动件间的缝隙，泵内高压液体产生泄漏或倒流，造成的能量损失；②水力损失，液体流经泵体时，其流速大小、方向将发生改变，并伴有冲击，由此造成的能量损失；③机械损失，由泵内各构件相对运动产生的摩擦所造成的能量损失。

三、螺杆泵

按螺杆个数可分为单螺杆泵、双螺杆泵和多螺杆泵等，其工作原理略有不同。目前输送食品液料多用单螺杆泵。如图 2-22 所示，单螺杆泵内转子是径向断面为圆形（直径为 d）的螺

杆，它是按其几何中心 O，以螺距 t 和偏心距 e 绕螺杆轴线 O_1 做螺旋运动。定子是螺距为 $2t$ 的螺旋形孔，其径向断面形状是宽度为 $2e$ 的矩形，外接两个直径也为 d 的半圆形所组成的长圆孔。定子孔的对称中心（即定子轴线）为 O_2。由于转子和定子孔的配合关系，沿轴向形成若干个封闭腔。为适应转子的偏心运动，驱动轴有一部分是中空的，它与螺杆的连接常用平行销联轴器或万向联轴器。螺杆多用不锈钢材料，定子衬套用橡胶材料。在泵运动时，转子轴线 O_1，以偏心 e 为半径，绕 O_2 做回转运动，封闭腔自吸入端形成，并以不变的容积向排出端运动，从而使封闭腔内的液体得到输送。

单螺杆泵输送液体连续均匀，运动平稳，压力较高，自吸性能好，其结构简单，零部件少，它适于输送高黏度的食品液体，如糖蜜、果肉及巧克力糖浆等。

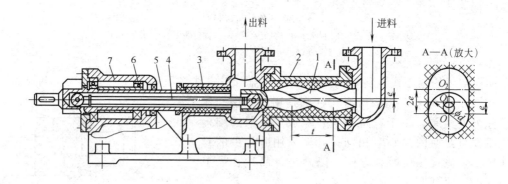

图 2-22　螺杆泵

1—螺杆；2—螺腔；3—填料函；4—平行销连杆；5—套轴；6—轴承；7—机座

四、罗茨泵

罗茨泵的工作原理如图 2-23 所示，这种泵是在两平行轴上装有一对"8"字形断面的转子，两转子以等角速度做方向相反的旋转运动。当转子按箭头方向旋转到图（a）、（b）所示的位置时，被抽入液体从进液口进到由转子与泵壳和端盖构成的空间中。当转子继续旋转到图（d）所示的位置时，则排液口端较高压力的液体就反冲到这部分空间中。由于转子继续旋转，便把被抽入液体和反冲回来的液体一起驱压到排液口处而被排走。泵轴每转 1 周，共完成上述四个动作过程，即排出上述抽入部分的液体。旋转的罗茨泵转子不停旋转，形成下一个工作周期。

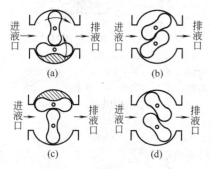

图 2-23　罗茨泵工作原理

罗茨泵的主要结构是由泵壳体、转子、传动部分组成（图 2-24）。泵的转子与转子和泵壳之间存在一定的间隙，其间隙值和相对转动位置由转子的较高加工精度和同步转速来保证。其转子的线型种类很多，如圆弧型、渐开线型、摆线型、综合线型等。

五、滑板泵

滑板泵（或称叶片泵）的结构如图 2-25 所示。主要工作部件是一个带有径向槽而偏心装置在泵壳中的转子。在转子的径向槽中装有沿槽自由滑动的滑板，滑片靠转动的离心力（或靠弹簧作用力）而伸出，压在泵壳两侧的内壳面上，并在其上滑动。当转子在前半周时，两相邻滑板与内壳壁间所围成的空间容积逐渐由小变大，形成真空，吸入液体；当转子在后半周时，空间容积便由大逐渐变小而将液体排入排液室。

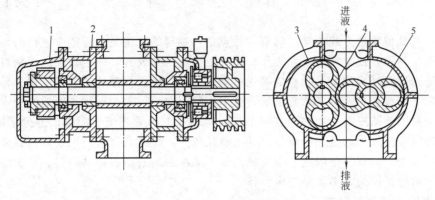

图 2-24　罗茨泵结构

1—齿轮箱；2—左侧箱；3—泵体；4—从动转子；5—主动转子

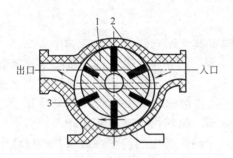

图 2-25　滑板泵工作示意图

1—转子；2—泵壳；3—滑板

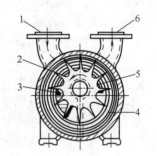

图 2-26　水环式真空泵

1—进气管；2—叶轮；3—吸气口；
4—水环；5—排气口；6—排气管

六、水环式真空泵

水环式真空泵（图 2-26）是常用的真空设备，由泵壳，叶轮，进、排气管和转轴等部件组成，转轴和叶轮偏心布置在泵壳内，叶轮的外圆在一侧与壳体内壁内切。泵在启动前泵壳内充入一半水，当电动机驱动叶轮旋转时，由于离心力的作用，水被甩到壳体内壁上，形成一个与壳体内壁同心的旋转的水环，水环与叶轮不同心，叶轮上部叶片间与水环内表面间形成的空隙小于叶轮下部叶片间与水环内表面间形成的空隙，当叶轮旋转的前半周，叶片间与水环内表面间形成的空隙逐渐扩大，气体经进气管被吸入壳体内；当叶轮旋转的后半周，叶片间与水环内表面间形成的空隙逐渐缩小，所吸入的气体经排气管被排出。叶轮不断旋转，从而不断地完成吸入和排出气体，使与进气管一侧连通的工作容器内达到一定的真空度。

水环式真空泵也可用于泵送液体物料。它是依靠在系统内建立起一定的真空度，而在压差作用下输送液体物料的简易流体输送装备，对于果酱、番茄酱等带有块粒的料液尤为适宜。在输送过程中，料液不通过结构复杂、不易清洗的部件，避免了料液通过泵体带来的腐蚀、污染、清洗等问题。但输送距离近、提升高度有限、效率较低。

第三节　气力输送设备

一、概述

运用风机（或其他动力设备）使管道内形成一定速度的气流，将散粒物料沿一定的管路从一处输送到另一处，称为气力输送。食品工厂散粒物料种类很多，如面粉、大米、糖、麦芽等。

气力输送与其他输送方式相比，具有的优点是：物料的输送是在管道中进行的，从而减少了输送场所粉尘污染，使食品卫生和工作环境的卫生都得到改善，同时也降低了物料输送过程中的损耗；输送装置结构简单，物料的输送仅是些管道，无回程系统，管理方便，易于实现自动化操作；输送路线容易选择，布置灵活，合理地利用空间位置，可减少占地面积；输送生产率高，降低物料的装卸成本；在输送过程中可以同其他生产工艺结合起来，进行干燥、冷却、分选及混合等操作。气力输送的缺点是：动力消耗较大，噪声大；管道以及与物料接触的构件易于磨损；对输送物料有一定限制，不宜输送易于成块黏结或易破碎的物料。对于输送量较少的，且属于间歇性操作的，不宜采用该设备。

二、气力输送装置的分类

在食品工厂中，目前广泛采用的是使散体物料呈悬浮状态的输送方式，按其工作原理可分为吸送式、压送式、混合式和循环式。

（一）吸送式气力输送装置

吸送式气力输送装置是借助压力低于 0.1MPa 的空气流来输送物料的，如图 2-27 所示。

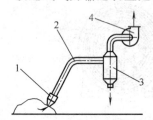

图 2-27　吸送式气力输送装置

1—吸嘴；2—输料管；
3—分离器；4—风机

当装在系统末端的风机 4 开动后，整个系统内便被抽至一定的真空度，在压力差的影响下，大气中的空气流从物料堆间透过，同时把物料携带进入吸嘴 1，并沿输料管 2 移动到分离器 3 中。在此装置内，物料和空气分离，物料由分离器底部卸出，而空气流继续被送入空气除尘器，以消除其中的粉尘。最后，经过除尘净化的空气流通过风机 4 被排入大气。

吸送式气力输送装置按系统的工作压力情况常分为以下两种：低真空吸送式，其工作压力在 −20kPa 以内；高真空吸送式，其工作压力在 −20～−50kPa 范围内。

吸送式装置的最大优点是供料简单方便，能够从几堆或一堆物料中的数处同时吸取物料。但是输送物料的距离和生产率受到限制。因为该系统的空气真空度不能低于 −50.5～−60.6kPa，否则将急剧地降低其携带能力，以致引起管道的堵塞，而且对这种装置的密封性也要求很高。另外，为了保证风机可靠工作及减少零件磨损，进入风机的空气必须预先进行除尘。

（二）压送式气力输送装置

如图 2-28 所示，压送式气力输送装置是在高于 0.1MPa 的条件下进行工作的。装在此系统首端的鼓风机 1 运转时，把具有一定压力的空气压入导管，被运送物料由密闭的供料器 2 输入输料管中，空气和物料混合后沿着输料管运动，物料通过分离器 3 卸料器 4 卸出，空气经除尘器 5 净化后排入大气中。

压送式气力输送装置的特点与吸送式气力输送装置相反，由于它便于装设支岔管道，故可同时把物料送到几处，而且输送距离可较长，生产率较高，还能方便地发现漏气的位置，对空气的除尘要求不很高。但是，由于供料器 2 的压力低于输料管的压力，必然造成从低压向高压处供料，故供料装置较复杂，而且难以从几处同时进料。

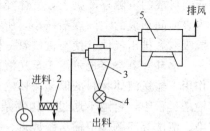

图 2-28　压送式气力输送装置

1—风机；2—供料器；3—分离器；
4—卸料器；5—除尘器

压送式气力输送系统的工作压力情况，常分为以下 3 种：低压压送式，其工作压力在 50kPa 以下；中压压送式，其工作压力在 0.1MPa 左右；高压压送式，其工作压力在 0.1～

0.7MPa 范围内。

（三）混合式气力输送装置

混合式气力输送装置由吸送式和压送式两部分组合而成，如图 2-29 所示。在吸送部分，通过吸嘴 1 将物料由料堆吸入输料管 2，并送到分离器 3 中，从这里分离出的物料又被送入压送部分的输料管 5 中继续输送。它综合了吸送式和压送式气力输送装置的优点，所以既可以从几处吸取物料，又可以把物料同时输送到几处，且输送的距离可较长。其主要缺点是带粉尘的空气要通过风机，使工作条件变差，同时整个装置的结构较复杂。

（四）循环式气力输送装置

图 2-30 所示为密闭循环式气力输送装置。为了保证系统在负压下运行及漏风的净化因素，在风机出口处设有旁通支管，使部分空气经布袋除尘器净化后排入大气，而大部分空气则返回接料器进行再循环。循环式系统适用于输送细小、贵重的粉状物料。

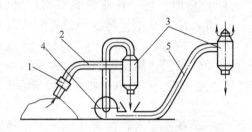

图 2-29　混合式气力输送装置

1—吸嘴；2,5—输料管；3—分离器；4—风机

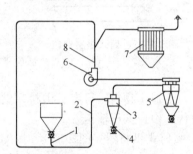

图 2-30　循环式气力输送装置

1—接料器；2—输料管；3—卸料管；4—卸料器；
5—除尘器；6—风机；7—布袋除尘器；8—回风管

三、气力输送的主要构件

气力输送的主要构件有供料器、输料管道及管件、分离器、卸料器、除尘器和风机等。

（一）供料器

（1）吸送式供料器　用于吸送式输送管中供料，常用的有吸嘴或诱导式接料器。

① 吸嘴　常用的双筒式直吸嘴如图 2-31 所示，主要由与输料管连通的内筒和可以上下移动的外筒构成。物料和空气混合物在吸嘴的底部，沿内筒进入输料管，而促进料气混合的补充空气由外筒顶部经两筒环腔后，从底部的环形间隙导入内筒。通过改变环形间隙即可调节补充风量的大小，获得较高的效率。吸嘴适用于输送流动性好的物料，如小麦、豆类、玉米等。

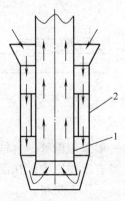

图 2-31　双筒式直吸嘴

1—内筒；2—外筒

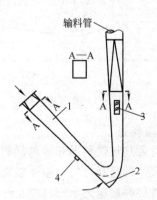

图 2-32　诱导式接料器

1—进料管；2—进风口；3—观察窗；4—插板活门

21

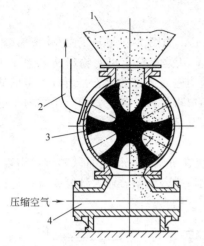

② 诱导式接料器（图 2-32） 用于低压吸送系统。物料沿矩形截面进料管 1 下落，经过圆弧淌板，在接料器底部进入气流的推动下直接向上输送。混合物流先通过气流速度较高的小截面通道，然后进入输料管。在进料管 1 的下端，安装插板活门 4，用于接料管堵塞时，清除堆积的物料。诱导式接料器具有料气混合好、阻力小的特点，适宜输送粉状及颗粒状物料。

（2）压送式供料器 按其工作原理可分为叶轮式、喷射式、螺旋输送器式和重力式等。其应具有良好的密封性，以避免空气泄漏。

① 叶轮式供料器（图 2-33） 物料由加料斗自流落入叶轮 3 上部的叶片槽内，当叶片槽转到下部位置时，物料在自重作用下进入输料管中。装置中设有与大气相通的均压管 2，使叶片槽在到达装料口前，将槽与大气相通，使槽内压力与大气相同，便于装料。这种供料器气密性好，不损伤物料，可定量供料，供料量可通过叶轮转速调节。这种供料器通常用于粉状和小块物料的中、低压输送。

图 2-33　叶轮式供料器

1—料斗；2—均压管；3—叶轮；4—输送管道

② 喷射式供料器（图 2-34） 压缩空气从输送管的一端高速喷入，供料斗的下方通道狭窄，静压低于大气压力，将供料斗内的物料吸入输送管中。因此没有空气上吹现象，料斗可以是敞开式的。在供料器输送管出口端有一段渐扩管，其作用是降低管内气流速度，提高静压，达到物料正常输送状态。喷射处能量损失较大，影响输送量和输送距离，适用于低压短距离输送。渐扩管的扩散角以 8° 为宜，角度过大可能产生生气流脱离现象，影响输送效果。

③ 螺旋输送器式供料器（图 2-35） 适用于工作压力不高于 0.25MPa 的粉料输送，螺旋叶片的螺距沿出料口方向逐渐变小，物料被逐渐压实，以防止漏气。这种供料器的螺旋叶片易磨损，应用耐磨材料制成。

螺旋叶片的进口端与出口端的螺距比为 1.5～1.65，进料部分不少于 2 个螺距，压实部分应有 3～4 个螺距。

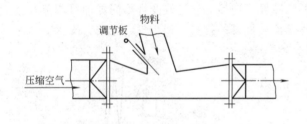

图 2-34　喷射式供料器

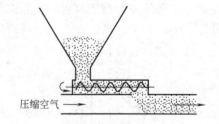

图 2-35　螺旋输送器式供料器

（二）输料管

输料管是连接供料器和分离器的管道，并用来输送物料，一般采用圆管。输料管的布置形式及结构尺寸的选择对气力输送装置的生产率、能耗和可靠性等有重要影响。在设计、选择输料管及其管件时，应力求密封质量好、运动阻力小、拆装方便和不污染物料。

气力输送的输料管直径通常为 50～200mm，其内径取决于空气流量和气流速度。输料管的厚度根据被输送物料的物理性质和输送类型选定。

（三）分离器

分离器将被运送物料从混合气流中分离出来。分离器的形式很多，包括重力沉降的重力式、冲击沉降的惯性分离式和摩擦沉降的离心式，其中离心式分离器最为常见。

离心式分离器（图2-36）又称旋风分离器。物料和空气的混合气流由分离器上部进气口1沿切向进入，物料在离心力作用下，被抛向筒壁，与壁面撞击、摩擦而逐渐失去速度，在重力作用下向下做螺旋线运动，最后滑落到分离器圆锥筒下部卸料口。螺旋运动的气流沿分离器的轴心向上从分离器上部的出气口2排出。

进入分离器的物料受离心力 F 和重力 G 的作用，二者之比为分离性能系数，如式（2-12）所示

$$S = \frac{F}{G} = \frac{v^2}{gr} \qquad (2\text{-}12)$$

式中，v 为颗粒切线速度，m/s；r 为颗粒旋转半径，m；g 为重力加速度，m/s^2。

颗粒越小，越难以与空气分离。能够分离出的颗粒质量与气流中所含有的颗粒质量的百分比称为旋风分离器的分离效率。S 越大，分离效率越高。

提高旋风分离器分离效率和处理能力的措施包括提高气流速度或缩小分离器直径。旋风分离器可串联和并联使用。串联可提高分离效率，并联可提高处理能力。

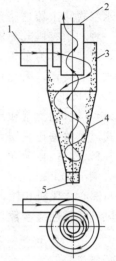

图 2-36 离心式分离器

1—进气口；2—出气口；3—圆柱筒体；4—锥筒；5—卸料口

（四）卸料器

卸料器是用于将物料从分离器中连续或间歇卸出的装置。因其应具有防止空气进入气力输送系统的功能，又称为关风器。卸料器有叶轮式、螺旋式、双阀门式等。图2-37所示为叶轮式关风器。

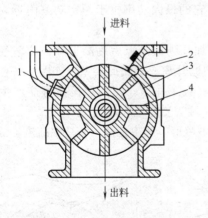

图 2-37 叶轮式卸料器

1—均压管；2—防卡挡板；3—壳体；4—叶轮

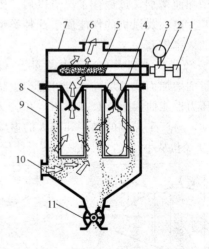

图 2-38 脉冲吸气式布袋除尘器

1—控制阀；2—脉冲阀；3—气包；4—文氏管；5—喷吹管；6—排气口；7—上箱体；8—过滤布袋；9—下箱体；10—进气口；11—叶轮式卸料器

（五）除尘器

除尘器用于拦截或回收排出的含尘气流中的微细粉粒。气力输送系统中常用离心式除尘器、袋式除尘器和水浴式除尘器。其中，离心式除尘器的构造及工作原理与离心式分离器类似。水浴式除尘器是使含尘气流通过淋水空间或水体而将微细粉粒或纤维分离出来。袋式除尘器是一种利用有机或无机纤维过滤布，将气体中的粉尘过滤出来的净化设备。过滤布多制成布袋形，因此又称为布袋除尘器。图 2-38 所示为脉冲吸气式布袋除尘器，具有完善的清理机构和反吹气流装置，因此除尘效率高达 98％以上。

（六）风机

（1）风机的类型和性能　风机是气力输送系统的动力源。常用的有离心式或轴流式风机。离心式风机根据排气压力不同，分为高压、中压和低压风机，其排气压力（以表压计）分别为 $3 \sim 15 \mathrm{kPa}$、$1 \sim 3 \mathrm{kPa}$ 和小于 $1 \mathrm{kPa}$。轴流式风机分为高压和低压 2 类，其排气压力为 $0.5 \sim 5 \mathrm{kPa}$ 和小于 $0.5 \mathrm{kPa}$。

与离心式风机相比，轴流式风机的压力低、流量大，适用于低压、大流量的情况。

风机主要性能参数是流量、压力、功率和效率，它们之间是相互联系又相互制约的，可通过试验方法求得。性能曲线是在风机试验标准所规定的条件下测得的风机压力、功率、效率与流量之间的关系曲线（图 2-39）。

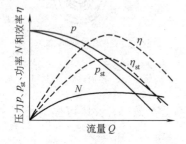

图 2-39　后弯叶片离心式风机的性能曲线

风机的压力有全压 p、静压 p_{st} 和动压 p_d 之分。一般具有相同全压的风机其静压和动压不一定相同，其性能曲线要分别表示。图中 Q 和 N 分别表示风机的流量和功率，η 和 η_{st} 分别为全压效率和静压效率。

风机的类型不同，对气体的做功和损失也不同。其性能曲线有以下 3 种情况。

① 流量从小到大的过程中，压力从大到小，流量为零时压力最高，曲线呈平滑型。当风机在最佳工况点（效率最高点）的左侧运行时，其功率消耗随流量的增加而增加，过最佳工况点以后，则功率消耗随流量的增加而减小，因此风机不会过载。后弯叶片离心式风机的性能属于此种类型（图 2-39），它的最大功率位于额定功率附近，该种风机的效率较高。

② 流量从小到大的过程中，开始一段压力逐渐增加，到最高点后逐渐下降，功率基本上随流量的增加而线性增加，有可能产生超载现象。径向叶片离心式属此类型，如图 2-40(a) 所示。压力性能曲线上有最高点 K，K 点左侧区域为不稳定工作区，压力和流量可能产生较大的波动，易产生异常的噪声和较大的振动。K 点右侧区域为稳定工作区。

③ 流量从小到大，压力呈马鞍形变化。当压力处于波峰时，效率最高，而功率随流量的增加

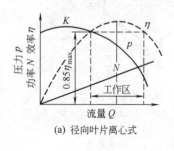

(a) 径向叶片离心式

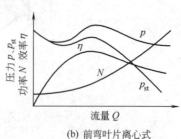

(b) 前弯叶片离心式

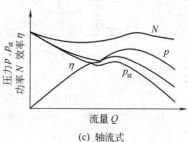

(c) 轴流式

图 2-40　风机性能曲线

而增加，也会产生超载。前弯叶片离心式和轴流式通风机属此类型，如图 2-40(b)、(c) 所示。

风机不仅要稳定地工作，还应有较高的效率。一般规定在不低于最高效率点的 85％ 的工况下运行。

（2）风机的运行

① 网路特性和风机的工作点　一般情况下风机总是在网路中工作的。任何网路都有自身的气流阻力特性曲线，即其压力和流量有一定的变化关系。因而，气力系统的工作状况，不仅与风机的性能有关，而且还与其网路特性有关。

气力系统中，风机全压的一部分用于克服网路阻力，称为静压，另一部分给气流以动能，称为动压。风机必须同时满足风机和网路的性能曲线，两者的交点 A（图 2-42），就是风机在气力系统中的工作点。在 A 工作点处网路的流量等于风机的流量，网路的阻力损失等于通风机的静压。

工作点是由风机和网路两条性能曲线来决定的，因而只要改变其中任意一条性能曲线，就可以改变风机的工作点，用以调控风机的风量和风压。

风机在运行过程中常要调节风量，通常利用调整网路性能曲线或风机的工作参数来实现。

a. 改变风机的转速。风量与转速成正比，改变转速可以改变风机的性能曲线。该调节方法虽无附加的压力损失，但需要有一变速装置。另外电动机功率与转速成三次方变化关系，所以增大转速在经济上不一定可取，只宜在调节范围不大的情况下采用。

b. 用节流装置（闸门或孔板）调节风量。在风机出口端节流只改变网路性能曲线，而在进口端调节可同时改变风机及网路的性能曲线。采用节流装置调节时，风机的全压除用于克服网路阻力外，还有一部分用于克服节流装置的阻力。该方法简单，故得到普遍应用。

c. 调整网路阻力。合理调整网路，减少网路沿程及各工作部件的阻力损失，可增加气力系统的流量。

当调节幅度过大时需更换合适的风机。否则风机在非工作区运行，动力消耗过大，很不经济。

② 风机的串联和并联工作　在实际生产中，有时需要将风机串联或并联使用（图 2-41），用以达到单台风机不能达到的流量和压力。

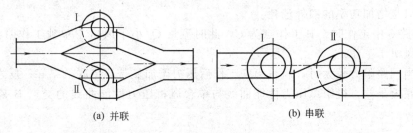

(a) 并联　　　　　　　　　　　(b) 串联

图 2-41　风机的串联或并联

a. 风机并联的目的主要是增大风量，但是并联工作后的工作点的风量是否增加还与网路的阻力特性有关。风机并联工作时可能出现 3 种不同情况（图 2-42）。

ⓐ 风机组在网路 1 中工作时，其工作点为 A。此时流量 Q_A 大于单台风机（Ⅰ或Ⅱ）在同一网路中工作时的流量。

ⓑ 风机组在网路 2 中工作时，工作点为 B，此时总流量 Q_B 等于风机Ⅱ单独工作时的流量 $Q_{Ⅱ2}$，风机Ⅰ只是增加功率的额外消耗。

ⓒ 风机组在网路 3 中工作时，工作点为 C，这时总流量 Q_C 小于风机Ⅱ单独工作时的流量 $Q_{Ⅱ3}$，风机Ⅰ妨碍风机Ⅱ的工作。

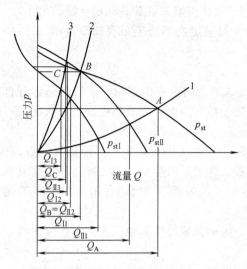

图 2-42　风机并联工作时的工作点

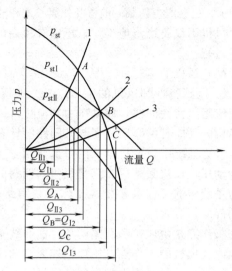

图 2-43　风机串联工作时的工作点

因而，总压力性能曲线与风机Ⅱ的压力性能曲线的交点 B 是两台风机并联工作的临界工作点。若网路特性曲线与总压力性能曲线的交点在 B 点右侧，则加装风机Ⅰ会增大网路中流量，且交点离 B 点越远，流量增加越多；反之，若此交点在 B 点左侧，则加装风机Ⅰ反使网路中的流量减小，且交点离 B 越远，流量减少越多。

一般，当网路阻力较小时，风机并联工作，才能获得较好的效果；当网路阻力较大时，并联工作的效果不好。

b. 风机串联工作的目的主要是增大风压。风机串联工作时，吸气管道和排气管道中的流量与风机Ⅰ和Ⅱ中的流量完全相等，网路阻力由两台通风机共同克服。串联的风机在不同网路中工作时，可能出现以下 3 种不同情况（图 2-43）。

ⓐ 在网路 1 中工作时，其工作点为 A，此时流量 Q_A 大于仅有一台风机（Ⅰ或Ⅱ）单独工作时的流量 Q_{I1} 或 $Q_{Ⅱ1}$。

ⓑ 在网路 2 中工作时，其工作点为 B，此时流量 Q_B 等于风机Ⅰ单独工作时的流量 Q_{I2}，另一台风机只是增加功率的额外消耗。

ⓒ 在网路 3 中工作时，其工作点为 C，此时流量 Q_C 小于风机Ⅰ单独工作时的流量 Q_{I3}，风机Ⅱ妨碍风机Ⅰ工作。

因而，当网路阻力较大时，风机串联工作后压力增加显著，串联效果好；反之，网路阻力较小时，串联效果差。机组总压力性能曲线与单台风机压力性能曲线的交点 B 是串联工作的临界工作点。

第三章　清洗、分选及分级机械与设备

第一节　块状果蔬清洗机

一、洗涤的作用原理

各种块状果蔬产品在拣选前进行清洗并结合化学消毒处理。一般洗涤分三步进行：初洗，消毒，刷洗。常用的洗涤方法有在静水、流动水或其他液体中浸泡、喷水、刷子清洗、鼓风清洗、振动清洗等。洗涤时可采用上述几种方法中的一种，也可以把其中几种方法组合起来使用。常用的清洗设备有：旋转滚筒式清洗机、刷式清洗机、振动式清洗机、鼓风式清洗机、超声波清洗机和组合式清洗机。

洗涤的目的是去除物料或物品表面上的污垢。一般污垢分为液体污垢（动、植物油和矿物油等）和固体污垢（泥土、污物和农药残余物等）。洗涤是与表面科学有关的技术。表面实际上总是气相、液相或固相二相之间的界面。粘有污垢的物料（图 3-1）存在 4 种界面：污垢-物料、污垢-污垢、污垢-空气以及物料-空气等。若将该物料浸到适当的洗涤液中，则产生如下的去污过程。

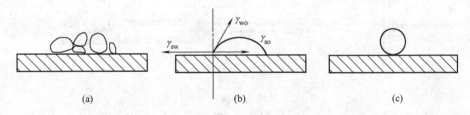

图 3-1　物料在洗涤液中的液面

（1）洗涤液到达物料表面的过程　物料浸入洗涤液后，上述的空气界面被洗涤液取代洗涤液浸透到污垢-物料和污垢-污垢界面之间，分别将其润湿，并在表面上铺展成一层薄膜，减弱污垢与物料表面的黏附作用。

（2）污垢脱离物料表面的过程　由表面科学可知，若单靠洗涤液使污垢脱离物料表面，则表面自由能的变化 ΔE 为 γ_{sw}、γ_{wo}、γ_{so} ［图 3-1(b)］之和。

若 $\Delta E \leqslant 0$，则污垢将自动离开物料表面，即 γ_{so} 大于 γ_{sw}、γ_{wo} 之和。为减弱污垢与表面的黏附作用，应尽可能减小 γ_{sw} 和 γ_{wo} 的值。

若污垢为液体，则就变为接触角问题了 ［图 3-1(b)］。

为了提高去污能力，除洗涤系统中的表面化学作用外，还可施加机械力使界面流动。因在浸泡洗涤过程中，不管洗涤液的洗净能力多强，如物料只是静置浸泡，则去除污垢的进展会很慢，效率很低。为了迅速去除污垢，应设法使洗涤液相对物料表面产生适当的流动，如洗涤液流动或洗涤物摆动或二者一起流动。

（3）污垢悬浮于洗涤液中并被带走的过程　在该过程中应注意防止污垢重新附着于物料表面，产生再污染现象。

二、鼓风式清洗机的工作原理

鼓风式清洗机是用鼓风机把空气送进洗槽中，使清洗原料的水产生剧烈翻动，物料在空气对水的剧烈搅拌下进行清洗。利用空气进行搅拌，既可加速污物从原料上洗去，又能使原料在强烈的翻动下而不受到刚性冲击，不会破皮，即不破坏其完整性。因而最适合于块状果蔬原料的清洗。

三、鼓风式清洗机的结构

鼓风式清洗机的结构如图 3-2 所示，主要由洗槽、喷水装置、鼓风机及清洗装置、输送装置、传动装置、机架等部分组成。

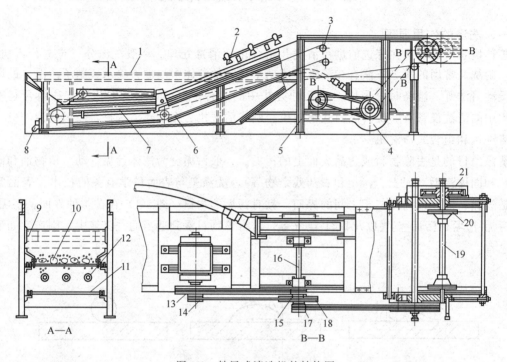

图 3-2 鼓风式清洗机的结构图

1—洗槽；2—喷水装置；3—压轮；4—鼓风机；5—机架；6—链条；7，12—吹泡管；8—排水管；
9—斜槽；10—清洗原料；11—输送带；13，14，15，17，18—带轮；16—鼓风机驱动轴；
19—输送带驱动轴；20—星形轮；21—齿轮

输送装置分成 2 段，一段为位于水下部分的水平输送，用于检查和修整原料之用；另一段为将已清洗好的果蔬输送至出料口的倾斜输送。输送装置的形式根据不同原料而有差别，两边都采用链条，链条之间可采用刮板、滚筒或金属丝网承载原料。

鼓风机产生的空气由管道送入吹泡管 12 中，吹泡管安装于输送机的工作轨道之下。被浸洗的原料 10 在带上沿轨道移动，在移动过程中在吹泡管吹出的空气搅动下上下翻滚，达到清洗的目的。

第二节 全自动浸泡与喷冲式洗瓶机

含气类饮料、啤酒、牛奶、果汁等常采用玻璃瓶包装。特别是回收使用的玻璃瓶，因空瓶内残留有饮料、啤酒、牛奶、果汁等，日久变成了浆状物，干枯后很难除去。若清洗不净，将严重影响产品的质量。所以洗瓶设备是玻璃瓶灌装生产线的重要设备之一。

一、全自动洗瓶机的类型

洗瓶设备操作的基本方式是浸泡、喷冲、洗刷。近年来我国进口和国产的大型玻璃瓶洗瓶生产线采用浸泡和喷冲两种方式的结合。全自动洗瓶机可分为以下几种类型。根据进瓶的方式不同可分为单端式和双端式，单端式洗瓶机的瓶子的进出口都在机器的同一侧，如图3-3所示，单端式洗瓶机的浸泡池相对较大，结构紧凑，只需一人操作，但在洗瓶过程中脏瓶容易污染净瓶，影响洗瓶质量；双端式洗瓶机如图3-4所示，脏瓶、净瓶从两侧分别进出，卫生条件好，适合于连续化生产，但占地面积较大，瓶套由出瓶处回到进瓶处为空载，因而洗瓶空间的利用不及单端式充分。根据机器处理玻璃瓶的方式不同可分为浸泡、喷冲和刷洗式。根据瓶套的传送方式不同可分为连续式和间歇式。下面仅介绍连续式浸泡与喷冲式洗瓶机。

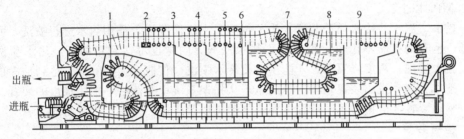

图3-3　单端式洗瓶机

1—预泡槽；2—净水喷射区；3—冷水喷射区；4—温水喷射区；5—第二次热水喷射区；6—第一次热水喷射区；7—第一次洗涤剂浸泡槽；8—第二次洗涤剂浸泡槽；9—第一次洗涤剂喷射槽

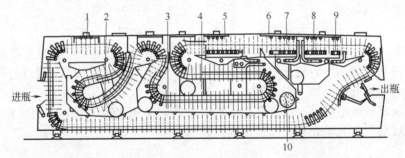

图3-4　双端式洗瓶机

1—预冲洗；2—预泡槽；3—洗涤剂浸泡槽；4—洗涤剂喷射槽；5—洗涤剂喷射区；6—热水预喷区；7—热水喷射区；8—温水喷射区；9—冷水喷射区；10—中心加热器

二、全自动浸泡与喷冲式洗瓶机

它代表了目前国内外洗瓶机发展的方向。浸泡与喷冲式洗瓶机多为自动控制，有单端和双端两种，其基本构成有两大部分：一个或多个浸泡池和较多的高压喷冲部分。

（1）进瓶装置　从传送带上送来的瓶子，被旋转式进瓶移送装置整理成与洗瓶机相同的列数，并准确移送至在机内运转的链条上的瓶套内。为了使瓶子顺利送入瓶套，单端式采用一种特殊结构，即装有可移动的进瓶落架，瓶子进入时，落架向下短时间移动，以准确地进入瓶套。

（2）托架系统　它是由输送链条、瓶套和导轨组成。输送链条及其上的瓶套由链轮驱动，瓶子由进瓶移送装置进入瓶套后，瓶子便在瓶套的护送下进入导轨而不致脱落。瓶套亦称收容罩，使用的瓶型不同，收容罩形状也有差别，大致分为收容瓶口部的口受式和收容瓶肩部的肩受式两种。口受式对瓶的兼用范围较广，但对瓶口部不易洗涤，而肩受式瓶口部较易洗净，但瓶的兼用范围受到一定限制。

（3）预洗装置　洗净前的瓶内含有机物或其他残余物，为使后面的浸泡槽中洗液中杂质尽量减少，可用上次洗瓶后回收的温水或碱液初步清洗，以除掉瓶上大部分松散的杂质。预洗装置通常用喷冲或浸泡的方法。

（4）浸泡池　不论是单端洗瓶机还是双端洗瓶机均需设2个或2个以上的浸泡池。池内为氢氧化钠溶液，溶液可由蛇形管通入蒸汽或电加热。通常设有自动控温装置，以免瓶温升过快引起瓶子破裂。通过浸泡池的瓶子向前运行，在一定的位置倒过来，倒出污物和水溶液。此后，再对瓶子进行喷冲。

（5）洗液喷冲装置　洗液喷冲一般均采用加压喷冲装置，喷头以强有力的喷冲除去瓶内的污物。喷冲压力偏低，瓶中污物不易除掉；喷冲压力过高会产生大量的泡沫。喷冲压力一般控制在 0.25MPa 以上。

（6）热水、温水、冷水喷冲装置　为了将瓶子上洗液除去，需用热水进行喷洗，并使瓶温有所降低。也有的机器不用热水喷洗而用热水浸泡，同样也可以达到目的。经热水喷洗后的瓶子，要经温水喷洗，再度降温后，才能用净化冷水喷洗，使瓶温完全降低，达到洁净的效果。

（7）排出装置　排出装置是将洗净的瓶子从托架系统中脱落后，把瓶推出的装置。

（8）驱动装置　全机的驱动装置主要由电动机以及进瓶、排瓶机构等组成。

三、检瓶装置

在装瓶线上，洗好后的空瓶和压盖后的成品都应当检验。检验通常分进入洗瓶机前的预检、洗后的空瓶检查和装瓶后的制品检查。预检主要检出缺陷瓶、裂隙瓶和有明显脏污的瓶；洗后检查主要检出未洗干净的瓶、影响制品外观的瓶及裂隙瓶；制品检查主要检查瓶内有无异物，液面高度及瓶的外观。

（1）光电检查　此法用来检查瓶底，光源在下方，空瓶进入透光底盘上，光线穿过瓶后由瓶口射出，上方为接受器，利用电压的变化，将不透光的杂质瓶检出，由真空吸出机构将其与好瓶分开，其灵敏度可调节，检瓶机也可根据进入机器不同色泽的瓶子进行自行调节。但由于瓶底厚薄不均及瓶底花纹会增大误差率。

（2）瓶口缺陷检查的原理　与上述瓶底检查相同，采用光电方式，在瓶口检查位置附近，装有透过式或反射式的光电开关，以检出瓶口缺陷。

第三节　往复直线振动筛

一、结构和工作原理

筛面做往复直线运动，物料沿筛面做正反两个方向的滑动，筛面的往复运动能促进筛上物料的自动分级，物料相对于筛面运动的总路程较长，可以得到较高的筛分效率。往复直线振动筛是适应性最强、应用最广的筛分机械。

图 3-5 所示为 TQLZ 型振动筛的外观图和纵向剖面图，它是一种比较现代的振动筛。主要由筛体、进出料装置、传动及支承装置、机架等部分组成。筛体支承在 4 个橡胶弹簧上（图 3-6），利用双振动电动机驱动筛体运动。

振动电动机（图 3-7）属于专用电动机，具有两个轴伸，在每个轴伸上都装有用于产生激振力的偏重块。每个轴伸上的偏重块由两块构成，其中靠外侧的一块是可以沿圆周方向调整相位的，即调整两偏重块的相对位置，以改变合成偏重的大小。对两个轴伸上的偏重块必须进行相同的调整。这样，电动机旋转时，两轴伸上偏重旋转惯性力的合力便作用在电动机轴线的中垂面内，形成了振动电动机的激振力。图 3-5 所示振动筛，两台振动电动机安装在筛体的两侧壁上以同步相向旋转。两电动机的激振力在筛体横断面方向的分量相互抵消，在纵断面方向的

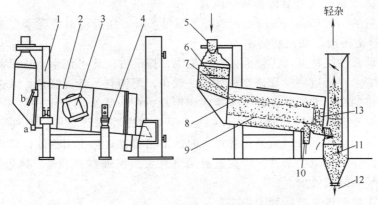

图 3-5　TQLZ 型振动筛

1—机架；2—筛体；3—双振动电动机；4—橡胶弹簧；5—进料管；6—可调分料板；
7—进料压力门；8—第一层筛面；9—第二层筛面；10—杂质出口；11—垂直吸风道；
12—粮食出口；13—大杂出口；a—活门铰链；b—进料压力门手柄

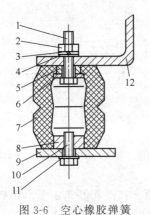

图 3-6　空心橡胶弹簧

1—螺栓；2—螺母；3—弹簧垫圈；4—平垫圈；5—套筒；
6—垫圈；7—空心橡胶弹簧；8—支承套筒；9—机
座支承板；10—螺栓；11—平垫圈；12—筛体

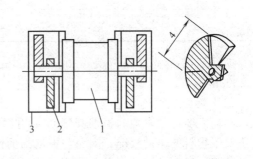

图 3-7　振动电动机结构

1—电动机；2—偏重块；3—防护罩；4—重叠量

分量互相叠加。合成的激振力在纵向对称中心面内，其方向为振动电动机轴线的中垂线方向，驱动筛体做往复直线运动。

　　TQLZ 型振动筛的工作过程（图 3-5）：原料从进料管 5 进入，进料管的内部有一偏心锥管，用以控制原料流至分料板 6 上的落点；分料板随筛体一起振动，原料均衡下落。原料进入筛面之前，经过进料压力门 7 的阻挡，使物料沿筛宽方向均匀分布。第一层筛面除大杂，筛上物为大杂。第二层筛面除小杂，筛下物为小杂。清理过的物料从两层筛面之间流出振动筛，进入垂直吸风道 11，轻杂质被垂直气流带走，干净的物料从吸风道下部排出。

　　该振动筛主要的结构特点：采用金属丝编织筛面；筛体全封闭；振动电动机驱动和橡胶弹簧支承；吸风系统为独立的垂直吸风道，吸

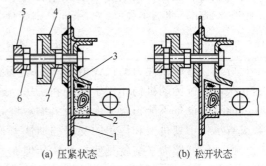

图 3-8　筛格横向压紧装置

1—筛体；2—筛格；3—压板；4—手轮；
5—碰头；6,7—螺母

风速度可调；筛格压紧装置为沿筛格横向压紧。

横向压紧装置的结构如图 3-8 所示，当拧紧螺母 7 时，压板将筛格压紧在筛体上；松开手轮 4 和螺母 7，推出压板，则使筛格松动。

TQLZ 型振动筛性能特点：①筛面倾角、振幅、振动方向均可调整，从而可以适应不同物料和不同的筛分要求，通过调整筛体在机架上的倾角，便调整了筛面倾角；通过改变振动电动机激振力和电动机的安装方位，便改变了振幅和振动方向。②金属丝编织筛面表面凹凸不平，有利于促进物料自动分级，提高筛分效率。③由于采用橡胶弹簧支承，整机运转平稳，噪声小；停车时筛体晃动较小，可以省去振幅过大时的限制装置。④密闭性好，灰尘不外逸，有利于保持良好的工作环境和卫生条件。⑤垂直吸风道有大面积观察玻璃，吸风道风速可以调节，通过观察来调节轻杂分离效果。

振动筛主要参数和性能指标列于表 3-1。

表 3-1 振动筛主要参数和性能指标

型　号	转速 /r·min^{-1}	振幅 /mm	筛面与水平面的夹角/(°)	振动方向与水平面的夹角/(°)	单位筛宽小时产量 /kg·(cm·h)$^{-1}$	电动机功率 /kW
SZ63、SZ80 型振动筛	600	6～6.5	6～12	0	40	0.8＋1.5
TQLZ60、TQLZ100、TQLZ150 型振动筛	930	2～3.5	2～12	按需调整	60～80	2×0.3

振动筛筛面宽度通常为 630mm、800mm 或 600mm、1000mm、1500mm，筛面长度常为 2000mm。

二、筛面主要运动参数

筛面主要运动参数为振动圆频率 ω、振幅 r、振动方向角 β 和筛面倾角 α。它们在很大程度上决定了物料的运动状况，因而与振动筛的性能密切相关。

频率 ω 和振幅 r 的意义十分明确，以下仅对振动方向角 β 和筛面倾角 α 做出明确定义：

（1）振动方向角 β　筛面以下的铅垂线在筛面较低一侧与振动方向线之间的夹角；当筛面为水平时，为在筛面出料口一侧与振动方向线之间的夹角。β 角的取值范围为 0°～180°，对筛面上物料运动有独特而重要的影响。

（2）筛面倾角 α　筛面与水平面所夹锐角。

三、曲柄连杆机构传动时的平衡

（1）振动体惯性力对机器的影响　筛体做往复直线振动时，周期变化的惯性力必然反作用于传动机构，这种作用的影响必须予以重视和研究。假设某筛体质量 $M_z＝500\text{kg}$，曲柄转速 $n＝600\text{r/min}$，曲柄半径 $r＝6.5\text{mm}$，则筛体惯性力的最大值 P_z 为

$$P_z＝M_z\omega^2 r＝12817 （\text{N}） \tag{3-1}$$

可见，筛体惯性力的最大值 P_z 比筛体重力大许多，惯性力在（$-P_z$）与 P_z 之间每分钟交变 n 次，通过传动机构作用于机架和厂房。这种很大的交变载荷对机器和厂房十分不利，严重时可能导致设备不能正常工作，大大缩短机器设备和厂房的使用寿命。因此，必须采取措施消除或减小作用到机架和厂房的交变的惯性力。

振动体惯性力平衡就是使振动体的惯性力完全不传递给机架和厂房，而在传动机构内部被平衡掉。

（2）振动体惯性力的平衡　由于食品机械中振动筛筛体的质量一般只有数百千克，质量不大，所以，曲柄连杆机构传动时常采用配重平衡方法。配重平衡方法，就是在曲柄上添加一块

或数块配重，使配重产生的惯性力 P_p 与振动体的惯性力 P_z 平衡。

振动体的配重平衡的具体做法是：如图 3-9 所示，设振动方向与水平方向所夹的锐角为 γ，当曲柄处在与连杆共线或重合的相位时，在曲柄所在相位对面（以振动体处在平衡位置时曲柄的方位为基准）的水平方位上添加配重 M_p，并使配重质量 M_p 与其质心半径 R 之积满足

$$M_pR = M_z r\cos\gamma \qquad (3-2)$$

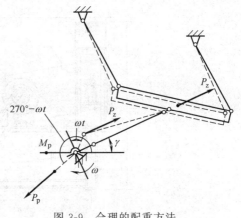

图 3-9　合理的配重方法

通常，机架和厂房承受铅垂方向载荷的能力比承受水平方向载荷的能力要大，因此，这种平衡方法是有意义的。同时，因为机架和厂房总会具有一定的承受水平载荷的能力，所以通常可取

$$M_pR = (0.6\sim0.7)M_z r\cos\gamma \qquad (3-3)$$

这样，就使振动体惯性力 P_z 有约 30%～40% 作用在水平方向，而将约 60%～70% 转换到了铅垂方向。

四、双振动电动机传动的自同步原理

利用双振动电动机驱动筛体做直线振动时，两电动机同转速反向旋转，偏重旋转惯性力的横向分量互相抵消，纵向分量互相叠加，形成沿纵向的激振力。但两电动机之间并没有机械联系，要达到上述目的，必须解决一个关键问题：两台电动机在运转中必须绝对同步，使偏重的相位对称于振动方向。

通过分析可知，当两台额定转速相同的异步振动电动机出现不同步时，将出现振动体整体横向运动的加速度，产生与加速度反向的惯性力，在这个振动体整体惯性力的作用下，能够消除振动电动机的不同步，自动保持同步，使其偏重相位对称于振动方向。

第四节　立面圆振筛

当需要清除物料中粒度虽小但相对密度也较小的杂质，例如清除稻谷中的秕子时，如果物料只是在筛面上滑动，由于散体自动分级的影响，相对密度较小的杂质难以进入筛面下层和穿过筛孔。必须使物料呈抛掷运动状态，破坏散体的自动分级。往复直线振动筛难以实现物料的抛掷运动，立面圆振筛却易于做到。立面圆振筛的频率往往在每分钟 1000 次以上，所以也称为高频振动筛。

一、结构

图 3-10 为 SG 型高频振动筛的外形图。高频振动筛（高频筛）主要由筛体、进出料装置、传动与支承装置、吸风系统、机架等组成。筛体 2 通过弹簧 4 支承在机架上。电动机固定在机架上，通过带传动驱动振动器旋转，产生在立面内旋转的激振力，驱动筛体在立面内做圆振动。

原料进机后，经过压力门、分料器，将物料分成并联的两路，一路经 1、2 层筛面，另一路经 3、4 层筛面，筛上物为净料，筛下物为杂质和与杂质相近的物料。筛下物合并后进入第 5 层筛面，此筛面有 2 个特点，一是筛孔仅略比杂质大，二是与上 4 层筛面倾斜方向相反，因而物料下流速度减慢，杂质被仔细筛选。由于少量尺寸大的杂质与尺寸小的物料粒度相同，因

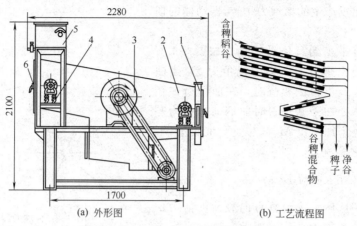

(a) 外形图　　　　　　(b) 工艺流程图

图 3-10　高频振动（除稗）筛

1—出料柜；2—筛体；3—振动器；4—弹簧；5—进料斗；6—装拆维修门

此第 5 层筛面的筛上物大部分为这种混合物，作为下脚料处理。在进料端和出料端设有吸风道，吹洗和带走原料中的特轻杂质。

二、惯性振动器的结构和工作原理

惯性振动器为重心可移式偏重振动器，其偏重块的位置是可以移动的（图 3-11）。在振动筛开、停机的过程中，由于振动器工作转速的提高或降低使振动频率都要经过共振频率区。如果振动器内偏重块是固定的，则开车和停车经过共振区时，都有激振力存在，形成强迫振动，特别是停机过程中，经过共振区的时间更长，振幅将变得很大，对设备和厂房产生极大的破坏作用。图 3-11 所示重心可移式偏重振动器可以很好地解决上述问题。图 3-10（a）为振动器的非工作状态，此时振动器处在静止或转速较低的状态，偏重块的惯性力对偏重销轴的力矩小于弹簧拉力对销轴的力矩，偏重处于收缩状态，此时偏重块、偏重销轴、弹簧及限位销等

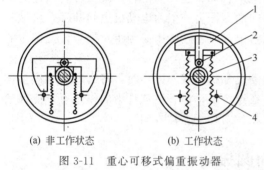

(a) 非工作状态　　(b) 工作状态

图 3-11　重心可移式偏重振动器

1—偏重块；2—销轴；3—弹簧；4—限位销

零件的合成质心位于振动器转轴的中心，因此振动器不产生激振力。

当振动器的转速超过某一值后，偏重的惯性力矩大于弹簧拉力力矩，偏重绕销轴旋转至图 3-11（b）所示的工作状态，此时振动器的合成质心上移，产生激振力，驱动筛体做强迫振动。该转速称为偏重块的动作转速。

在筛机停机过程中，当振动器的转速小于其动作转速时，弹簧拉力力矩将大于偏重的惯性力矩，偏重又重新返回收缩位置。常取偏重块的动作转速 $\omega_d = (1.6 \sim 1.8)\omega_0$（$\omega_0$ 为系统固有振动圆频率）。所以在开、停机过程中，通过共振频率区时都没有激振力，减小了停车过程通过共振区时的振幅，也使开机时更为轻快。

第五节　平面圆振筛

平面圆振筛的特点是物料在筛面上呈平面圆运动，因而在筛面上经历的路程（筛程）最长，筛分效率高，筛面堵孔率较低。并在一个振动筛内，可以将一种物料分成更多种粒度级别的物料。

平面圆振筛根据筛面是否倾斜可分为倾斜筛面和水平筛面两种。

倾斜筛面常见的为平面回转筛（图3-12），可将一种混合料按粒度分成2～3种物料，可用于清理，也可用于分级（如白米分级筛）。

水平筛面常见的有挑担式平筛、高方平筛等，主要用于面粉厂的粉料分级。高方平筛（图3-13）筛体内有二十多层筛格叠置，产量大，可将一种混合粉料分为6～7种粒度不同的粉料。

一、平面回转筛

SM型平面回转筛由筛体、吸风装置、传动与支承装置和机架等组成（图3-12）。筛体内装有两层筛格。每个筛格均由骨架、筛面、橡胶球清理装置组成。橡胶球清理装置由橡胶球和承托筛网组成，承托筛网为钢丝较粗的编织筛网，橡胶球处于筛面和承托筛网之间，通过橡胶球的弹跳和撞击，清理堵孔筛面。筛格为抽屉式结构，由进料端装拆。上层筛面为长形筛孔，筛上物为大杂。下层筛面为圆形筛孔或三角形筛孔，筛下物为小杂，两层筛面之间的出口为净粮。

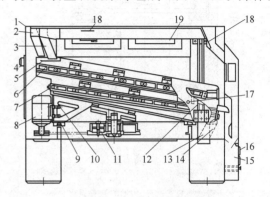

图3-12 SM型平面回转筛

1—机架；2—吸风管道；3—进料斗；4—检修门；5—缓冲淌板；6—上层筛面；7—下层筛面；8—电动机；9—限振装置；10—调节螺管；11—传动轮（偏重轮）；12—吊杆；13—小杂质出口；14—大杂质出口；15—出料口；16—检查窗；17—手轮；18—调风口；19—观察窗

筛体用四根吊杆（藤条或钢丝绳）悬挂在机架上。传动为惯性激振系统。在筛体底部中间位置装有带偏重块的三角带轮，通过安装在筛体进料端下部的电动机传动，偏重块惯性力驱使筛体连同电动机一起做平面回转运动。启动和停车过程中，通过共振频率区时振幅增大，因此，在筛体底部前后两端机架上均设有弹性限振装置。

利用车间风网吸风除尘。在进料端和出料端设有前、后吸风道和风量调节阀，前吸风道经上部水平段在出料端顶部与后吸风道汇合，再与车间风网连接。吸风道风速5～7m/s。工作时机内处于负压，灰尘不外逸。

机架由薄壁型钢制成，外壳全封闭。筛体悬挂于机架内，设有检修门、检查窗、观察窗，便于维修、操作、观察。

二、高方平筛

高方平筛（图3-13）由筛体和悬吊装置组成。筛体含两个筛箱和传动装置，筛箱分置两边，靠框架和中部两横梁连成一体，传动装置装在两筛箱之间的空间内。每个筛箱隔成1～4个筛仓。一个筛仓叠放16～24层筛格，并有仓门、筛格压紧装置和进、出料口。每个筛仓是一个独立的筛理系统。筛格是平筛和每个筛仓的基本结构单元和筛分单元，筛格均为正方形，并多层叠放，使筛体较高，故得名高方平筛。

（1）筛格　筛格由筛面格和筛框格组成（图3-14）。筛面格由骨架2、筛面1、清理块4和钢丝网3组成。筛面粘贴或钉于骨架上，钢丝网的钢丝较粗，造成钢丝网表面不平，清理块在其上运动时上下窜动，从而清理被堵的筛孔。筛面格嵌于筛框格中，组成筛格。筛框格内沿筛框设有三个结构和作用不同的长条形通道；筛框格底部装有薄钢板底板6（通道除外）。进入筛面1的物料，筛下物穿过钢丝网3，落在底板6上。筛下物料在底板上运动到带栅条的内通道8，流出筛格，底板上有的装有自由运动的推料块，它能帮助推动物料流向该内通道。另一个内通道9与筛面等高，筛上物由此输出，通向以下的筛格。内通道10与本筛格物料无关，是其上筛格物料的通道。

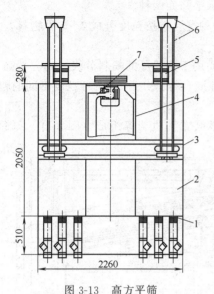

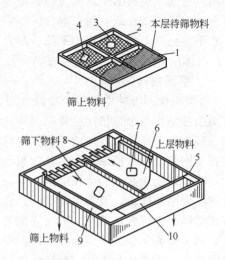

图 3-13 高方平筛

1—出料口；2—筛箱；3—横梁；4—骨架；5—进料口；
6—悬吊装置；7—传动装置和偏重

图 3-14 高方平筛筛格结构

1—筛面；2—骨架；3—钢丝网；4—清理块；5—筛框格
骨架；6—底板；7—牛皮块；8，9，10—内通道

通过改变隔板和通道的位置，就能实现筛上物和筛下物不同的流动去向，构成另外形式的筛格。筛格的外廓以筛仓的四角定位，用仓门关闭、压紧，筛格的外廓与仓壁、仓门壁之间构成 4 个外通道，加上每层筛格本身的 3 个内通道，故每个筛仓共有 7 个通道。所以，根据需要，一个筛仓最多可将一种混合料分成 7 种不同粒度的物料。

（2）传动装置　电动机和附有偏重块的立轴固定或支承在筛体框架上，电动机经过带传动驱动立轴和所附偏重块旋转，驱使筛体做平面圆振动。通过增减立轴所附偏重块的数量，就调整了偏重的质量，从而调整了筛体平面圆振动的振幅。

（3）筛体悬吊装置　筛体通常用玻璃钢或藤条悬吊。吊杆上座用螺栓固定在厂房的大梁上，吊杆下座固定在筛体上，玻璃钢吊杆用螺栓、压紧弧片压紧在吊杆的上、下座上。通常每组吊杆处增加一根钢丝绳作保险用，以防吊杆松开。

第六节　风振组合分选机械

风振组合分选机械是指通过空气流和振动对物料的综合作用，使物料进行分级或从物料中清除杂质的机械。其特点是被分级的物料或被清理的杂质与主体物料在粒度尺寸上是相同的，只是相对密度和空气动力学性质不同。用筛选法无法去除杂质，只能采用风振组合分选机械。这类机械有：比重去石机、比重分级机、比重分级去石机、清粉机等。

风振组合分选机械的特点：都有一块或几块带有很多通孔的往复振动面；空气流由下而上地穿过往复振动面上的通孔。

在所有的风振组合机械中，进机物料在振动面上均受到振动和空气流的综合作用，物料在筛面上的运动相似，本节仅分析比重去石机。

比重去石机是利用物料与粒度相同的杂质颗粒（如石子、砖块、泥块等）的相对密度和空气动力学性质不同，清除这些杂质的设备。它的体积小、结构紧凑、去石效率高，在粮食加工、食品、农业、制药等行业中得到应用。

比重去石机的往复振动面称为去石板。根据去石板的结构不同，可分为鱼鳞板去石机（图

3-15）和编织板去石机（图 3-17）两种，鱼鳞去石板是冲制有很多鱼鳞形通孔的薄钢板（图 3-16），编织去石板是金属丝编织的筛网。根据去石机气流的形式不同，可分为吹式和吸式两种，吸式去石机工作时机内为负压，原料在振动时扬起的灰尘不外逸，有利于保持良好的工作环境。本节仅介绍吸式编织板去石机。

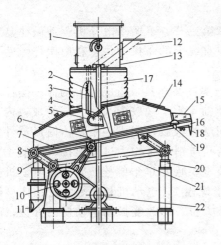

图 3-15　吸式鱼鳞板比重去石机
1—风量调节装置；2—弹簧；3—存料斗；4—压力门；
5—缓冲槽；6—去石筛面；7—筛体；8—橡胶轴承；
9—撑杆；10—偏心传动机构；11—出料口；12—进料口；
13—进料及吸风装置；14—吸风罩；15—检查装置（精选室）；
16—进风室；17—支架；18—出石口；19—调风板；
20—垫板；21—连杆；22—电动机

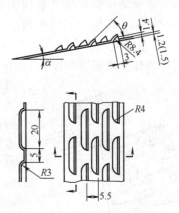

图 3-16　鱼鳞形冲孔筛面

一、吸式编织板去石机的结构

图 3-17 为 TQSX 型吸式编织板比重去石机的外形图，该机主要由振动体、支承装置、吸风系统和机架等组成。振动体上装有去石板、激振装置、进出料装置和精选装置等。

（1）去石板　去石板如图 3-18 所示，按其各段功能的不同，分为预分区、分离段、聚集段和精选段。

预分区的板面为无孔的普通钢板，进机物料在预分区受振动作用不断流向去石板的上部，在聚集段附近流入编织板面部分。

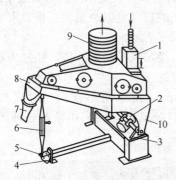

图 3-17　TQSX 型吸式编织
板比重去石机
1—进料斗；2—振动电动机；3—支承弹簧；4—螺旋
弹簧；5—铰接支座；6—可调撑杆；7—出石口；
8—筛体；9—吸风管；10—净料出口

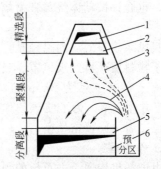

图 3-18　编织板去石筛面
1—出石口；2—调节板；3—含石物料；
4—物料；5—挡料台阶；6—出料口

分离段、聚集段、精选段的板面均为编织筛面，采用约 1mm 的圆形或方形截面钢丝经预先压制后编织而成，其孔眼的大小可使粮粒和石块半嵌其中，而不能在板面上滑动。

（2）激振装置　目前采用 6 级异步电动机（$n=930$r/min）作为振动电动机。振动电动机安装在净粮出口端的一根电动机安装横轴上。大型去石机采用相向运动的两台同型号的振动电动机驱动，一般去石机仅用一台振动电动机驱动。

双振动电动机驱动往复直线振动的原理见本章第三节。单振动电动机驱动做往复直线振动，必须把 360° 范围内旋转的偏心惯性力转化为在直线上的激振力，它利用摆杆弹性支承装置实现。

摆杆弹性支承装置如图 3-19 所示。电动机 1 与摆杆 2 连接，组成一个构件。摆杆 2 通过橡胶圈 3 支承在销轴 4 上。橡胶圈 3 由三层构成，内、外层为钢制套筒，中间层为橡胶，制成一个整体筒形零件；外圈与摆杆 2 的孔、内孔与销轴 4 均为过盈连接。销轴 4 紧固在安装座 5 上，安装座 5 通过 U 形螺栓 7 紧固在电动机安装横轴 6 上。松动 U 形螺栓 7，电动机和支承装置整体可以在横轴 6 的圆周上调整方位，即改变振动电动机的方位，改变激振力的方向。

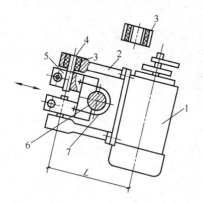

图 3-19　摆杆弹性支承装置
1—电动机；2—摆杆；3—橡胶圈；4—销轴；5—安装座；6—横轴；7—U 形螺栓

（3）精选装置　结构的主体为位于去石板精选段的上方，在去石板和吸风罩壳之间的一块阻风平板。从去石板下方吸入的气流被阻风平板阻挡，气流经阻风平板与去石板之间的空间流出，形成与石子上爬方向相反的气流。

经过聚集段以后，石子和粮粒一起向出石口方向运动。但石子和粮粒相对密度不同，如果反吹气流的速度适合，就能将粮粒吹回聚集段，而让石子通过并从出石口排出。通过调节精选装置螺杆上下的位置，即可调节阻风平板与去石板之间的距离，得到所需的反吹气流速度，以使从出石口排出的仅仅是石子，而尽量少夹带粮粒。

（4）支承装置

① 出粮端采用两组压缩螺旋弹簧，每组两根呈"八"字形支承，使去石板的出粮端具有空间 3 个方向的自由度。

② 出石端采用可调长度的撑杆、铰接支座及螺旋弹簧支承，使支承点仅有铅直平面内的 2 个自由度，也允许振动体绕撑杆微幅摆动。通过调节撑杆的长度可以改变去石板对水平面的倾斜角。

（5）吸风系统　气流的路径是：机外的空气被吸引，经匀风板、匀风格，穿过去石板的孔眼，作用于物料层，再经吸风罩、吸风管，与吸风风网相连。

匀风板上布满直径为 3mm 的圆孔，孔间距为 12mm，正三角形排列。匀风格为边长 50mm 的正方体空格。为了使风的作用均匀，在去石板和吸风罩之间采用橡胶板或毛毡为垫片，以保证二者之间严格气密。

二、工作原理

物料由进料机构送至去石板的预分区，预分区的去石板没有孔，筛板上无孔时，在振动作用下，筛上物料呈纯上行体制，连续不断地将物料送向去石板的聚集段。

因为去石板出料端除了做纵向振动外，还做小幅度的横向摆振，因此物料离开预分区后，上料层开始往横向运动，同时向下滑动，直至被挡料台阶阻挡为止。由此，物料逐渐往上游堆积，直到物料布满整个去石板面，上料层才开始溢出台阶，去石机进入正常工作时段。

物料在聚集段受到振动和垂直于去石板面的气流的作用，分成半悬浮于板面的上料层和接触板面的下料层两部分，上料层为相对密度小的粮粒，下料层为石子、泥块和未能半悬浮的粮粒的混合物。

物料在钢丝编织的去石板上不能滑动，只能在适当的振动和气流的共同作用下，不断向上跳动、上爬。随着下流层的向上运动，去石板面逐渐变窄，下料层中石子、泥块的比例增大。石子、泥块和部分粮粒同时进入精选段，在精选段反吹气流的作用下，粮粒被吹回聚集段，而石子、泥块经过精选段后由出石口排出。

与此同时，上料层以下料层为底板，逐步下行，至出粮口排出。

这样，粮食与并肩石、并肩泥得以分开，净粮由去石板的低端排出，石子由去石板的高端排出。

三、去石板上物料的运动

（1）下层物料的运动　相对密度大的石子、泥块，全部位于下料层，但是石子、泥块不能铺满下料层，所以下料层也包含部分粮粒。对下层物料运动的要求是不断向去石板的上游运动，最后通过精选段的作用，吹回粮粒，排出石子。

为此，去石板采用粗钢丝，经预先压制，编织成表面凹凸不平的网面，使石子、粮粒半嵌在编织板的网眼中，既不能上滑，也不能下滑，仅能被抛起。在适当的振动和气流作用下，下层料不断向上向前跳跃，实现向去石板上游的运动。总之，要求下料层在振动、气流、板面的综合作用下，做纯上跳运动，每次跳动的位移应不小于一个编织网眼的间距。

（2）上层物料的运动　上层物料为净粮颗粒，要求上层物料以适当的速度向去石板下端运动，从出粮口排出。向下端运动太快，易造成石子、泥块来不及沉入下层，而被混在粮食中排出；向下端运动太慢，则不能保证一定的产量，所以要求适当的下移速度。

在振动和气流的作用下，上料层也发生抛掷运动。但是，与下料层不同的是，上料层还可以以下料层为滑动面产生滑移，发生相对去石板的上滑或下滑；此外，由于振动和气流的作用，上层物料处在被抛掷或半悬浮状态时，与下料层之间的正压力减小，同时，摩擦状态变成为有一定气流垫底的动摩擦，摩擦因数也减小。从预分区进机的物料对去石板下端产生的高度差和压头，也将迫使上料层向下端滑移，因此，预分区淌板终点的位置和去石机的进料速度也会影响到上层物料下滑的速度。

总之，要求上料层在振动、气流、进料速度以及进机物料对出粮端产生的高度差的综合作用下，使上层物料以适当的速度向下端流动，一方面使石子沉入下层，另一方面使去石机有一定的产量。

第七节　块状果蔬分级机械与设备

块状果蔬分级可由人工进行，也可由机械进行。块状果蔬分级可选择适当的物理参数作为其分选的基准值。作为基准的物理量分为等级分级要素和形状尺寸等级分级要素两类。符合果实形状和质量基准要求的为品质等级基准，符合大小等级基准要求的为尺寸等级基准。品质等级分级主要从品质特性，包括形状、颜色、成熟度、病虫害、损伤程度等项目，按照优、良、合格、等外等级规格进行操作。现在多数为人工目测进行分选，人工分级的方法主要有挑出法、分出法和取出法三种。以块状果蔬的质量、长度、粗细等参数为尺寸规格，进行尺寸等级分选的操作称为尺寸等级分级。尺寸等级分级又可分为重量分级机和形状分级机两类。

重量式分级机是按果蔬单个质量分级的机械。广泛应用于苹果、梨、桃、番茄、马铃薯等质量较大的果蔬分级中。质量式分级机分为机械秤式和电子秤式两种，由于机械式托盘之间的质量差常使测量精度下降，电子秤式先在无果蔬时称量空托盘的质量，并储存在计算机中，当托盘承载果蔬称重时，减去托盘质量，即可求得果蔬质量。托盘质量数据随时可以更新，测量精度大大提高。

形状分级机就是按形状尺寸逐渐增大的顺序将果蔬分级的设备。本节仅介绍机械式形状分级机和筛筒式形状分级机两种。

一、机械式形状分级机

（1）间隔式　利用条间隔挟持果蔬输送，随着条间隔的逐渐变宽，当条间隔超过果蔬直径时，果实自然落下。

（2）侧辊式　两辊倾斜向外回转，果蔬由辊间向前输送，果蔬在小于辊间隔时落下。该机适合于胡萝卜、马铃薯等分级。

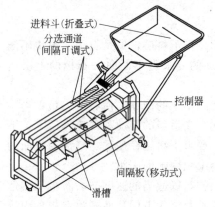

进料斗（折叠式）
分选通道（间隔可调式）
控制器
间隔板（移动式）
滑槽

图 3-20　振动式形状分级机

（3）振动式　振动式形状分级机如图 3-20 所示，主要由进料斗、间隔可调式分选通道、移动式间隔板、振动部分等组成。在两条倾斜的间隔侧面粘有特殊的软垫，通过振动器振动使果蔬均匀分布在间隔表面，并沿着倾斜间隔下滑，两条间隔设置为渐宽状，当果蔬直径小于间隔尺寸时，果蔬落入滑槽，因而可将果蔬按从小到大的顺序进行分级。该机适合于樱桃、梅、樱桃、番茄等球形果蔬的分级。

机械式分级机的构造简单，故障少，易提高生产率，但对于椭圆形果蔬，有时不是按短径而是按长径进行分级。因此，对于形状不整齐的果实而言易产生误差。该系统适合于对大小要求不严格的、近似球形的果蔬的分选。

二、筛筒式形状分级机

筛筒式形状分级机如图 3-21 所示，主要由筛筒、支承装置、收集料斗、传动装置、筛面清理机构、机架等组成。

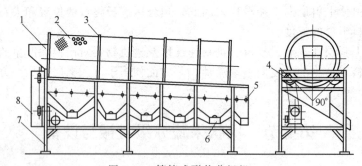

图 3-21　筛筒式形状分级机

1—进料斗；2—分级筛筒；3—筛圈；4—摩擦轮；5—铰链；6—收集料斗；7—机架；8—传动系统

（1）筛筒　筛筒是该机的核心部件，在筛筒表面上设置有大量分级孔，沿果蔬前进方向，按分级孔径的大小，由小到大依次排列。为了增加设施的适应性，筛筒设计成可拆卸式，以便自由组合。果蔬流经转动着的筛筒表面时，比分级孔径小的果蔬自然落下，然后由收集料斗排出。

（2）传动装置　筛筒式形状分级机主要采用摩擦轮传动，摩擦轮装在一根长轴上，筛筒放置在互相对称、夹角为 90°的两根摩擦轮轴上，其中一根摩擦轮轴与传动系统相连，从传动系统中得到动力后，带动轴上的摩擦轮旋转，摩擦轮紧贴筛圈 3，因此，摩擦轮与筛圈间产生的摩擦力驱动筛筒旋转。若摩擦系统打滑，可以增大摩擦轮与筛圈间的摩擦因数或采用双摩擦轮驱动。这种传动方式简单可靠，运转平稳。

（3）筛面清理机构　在分级的过程中，当果蔬直径刚好与筛孔孔径相等时，就会发生堵孔现象而影响分级效果，因此需设筛面清理机构，一般在筛筒外壁设置木制滚轴，用弹簧压紧使其紧贴筛筒外壁。由于木滚轴的挤压，将堵塞在筛孔中的果蔬挤回筛筒中。

第八节　光电分选机械与设备

一、光电分选的目的

在对食品物料的质量评定和质量管理中，要对物料进行多种方法的检测，并根据检测结果对产品分级分类。食品物料的标准化是生产、贸易和消费之间互相促进、互相监督的纽带，食品物料分级分类的主要目的是使之达到商品标准化，食品物料在种植、采收、储藏、加工过程中，较多地受到外界因素的影响，加之地域之间的差别，同一品种间往往有较大的不同。只有通过分级分类，才能按级定价，有利于收储、销售、包装和消费。

光电检测和分选能实现其他常规分选方法无法替代的功能。经过光电分选的产品颜色均匀一致，品相改善，质量大大提高，产品的市场竞争能力增强。所以对食品物料进行光电检测并分级分类，对于食品的加工、销售等，都具有十分重要的意义。

随着生活水平的提高，人们对食品品质越来越重视，要求食品物料具有新鲜、优质、卫生等高档品质已成为选购标准，因此对大米、豆类、水果等进行色选已成为趋势。

二、光电分选设备的设计

光电分选机是利用光电原理，从大量散装产品中将颜色不正常或感染病虫害的个体（球状、块状或颗粒状）以及外来杂质检测并分离的设备。

光电分选机的工作原理：储料斗中的物料由振动喂料器送入一系列通道成单行排列，依次落入光电检测室，在电子视镜与比色板之间通过。被选颗粒对光的反射及比色板的反射在电子视镜中相比较，颜色的差异使电子视镜内部的电压改变，并经放大。如果信号差别超过自动控制水平的预置值，即被存储延时，随即驱动气阀，高速喷射气流将物料吹送入旁路通道。而合格品流经光电检测室时，检测信号与标准信号差别微小，信号经处理判断为正常，气流喷嘴不动作，物料进入合格品通道。图 3-22 所示为光电分选机系统。

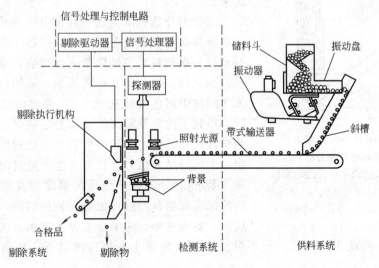

图 3-22　光电分选机系统

（一）光电分选机系统的组成

光电色选机主要由供料系统、检测系统、信号处理和控制电路和剔除系统组成。

（1）供料系统　供料系统由储料斗、电磁振动喂料器、斜式溜槽（立式）或带式输送器（卧式）组成，其作用是使被分选的物料按所需速率均匀地排成单列，穿过检测位置并保证能被传感器有效检测。分选机系多管并列设置，生产能力与通道数成正比，一般有20、30、40、48、90系列。

（2）检测系统　检测系统主要由光源、光学组件、比色板、光电探测器、除尘冷却部件和外壳等组成。检测系统的作用是对物料的光学性质（反射、吸收、透射等）进行检测以获得后续信号处理所必需的受检产品的正确的品质信息。光源可用红外光、可见光或紫外光，功率要求保持稳定。分选机用光可采用一种波长或两种波长。前者为单色型，只能分辨光的明暗强弱，后者为双色型，能分辨真正的颜色差别。检测区内有粉尘飞扬或积累，影响检测效果，可以采用低压持续风幕或定时地高压喷吹相结合以保持检测区内空气明净、环境清洁，并冷却光源产生的热量，同时还设置自动扫帚随时清扫，防止粉尘积累。

（3）信号处理控制电路　信号处理控制电路把检测到的电信号进行放大、整形，并送到比较判断电路，比较判断电路中已经设置了参照样品的基准信号。根据比较结果把检测信号区分为合格品和不合格品信号，当发现不合格品时，输出一脉冲给分选装置。

（4）剔除系统　剔除系统接收来自信号处理控制电路的命令，执行分选动作。最常用的方法是高压脉冲气流喷吹：它由空压机、储气罐、电磁喷射阀等组成。喷吹剔除的关键部件是喷射阀，应尽量减少吹掉一颗不合格品带走的合格品的数量。为了提高分选机的生产能力，喷射阀的开启频率不能太低，因此要求应用轻型的高速高开频率的喷射阀。

（二）典型的光电分选机

（1）英国 Sortex 公司生产的 9000 系列全自动分选机（图 3-23），用于不同尺寸和形状的大米、谷物和脱水蔬菜等物料的分选。

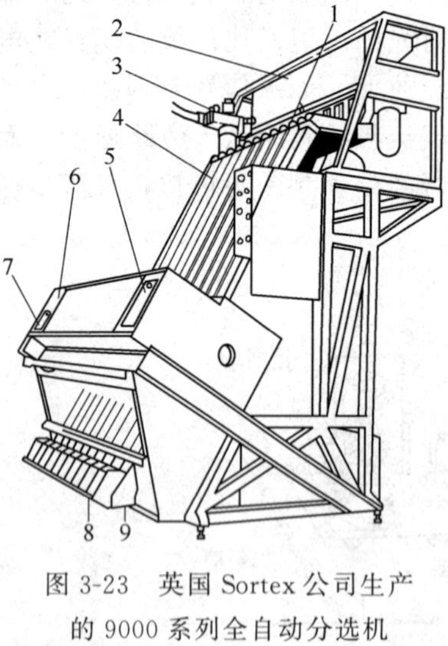

（2）花生米分选机　按物料表面颜色的不同进行分选常采用光电效应原理。花生米在加工成食品之前需要先去掉表皮（红衣）。经过去皮机处理过的花生米尚有部分未能去皮，采用花生米分选机可将其分选出来。

图 3-23　英国 Sortex 公司生产
的 9000 系列全自动分选机

1—控制箱；2—进料斗；3—气动控制器；

4—送料滑道；5—内部控制器；6—指示灯；

7—传感器；8—成品出口；9—杂物出口

花生米分选机由振动下料部分、光箱部分、控制组合部分及执行机构等组成（图3-24）。当花生米由电磁振动筛、振动料斗按顺序落入光箱后，恰好处在比色板和镜头之间。比色板又称背景板，采用红色与白色花生米之间的中间色（浅灰色）。当带皮的红色花生米经过时，得到了比背景板深的光信号，硅光电池送出一个正的脉冲信号，反之，当白色花生米通过时，硅光电池送出一个负的脉冲信号。没有花生米通过时得到的是零信号（基准信号）。脉冲信号的幅度和宽度决定于物料颜色的深浅和物料经过比值板区域的时间。脉冲信号经过放大、鉴别整形、功率放大等主控组合装置，使电磁阀动作，将带红衣的花生米吹出，而不带红衣的白色花生米则自由落下，从而达到了分选的目的。

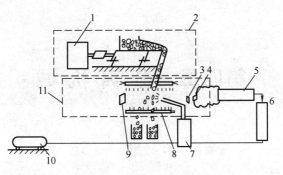

图 3-24　花生米分选机

1—振动筛控制电路；2—下料部分；3—镜头；4—硅光电池；5—前置放大器；
6—主控组合装置；7—电磁阀；8—日光灯；9—比色板；10—空压泵；11—光箱

第四章 分离机械

第一节 概　述

食品工业中加工对象和中间产品大部分是混合物，因而物料分离是食品加工处理的重要内容。对于均相物系的分离则需造成一个两相物系，而且根据物系中不同组分间某种物性的差异，使其中某个组分或某些组分从一相转移而达到分离的目的。对于非均相物系中的连续相与分散相具有不同物理性质的，可用机械方法分离。用以分离非均相混合物的机械统称为分离机械。

固-液分离是将固相和液相分离的操作过程，它是食品工业操作中的重要操作之一，固-液分离的目的有：回收固体，如淀粉脱水；回收液体，如牛乳净化；回收固体和液体，如砂糖分离。

分离机械主要是用于固-液系统和液-液系统的分离，（固-气分离见第二章气力输送部分）。固-液分离有沉降、过滤和压榨三种方式。沉降是利用悬浮液中固-液两相的密度差对悬浮液进行分离的方式。分离时，在重力或离心力作用下，密度较大的固体颗粒沉降，得到固体的沉渣和澄清液体，当固相颗粒密度较液相密度小时，则固体颗粒浮在液体表面，相当于液体沉降。若各相间不存在密度差，则不能用沉降法进行分离。过滤是利用多孔物质作过滤介质进行固液分离的方法。过滤可以利用的推力有：重力、压力、离心力、真空等。利用过滤介质两侧的压力差而使过滤过程得以完成。压榨是利用挤压力把固体所含的液体压榨出来，如水果榨汁。

第二节 过　滤　机

一、过滤分离原理

过滤操作是分离悬浮液的一种最普通和最有效的单元操作，它对沉淀中要求含液量较少的液、固混合物的分离特别适用。其作用原理是利用一种能将悬浮液中固体微粒截留，而液体能自由通过的多孔介质，在一定的压力差的推动下，而达到分离固、液二相的目的。按固体颗粒的大小和浓度来分类，悬浮液分粗颗粒悬浮液、细颗粒悬浮液或高浓度悬浮液、低浓度悬浮液等。悬浮液的粒度和浓度对选择过滤设备有重要意义。

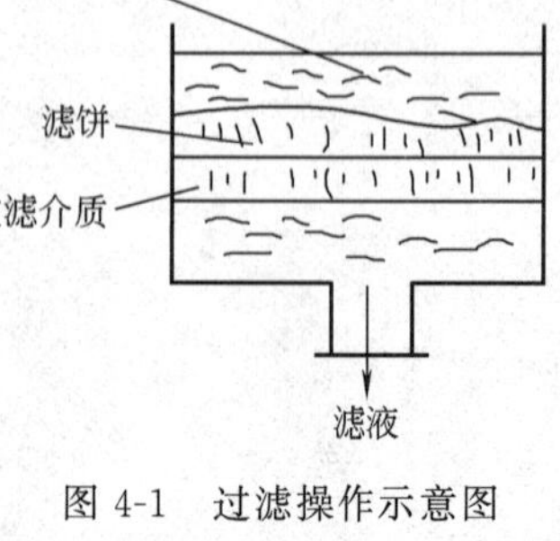

过滤过程可以在重力场、离心力场和表面压力的作用下进行。食品加工所处理的悬浮液浓度往往较高，一般为饼层过滤（积聚在过滤介质上的滤渣层为滤饼）。过滤时，流动阻力为过滤介质阻力和滤饼阻力。滤饼阻力取决于滤饼的性质及其厚度。过滤属于机械分离操作，它们需要的能量较蒸发和干燥少得多。图 4-1 所示为过滤操作示意图。赖以实现过滤操作的外力，可以是重力或惯性离心力，但应用最多的还是多孔物质上、下游两侧的压强差。

图 4-1　过滤操作示意图

过滤机是利用过滤原理对悬浮液进行固-液分离的机械。过滤操作过程一般包括过滤、洗涤、干燥、卸料 4 个阶段。

(1) 过滤 有两种方式，即恒速过滤和恒压过滤，在大多数情况下，初期采用恒速过滤，当压力升至某值后，转而进行恒压过滤。悬浮液在推动力作用下，克服过滤介质的阻力进行固液分离，固体颗粒被截留，逐渐形成滤饼，且不断增厚，因而过滤阻力也随着不断增加，致使过滤速度逐渐降低。当过滤速度降低到一定程度后，必须停止过滤转到下道工序，否则会造成时间与动力的浪费。

(2) 洗涤 停止过滤后，滤饼的毛细孔中包含有许多滤液，需用清水或其他液体洗涤，以得到纯净的固粒产品或得到尽量多的滤液。

(3) 干燥 用压缩空气排挤或真空抽吸将滤饼毛细管中存留的洗涤液排走，得到含湿量较低的滤饼。

(4) 卸料 把滤饼从过滤介质上卸下，并将过滤介质洗净，以备重新进行过滤。

实现过滤操作的 4 个阶段可以是间歇式的，也可以是连续式的。

二、板框压滤机

(一) 板框压滤机的工作原理

板框压滤机是间歇式过滤机中应用最广泛的一种。其原理是利用滤板来支承过滤介质，滤浆在加压下强制进入滤板之间的空间内，并形成滤饼，其结构如图 4-2 所示，它由许多块滤板和滤框交替排列而成，板和框都用支架固定在一对横梁上，可用压紧装置压紧或拉开。滤板和滤框数目由过滤的生产能力和悬浮液的情况而定，一般有 10～60 个，形状多为正方形，如图 4-3 所示，其边长在 1m 以下，框的厚度约为 20～75mm。过滤机组装时，将滤框与滤板用过滤布隔开且交替排列，借手动、电动或油压机构将其压紧。板、框的角端均开有小孔，构成供滤浆或洗水流通的孔道。框的两侧覆以滤布，空框与滤布围成了容纳滤浆及滤饼的空间。滤板的作用是支承滤布并提供滤液流出的通道。板面制成各种凹凸纹路。滤板又分成洗涤板和非洗涤板。为了辨别，常在板、框外侧铸有小钮或其他标志。每台板框压滤机有一定的总框数，最

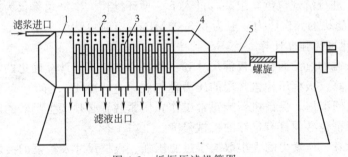

图 4-2 板框压滤机简图

1—固定端板；2—滤布；3—板框支座；4—可动端板；5—横梁

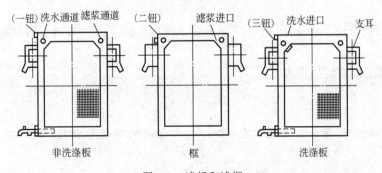

图 4-3 滤板和滤框

45

多达 60 个，当所需框数不多时，可取一盲板插入，以切断滤浆流通的孔道，后面的板和框即失去作用。板框压滤机内液体流动路径如图 4-4 所示。

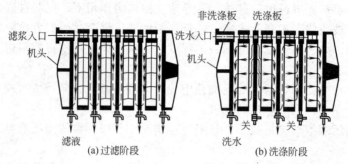

图 4-4　板框压滤机内液体流动路径

滤浆由滤框上方通孔进入滤框空间，固粒被滤布截留，在框内形成滤饼，滤液则穿过滤饼和滤布流向两侧的滤板，然后沿滤板的沟槽向下流动，由滤板下方的通孔直接排出。此种滤液流出方式为明流式。排出口处装有旋塞，可观察滤液流出的澄清情况。如果其中一块滤板上的滤布破裂，则流出的滤液必然混浊，可关闭旋塞，待操作结束时更换。暗流式则在板和框内设置集液通道，滤液汇集后集中流出。这种结构较简单，且可减少滤液与空气的接触。两种方式的滤浆通道设置方式相同。

当滤框内充满滤饼时，其过滤速率大大降低或压力超过允许范围，此时应停止进料，进行滤饼洗涤。可将洗涤水压入洗水通道，经洗涤板的左上角的小孔（图 4-3）进入板面与滤布之间。此孔专供洗水输入，是洗涤板与过滤板的区分之处。它们在组装时必须按滤板、滤框、洗涤板、滤框、滤板……顺序交替排列。过滤操作时，洗涤板仍起过滤板的作用，但在洗涤时，其下端出口被关闭，洗涤水穿过滤布和滤框的全部向过滤板流动，并从过滤板下部排出。洗涤完后，除去滤饼，进行清理，重新组装，进入下一循环操作。洗涤速率仅为过滤终了时过滤速率的 1/4，板框压滤机的操作压力一般为 0.3～1MPa，有时可达 1.5MPa。

（二）板框压滤机的强度计算

板框压滤机所需的过滤面积、板框尺寸和台数是由加工工艺计算确定的，对其主要部件需进行机械强度的计算。板框压榨机常用的压力范围在 0.3～1MPa 之间。为了防止滤浆在压力下从板框压紧面之间泄漏，保证机器能正常工作，压紧装置必须产生足够的压紧力将板框组压紧，同时滤板和滤框也必须具有足够的机械强度。

（1）压紧力计算　压紧力的大小取决于过滤压强、板框尺寸及板框的接触面积。悬浮液施加于滤板面上的压紧力为

$$F_1 = pA \tag{4-1}$$

式中，F_1 为滤板面上的压紧力，N；p 为过滤压强，Pa；A 为每块板所承受的悬浮液压力的面积，m^2。

密封接触面上的密封压力为

$$F_2 = p_y A_y \tag{4-2}$$

式中，F_2 为密封接触面上的压紧力，N；p_y 为保证密封所需压强，Pa；A_y 为板框之间的周边接触面积，m^2。

显然，压紧装置施加于头板上的压紧力 F 应满足以下条件：

$$F \geqslant F_1 + F_2 \qquad (4-3)$$

（2）滤板强度计算　滤板两个侧面的沟槽部分承受着过滤压力。过滤开始，滤板首先受到滤浆入口侧的压力，滤板两侧的压力有压力差，多数滤板处于单侧受压状态，因而滤板必须具有一定的厚度以保证足够的机械强度。

设滤板两侧的过滤压强为 p_1 和 p_2（图 4-5），则滤板所受的弯曲载荷为

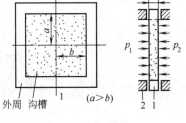

图 4-5　滤板载荷
1—滤板；2—滤框

$$\Delta p = p_1 - p_2 \qquad (4-4)$$

式中，Δp 为滤板两侧的压强差，Pa；p_1，p_2 为滤板两侧的压强，Pa。

三、滤叶型压滤机

滤叶型压滤机是由一组并联滤叶装在密闭耐压机壳内组成。悬浮液在加压下送进机壳内，滤渣截留在滤叶表面上，滤液透过滤叶，后经管道排出。叶滤机可以作为预敷层过滤机来使用。

常见的滤叶型压滤机的类型有：垂直滤槽，垂直滤叶型；垂直滤槽，水平滤叶型；水平滤槽，垂直滤叶型；水平滤槽，水平滤叶型。

（一）垂直滤叶型压滤机

垂直滤叶型压滤机的滤叶结构如图 4-6 所示。袋状滤布由大孔目的芯网所支承，作为预敷层过滤时，滤布外覆以预敷材料，整块滤叶的下端与集液管相连通。也可用细金属网代替滤布，用带沟的板代替芯网。过滤之前，使装有滤叶组的圆柱形过滤槽密闭，然后用泵加入滤浆。槽内充满滤浆后，加压过滤，滤液穿过预敷层和滤布，从集液管排出。而固体颗粒则被预敷层所截留形成滤饼，待滤饼厚度检测器发出警报后，停止加入滤浆，开始卸料。

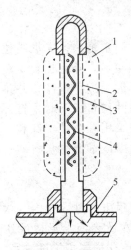

图 4-6　垂直滤叶
1—滤饼；2—预敷层；3—滤布；4—芯网；5—集液管

（1）水平槽垂直滤叶型压滤机　水平槽垂直滤叶型压滤机的结构如图 4-7 所示，过滤槽由上盖 1 和槽体 10 所组成；5 是滤浆加入管，管壁上钻有许多孔 3，管内还套有洗涤水管 6；管上装有洗涤水喷嘴 4，驱动装置 15 可带动 5 和 6 同时旋转；2 是圆形的滤叶，它们固定在槽体 10 上，而不是固定在滤浆加入管 5 上；13 是滤液排出管，其一端经阀门 14 与滤叶 2 的内部相连通，另一端经检液管 12 而与滤液排出总管 11 相连通；7 是排卸滤渣的螺旋输送器。

水平槽垂直滤叶型压滤机工作时，滤浆经入口 16 压送到滤浆加入管 5 和洗涤水管 6 之间，从滤浆加入管 5 壁上的孔 3 放射状进入过滤槽，滤浆加入管 5 和洗涤水管 6 一起低速旋转，可使布料均匀，达到过滤均匀的效果。在压力的作用下，滤浆经滤叶 2 过滤，滤液经滤布、滤液排出管 13 以及检液管 12 而进入滤液排出总管 11，滤渣截留在滤布的外表面，形成滤饼，当滤饼增至一定厚度时，停止加入滤浆，同时打开排渣阀 8，将洗涤水通过洗涤水管 6，经喷嘴 4 喷射到滤叶上，将滤饼均匀冲洗下来，落到底部，由螺旋输送器 7 送到排渣口 9，排出机外，滤叶上的滤布在喷嘴 4 的喷洗后可再用。

（2）垂直槽垂直滤叶型压滤机　图 4-8 所示为垂直槽垂直固定滤叶型压滤机。过滤槽上部是可开闭的封头，中部是圆柱形筒体，下部为椭圆形（或锥形）封头。上封头有压缩空气入口。长方形的滤叶安装在槽的圆柱部分。滤叶由支承网、粗网、细滤网、框架、支承头及固定

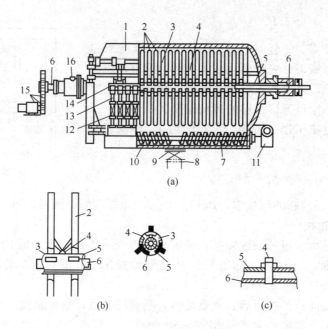

(a)

(b)   (c)

图 4-7   水平槽垂直型压滤机

1—上盖；2—滤叶；3—孔；4—喷嘴；5—滤浆加入管；6—洗涤水管；
7—螺旋输送器；8—排渣阀；9—排渣口；10—槽体；11—滤液排出总管；
12—检液管；13—滤液排出管；14—阀门；15—驱动装置；16—滤浆加入口

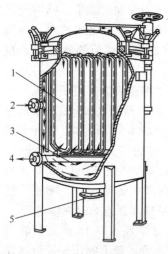

图 4-8   垂直槽垂直固定
滤叶型加压叶滤机

1—滤叶；2—进料口；3—流向；
4—滤液排出口；5—排渣口

块组成。滤叶通过上方的固定块压紧在固定轴上，支承头位于下方，与出液管相连通。该机在过滤结束后，停止加料，然后通入压缩空气，用空气压力将槽内物料继续进行过滤，并排出滤饼中残存液体。待槽内物料下降至滤叶位置以下时，打开底部排料阀，将剩余滤浆排出。该机一般采用湿法冲洗卸料。一般作为预敷层精细过滤，也可以作为含固体量低的浆料的一般过滤。

(二) 水平滤叶型压滤机

这种滤叶型压滤机的滤叶都平置在耐压的过滤槽内（水平滤叶）。过滤面又都是滤叶的上表面，在此表面上形成滤饼层（或预敷层），厚度均匀，不受过滤压力变化的影响，过滤稳定，而且滤饼的洗涤和脱水效果也好。

(1) 水平槽水平滤叶型压滤机   图 4-9 所示为水平槽固定水平滤叶型压滤机，在水平耐压槽里安装一系列的长方形盘状水平滤叶，滤槽一端可以打开。每个滤叶都有一个单独的排液通道。进料管可把料浆从滤槽底部送到顶部的滤盘上，并溢流到其他滤盘。该机结构简单，可以完全回收固体和液体。由于是水平滤叶，该机运动过程中可以不卸滤饼而间隙操作，操作期的长短由滤板存纳滤饼的能力决定。

(2) 垂直槽水平滤叶型压滤机   图 4-10 所示为立式离心力卸料压滤机。在水平滤板上覆盖有过滤介质（滤布或细金属丝网），固体颗粒截留在过滤介质上形成滤饼。该机常作为预敷层过滤，或用滤纸作为过滤介质，进行精密过滤。该机结构简单，一般在 0.35MPa 以下操作，适合小规模、间断性生产。

48

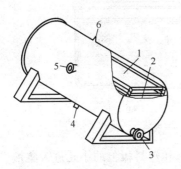

图 4-9　水平槽水平滤叶型压滤机

1—滤板；2—滤饼空间；

3—滤液出口；4—排渣口；

5—进料口；6—排气口

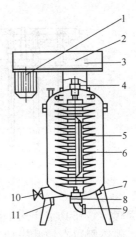

图 4-10　立式离心力卸料加压叶滤机

1—电动机；2—传动带；3—减速机；

4—上部轴承及密封；5—滤叶；6—空心轴；

7—进料口；8—下部轴承及密封；9—滤

液出口；10—残液出口；11—出渣口

四、真空过滤机

（一）水平圆盘过滤机

水平圆盘过滤机结构如图 4-11 所示。过滤过程是一个水平装置的圆盘上靠真空作用进行的，圆盘分 12 个格子，各有相应的通道接至错气盘及分配头，组成 12 个滤室。滤室用多孔不锈钢板、不锈钢丝网及滤布覆盖。在电动机带动下圆盘缓慢旋转，由于错气盘和分配头的作用，使整个圆盘顺利通过过滤、洗涤、卸料及滤布再生等几个区域。将欲分离的悬浮液自上部加至圆盘上，转至过滤区时，在真空的作用下液体穿过滤布等进入滤液管，滤渣则被截留在滤布上，由于圆盘的不断转动，滤渣将被洗涤，然后在卸料区由螺旋输送器卸除。滤布在再生区经冲洗再生后重复使用。

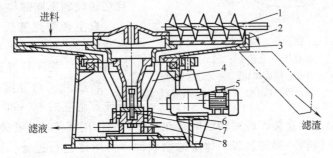

图 4-11　水平圆盘过滤机

1—螺旋输送器；2—滤布及滤板；3—水平圆盘；4—挠性管；5—减速装置；

6—错气盘；7—压紧装置；8—分配头

（二）真空叶滤机

真空叶滤机是由 10～20 个或 35 个叶片并联排列组成，叶片呈长方形，由厚 5mm 左右的硬聚乙烯塑料板焊接而成，在塑料板上布满直径 5mm 左右的小孔，板外复以涤纶布袋作过滤介质，每个叶片的上方均与真空管线相连，如图 4-12 所示。

真空叶滤机是间歇操作，分为抽滤、水洗、吸干和卸料 4 个过程。首先将滤叶浸入料浆槽内，槽底用搅拌器或压缩空气鼓泡，使浆料搅拌均匀，以避免出现滤饼上薄下厚的现象。然

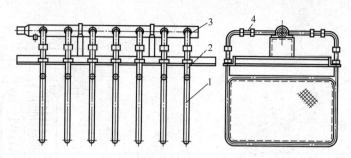

图 4-12 真空叶滤机
1—滤叶；2—框架；3—真空管；4—视镜

后，开启真空阀门，在真空作用下浆液中的液体穿过滤布和塑料板上的小孔进入集液管，排到自动倒液罐，固体则留在滤叶表面，至滤饼达到一定厚度（25～35mm），即为抽滤过程。之后将滤叶提起，继续抽吸，使滤饼保持在滤叶上移至洗涤槽中进行水洗。洗涤槽中装有水和不断向洗涤槽中补充水，以使叶片始终浸在水中。当滤饼符合工艺要求时，即可将叶片提起，移至固体物料储槽，继续保持真空，使滤饼抽干，最后切断真空，将滤饼卸除。

（三）真空转鼓过滤机

真空转鼓过滤机是一种可以连续操作的过滤设备，它具有一水平旋转的滤鼓，直径一般为 0.3～4.5m，长度为 0.3～6m，鼓的外表面有一层金属丝网，上面覆盖滤布。转鼓浸入滤浆中，转鼓每回转 1 周，依次完成过滤、第一次脱水、洗涤、第二次脱水、卸饼、滤布再生等项操作工序，完成一个操作循环，且在转鼓的不同部位上进行。

真空转鼓过滤机（图 4-13）主要由过滤转鼓、带有搅拌器的滤槽、分配头、卸料机构、洗涤装置和传动机构等组成。

转鼓沿径向分隔成若干扇形格，形成彼此独立的 10～30 个滤室。每个滤室

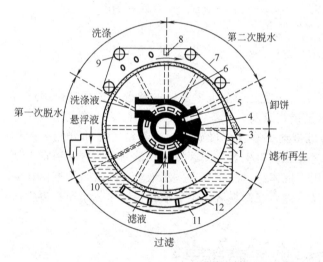

图 4-13 真空转鼓过滤机
1—转鼓；2—连接管；3—刮刀；4—分配头；5,13—与压缩空气相通的阀腔；6,10—与真空相通的阀腔；7—无端压榨带；8—洗涤喷嘴装置；9—导向辊；11—滤浆槽；12—搅拌器

都有孔道与中心的分配头连接，转鼓转动时，在分配头的作用下使这些孔道依次分别与真压缩空气管相通，因此在回转一周的过程中每个滤室表面即可顺序进行过滤、洗涤、吸干、吹松、卸饼等项操作。

第三节 压 榨 机

一、压榨过程和压榨分类

压榨机是利用压力把固体中包含的液体压榨出来的固-液分离机械。

压榨过程主要包括加料、压榨、卸渣等工序。为了提高压榨效果有时对物料进行破碎、打浆等预处理。

压榨机按操作方法分为间歇式和连续式压榨机两大类。

二、间歇式压榨机

（一）手动压榨机

如图 4-14 所示，操作时，用布袋把要压榨的物料包裹起来，放到压板 2 与台面 4 之间，转动手杆 1 使螺杆回转，带动压板向下运动，压榨原料，使物料受到约 $10\sim20kN$ 的压力，将物料中所包含的汁液压榨出来，流入下部汁液收集盘，压榨渣则留在布袋中。施压过程中，注意压力必须缓慢地增加，以免布袋破裂，而造成榨汁混浊。待压力卸去，压榨板复位后，把榨渣取下，卸料。

（二）笼式压榨机

构造类似液压笼式榨油机，如图 4-15 所示。该类压榨机的原料不必装袋，不会因布袋破裂而使原料流放，因而可提高压榨力，从而也提高了出汁率。它适用于压榨汁液较多的原料。

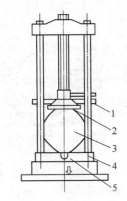

图 4-14　手动压榨机

1—手杆；2—压板；3—袋装物料；

4—台面；5—榨汁出口

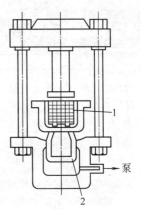

图 4-15　笼式压榨机

1—金属圆筒；2—活塞

（三）爪杯式压榨机

这种压榨机的工作原理如图 4-16 所示。上爪杯装在横梁上，下爪杯装在机架上，位置保持不变。上、下杯由许多爪子组成。

这种榨汁机具有数个榨汁器，榨汁器的上下两个多指形压杯在压榨过程中各自的指形条相互啮合。以柑橘榨汁压榨过程为例：柑橘送入榨汁机，落入下杯内，上杯压降下来，柑橘顶部和底部分别被切割器切出小洞，在榨汁过程中，柑橘所受的压力不断增加，从而将内部组分从柑橘底部小洞强行挤入下部的预过滤管内。果皮从上杯及切割器之间排出。通过滤管内部的通孔管向上移动，对预过滤管内的组织施加压力，迫使果肉中的果汁通过，预过滤管壁上的许多小孔进入果汁集流器。与此同时，那些大于过滤管壁上小孔的颗粒，如籽粒、橘络及残渣等自通孔管口排出。通孔管上升至极限位置时，榨汁的一个周期完成。

改变预过滤管壁上的孔径或通孔管在预过滤管内的上升高度，均能改变果汁产量和类型。由于两杯指型的相互啮合，被挤处的果皮油顺环绕榨汁杯的倾斜板上流出机外。由于果汁与果皮能够瞬时分开，果皮油很少混

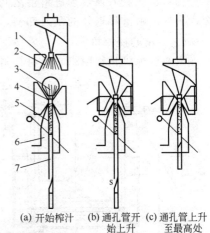

(a) 开始榨汁　(b) 通孔管开　(c) 通孔管上升
　　　　　　　始上升　　　至最高处

图 4-16　爪杯式压榨机原理图

1—上切割器；2—上压杯；3—下压杯；4—下切割器；5—预过滤器；6—果汁收集器；7—通孔管

入果汁中，从而提供了制取高质量柑橘汁的条件。

三、连续式压榨机

连续式压榨机的压榨过程如进料、压榨、卸渣等工序都是连续进行的。主要有螺旋压榨机、轧辊压榨机和离心压榨机等。

（一）螺旋压榨机

螺旋压榨机是一种使用广泛的连续压榨设备，具有结构简单、体积小、出汁率高、操作方便等特点，常用于水果榨汁。其结构如图 4-17 所示，主要由锥形筛筒、螺旋和动力装置等部件组成。

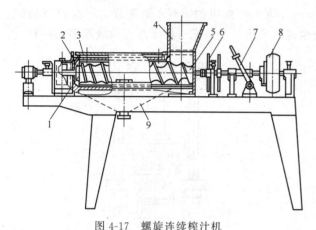

图 4-17　螺旋连续榨汁机

1—残渣出口；2—螺旋挤压段；3—筛筒；4—进料斗；5—输送螺旋；6—离合器；7—手柄；8—带轮；9—滤液收集器

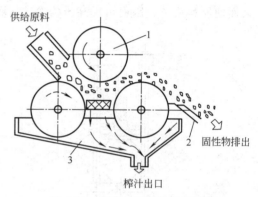

图 4-18　辊轮式压榨机示意图

1—辊轮；2—刮刀；3—榨制收集盘

（二）轧辊压榨机

轧辊压榨机结构如图 4-18 所示，通常由排列成品字形的三个压榨辊组成，上部的辊子称顶辊，在它两端的轴承上装有弹簧等压力装置以产生必要的压榨力；前部的轧辊称进料辊，后部的轧辊称排料辊，进料辊与排料辊之间装有托板。

物料首先进入顶辊与进料辊之间受到一次压榨，然后由托板引入顶辊与排料辊之间再次压榨，压榨渣由排料辊处的刮刀卸料，汁液流入榨汁收集盘引出机器。

（三）离心压榨机

离心压榨机是利用离心力对物料进行连续压榨的机器，适用于榨取水果和蔬菜汁，其结构如图 4-19 所示。

离心压榨机主要由高速旋转筐、推料螺旋和机壳等组成。旋转筐内部装有刀具和滤网。此外，还有支承旋转筐和螺旋的双重轴承、差速器、传动装置等。

水果或蔬菜通过料斗连续加入旋转筐内，被刀具破碎或切成薄片，在离心力作用下甩向筐壁而受到挤压，汁液通过滤网甩出，由下部出液口引出机器；果皮、籽粒、果浆等固形物留在筐内进一步压榨，而残渣则被推料螺旋缓慢向上推送至旋转筐上口甩出，经排渣管卸出机外。推料螺旋与旋转筐之间通过差速器使之保持一定的微小转速差，使推料螺旋对旋转筐做缓慢的相对运动，从而把榨渣卸出旋转筐。

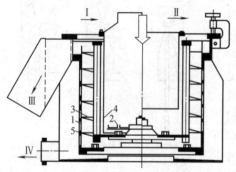

图 4-19　离心压榨机

1,4—过滤网；2—刀具；3—螺旋；5—旋转筐

Ⅰ—离心榨汁机；Ⅱ—连续脱水机；

Ⅲ—固体物料出口；Ⅳ—出液口

第四节　离心分离机

一、离心分离的原理

离心机是利用惯性离心力进行固-液、液-液或液-液-固相离心分离的机械。离心机的主要部件是安装在竖直或水平轴上的快速旋转的转鼓。转鼓壁上有的有孔，有的无孔。料浆送入转鼓内随转鼓旋转，在惯性离心力的作用下实现分离。在有孔的转鼓内壁面覆以滤布，则流体甩出而颗粒被截留在转鼓内，称为离心过滤。对于转鼓壁上无孔，且分离的是悬浮液，则密度较大的颗粒沉于转鼓壁，而密度较小的流体集中于中央并不断引出，称为离心沉降。对于转鼓壁上无孔且分离的是浮浊液，则两种液体按轻重分层，重者在外，轻者在内，各自从适当位置引出，称为离心分离。

二、螺旋离心机

螺旋离心机的主要结构和工作原理如图 4-20 所示。在机壳 6 内有 2 个同心装在轴承 3 和 8

上的回转部件，外边是无孔转鼓 7，里面是带有螺旋叶片的螺旋输送器 4。电动机通过带轮带动转鼓旋转。行星差速器的输出轴带动螺旋输送器与转鼓同向转动，但转速不同，其转差率一般为转鼓转速的 0.2%～3%。悬浮液从右端的进料管 1 连续送入机内，经过螺旋输送器内筒加料隔仓的进料孔 5 进到转鼓内。在离心力作用下，转鼓内形成了一环形液池，重相固体颗粒离心沉降到转鼓内表面上形成沉渣，由于螺旋叶片与转鼓的相对运动，沉渣被螺旋叶片送到转鼓小

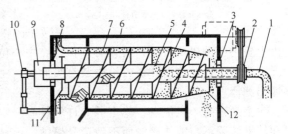

图 4-20　卧式螺旋离心机工作原理图

1—进料管；2—三角带轮；3,8—轴承；4—螺旋输送器；
5—进料孔；6—机壳；7—无孔转鼓；9—行星差速器；
10—过载保护装置；11—溢流孔；12—排渣孔

端的干燥区，从排渣孔 12 甩出。在转鼓的大端盖上开设有若干溢流孔 11，澄清液从此处流出，经机壳的排液室排出。调节溢流挡板溢流口位置、机器转速、转鼓与螺旋输送器的转速差、进料速度，就可以改变沉渣的含湿量和澄清液的含固量。

三、碟片式离心分离机

碟片式离心分离机分离原理如图 4-21 所示。它具有直径 350～550mm 的转鼓，鼓内有由

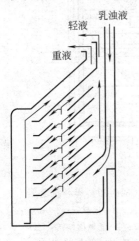

图 4-21　碟片式离心分离机原理图

厚 0.3～0.4mm 的不锈钢板制成的碟片，碟片呈倒锥形，锥顶角 60°～100°，间距通常为 0.8～1.5mm，最小 0.3mm，最大可至 10mm，由碟片上焊的筋条厚度决定。碟片上开孔，孔均匀分布在两个不同半径的同心圆上，碟片的叠放使开孔能上下串通形成若干垂直通道，是乳浊液进入碟片的进口。当乳浊液中重液的体积大于轻液时，用靠近转轴的小半径的内圆通道，反之用靠近转鼓壁大半径的外圆通道。由更换最下面一块碟片上的开孔位置决定操作中是用内圈或外圈开孔进料。最下面的一块碟片有两种类型，每种仅有一圈开孔可和内圈或外圈开孔相通。碟片上的进料孔位置可由下式求得

$$R_{\mathrm{f}} = \sqrt{\frac{R_1 + \varphi R_2}{1 + \varphi}} \qquad (4-5)$$

式中，R_f为进料孔半径，m；R_1、R_2为碟片的内、外径，m；φ为轻液和重液的体积比。

四、三足式离心机

图 4-22 所示为人工卸料的三足式离心机。它是间歇操作的过滤式离心机。这种离心机的转鼓和机座借牵引杆挂在 3 个支柱上，转鼓的振动由弹簧承受，因而不会引起转鼓松动。优点是结构简单，操作平稳，占地面积小，滤渣颗粒不易磨损。它适用于过滤周期长、处理量不大且滤渣含水量要求较低的生产过程，对于粒状的、结晶状的、纤维状的物料脱水效果较好。由于它是用控制分离时间来实现产品湿度变化的要求，比较适宜于小批量、多品种的物料的分离。主要缺点是：上部卸出滤渣需要繁重的体力劳动；液体可能漏入下部驱动装置，而发生腐蚀。

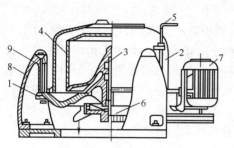

图 4-22 三足式离心机简图

1—机座；2—机壳；3—主轴；4—转鼓；
5—制动器；6—联轴器；7—电动机；
8—支柱；9—牵引杆

五、上悬式离心机

上悬式离心机采用了上部驱动、下部卸料的结构，如图 4-23 所示，也是间歇操作的过滤离心机，其转鼓由上置的电动机所带动，转鼓必须保持在中心位置，装料必须均匀，一般在转鼓缓慢旋转的情况下进料。为了洗涤滤饼，机内装有喷洒器，将洗涤液喷洒于旋转的滤饼上，洗涤完毕停机，卸出滤渣。

上悬式离心机优点：稳定并允许转鼓有一定程度的自由振动，卸除滤渣较快、较易，支承和转动装置不与液体接触而不致遭受腐蚀。上悬式离心机的缺点：主轴较长，易磨损，运动易引起振动；卸料时要提起锥罩，然后才能将滤渣刮下。

六、卧式刮刀卸料离心机

它是连续操作的过滤式离心机，可在全速下运动，进行进料、洗涤、脱水、卸料、洗网等操作。每一工序的操作时间可按预定的要求实行自动控制。

卧式刮刀卸料离心机是在固定机壳内，由主轴以悬臂梁方式连接过滤式转鼓。在转鼓内，有进料管、冲洗管各一根，还有绕轴旋转一定角度的耙齿，如图 4-24 所示。固定的卸斗内装

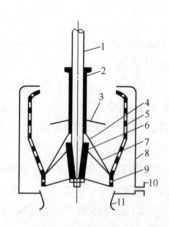

图 4-23 上悬式离心机

1—转轴；2—轴套筒；3—分散盘；
4—联轴器；5—转鼓；6—轮毂；
7—轮辐；8—机壳；9—轮箍；
10—滤液出口；11—滤渣出口

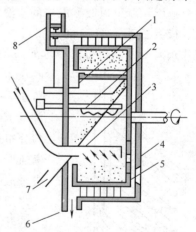

图 4-24 卧式刮刀卸料离心机简图

1—刮刀；2—耙齿；3—进料管；4—机壳；
5—转鼓；6—滤液出口；
7—卸渣斜槽；8—液压装置

有一个可上下移动的长形刮刀。物料自进料管加入后，由于耙齿的往复运动使物料均匀分布，可减轻设备振动。进料完毕后，由洗涤管进水洗涤而后再进行脱水。最后通过液压控制的刮刀进给器提升刮刀进行卸料。优点是产量高，自动操作，适合大规模的生产，适用于粒度中等或粒度细小的悬浮液的脱水。缺点是刮刀寿命短，设备振动较严重，品体破损率较大，转鼓可能漏液到轴承箱，造成生产和设备的损失。

七、旋液分离器

旋液分离器提供了一个从液相中分离固相的廉价手段，比重力沉降法更有效率。食品工业中，经常用于玉米胚芽和玉米淀粉的分离。

旋液分离器由 3 个部件组成，即进料管、溢流管和旋液分离器壳体。进料管沿旋液分离器壳体外缘切线安装在壳体上，溢流管安装在壳体中心，旋液分离器壳体上部是圆柱体，下部是圆锥体，尾部是底流口（排料口），如图 4-25 所示。

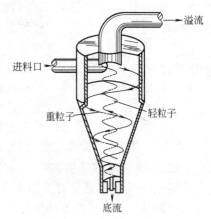

如同离心分离一样，旋液分离的推动力是离心力和粒子与载体液体之间的相对密度差。在离心力场和重力场中，还存在着颗粒相对于介质的相对运动，即离心沉降和重力沉降。在旋液分离器中，带有悬浮粒子的液体被迫以环形或螺旋轨迹流动，同时还有离心向壳体运动的趋势，由于重力沉降的作用，相对密度较大的颗粒被载体液体夹带做下降运动的同时，还有相对于液体做向下运动的趋势。理论上颗粒绝对运动的轨迹为平面上的螺旋线。到达器壁的颗粒，与器壁相碰撞失去动能向下降落，从而相对密度较大的颗粒沿壁下滑从下部排料口排出；相对密度较

图 4-25　旋液分离器简图

小的颗粒及载体液体在旋流器中由中部溢流管流出。如果要完全分离载体液体中的颗粒，应采取几组旋液分离器串联形式或与其他分离装置组合完成。

第五节　萃取机械

一、萃取原理

根据不同物质在同一溶剂中溶解度的差异，使混合物中各组分得到部分或全部分离的分离过程，称为萃取。在混合物中被萃取的物质称为溶质，其余的部分则为萃余物，而加入的第三组分称为溶剂或萃取剂。完整的萃取过程如图 4-26 所示，原料液 F 与溶剂 S 充分混合接触，使一相扩散于另一相中，以利于两相间传质；萃取相 E 和萃余相 R 进行澄清分离；从两相分别回收溶剂得到产品，回收的萃取剂可循环利用。萃取相 E 除去溶剂后的产物称为萃取物 E'，萃余相 R 除去溶剂后的产物称为萃余物 R'。

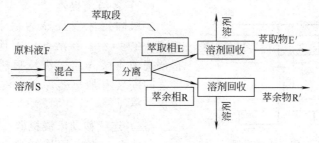

图 4-26　萃取过程

混合物为液体的萃取称为液-液萃取，所用的溶剂与被处理的溶液必须不相溶或很少互溶，而对处理溶液中的溶质具有选择性的溶解能力；混合物料为固体的萃取称为液-固萃取，一般需将固体粉碎以增加接触面积。

二、液-液萃取设备

在此类萃取设备中，分散相和连续相逆流流动，并在连续逆流流动过程中进行质量传递，分散相的聚合及两相的分离是在萃取柱的一端实现的。液-液萃取设备包括两个组成部分，一是混合设备，要求溶剂和料液充分混合，在短时间内接近萃取平衡；另一是分离设备，将萃取后两相进行分离。

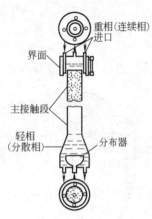

图 4-27　喷淋柱示意图

重力作用的萃取柱——喷淋柱如图 4-27 所示。重相连续相，由柱顶引入，充满萃取柱，从柱底通过液封管流出；轻相从柱底进入，通过分布器分散成细小液滴，再通过重相，在柱顶聚合成轻相液层。柱的处理能力较大，随两相密度差和随重相黏度的增加而增大，随轻相黏度的增加而减小。分散相的液滴直径对处理能力影响较大。由于柱内无内部构件，因此两相接触时间短，传质系数小且连续相纵向混合严重，从而萃取效率低。但其结构简单，设备费用和维修费用低，通常用于简单的洗涤和溶剂处理过程。

三、固-液萃取设备

固-液萃取操作通常称为浸出或浸提，食品工业的原料多为动植物产品，固体物质是其主要组成部分。为了分离出纯物质或去除不需要的物质，多采用浸提操作。主要应用于油脂工业、制糖工业、速溶咖啡、香料色素、植物蛋白和玉米淀粉等。

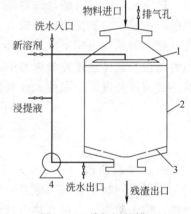

图 4-28　单级浸提罐
1—喷淋头；2—罐体；3—假底；4—泵

固体的浸出过程一般包括：溶剂浸润进入固体内，溶质溶解；溶解的溶质从固体内部流体中扩散到固体表面；溶质继续从固体表面通过液膜扩散而到达外部溶剂的主体中。影响浸出速度的因素主要包括：可浸出的物质的含量；原料的形状和大小；温度；溶剂的性质。

在食品工业中，常用的浸出设备主要有：单级浸提罐、多级浸提器和连续移动床浸提器等。

（一）单级浸提罐

单级浸提罐（图 4-28）为一开口容器，下部安装假底以支承固体物料，溶剂从上面通过喷淋头 1 均匀喷淋于物料上，通过床层渗滤而下，穿过假底 3 从下部排出。物料由上方进入，残渣通过下排渣口排出，浸提液由泵排出。

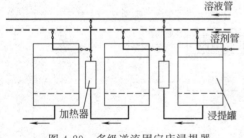

图 4-29　多级逆流固定床浸提器

（二）多级浸提器

多级固定床浸提器为数个浸提罐依序排列，如图 4-29 所示，新溶剂由罐顶注入进行浸提，所得浸提液再泵入第二级浸提罐，依次重复。罐与罐之间安装有加热器，确保浸提液的温度以提高浸提效率。

（三）连续移动床浸提器

工业上大多采用连续移动床浸提系统，物料

置于连续移动床上，随其移动，溶剂则逆向流动。可分为浸泡式、渗滤式及二者混合式。

（1）浸泡式连续移动床浸提器　物料完全浸泡于溶剂之中进行连续浸提。如图 4-30 所示，螺旋输送器将固体物料从低塔的顶部移向底部，再经短距离的水平移动而到达高塔的底部，而后上升到达卸料口。溶剂在较高的塔顶附近引入，入口位置低于固体物料的卸料口，以保证固体残渣有一段沥出溶剂的距离。这种浸出器常用于大豆和甜菜的浸提。

（2）渗滤式连续浸提器　溶剂喷淋于物料层之上，在通过物料层向下流动的过程中进行浸提，物料不浸泡于溶剂中。如图 4-31 所示，结构类似斗式提升机，置于气密容器中并附加了用于浸提的部件。设有 24～38 个篮斗，内装萃取物料，篮斗底部为栅网，浸提液可以穿过。

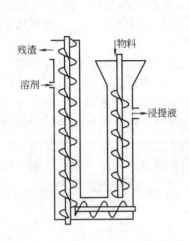

图 4-30　浸泡式连续移动床浸提器

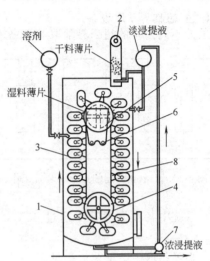

图 4-31　渗滤式连续浸提器示意图
1—外壳；2—供料器；3—篮斗；4—链轮；5—落料；6—螺旋输送机；7—泵；8—链条

四、超临界萃取设备

（一）超临界　取原理及过程

（1）萃取原理　超临界流体萃取（简写 SCFE）是一种新型的萃取分离技术，是近 20 年来得到广泛研究和开发的一项提取分离技术。它利用一种超临界流体（SCF）如 CO_2、乙烯、丙烷、丙烯、水等在临界点附近等区域内，与待分离混合物中的溶质具有异常相平衡行为和传递性，且对溶质的溶解能力随着压力和温度的改变在相当宽的范围内变动而实现。这种流体可以是单一的，也可以是复合的。添加适当的夹带剂可以大大增加其溶解性和选择性。该技术提取挥发组分或生理活性物质时，对提取物极少损失或破坏，无溶剂残留，产品质量高。20 世纪 90 年代超临界流体萃取技术被应用于中药提取分离领域，与传统方法比较，提取率明显提高。

（2）超临界萃取系统组成　超临界流体萃取系统通常主要由 4 部分组成（图 4-32）：溶剂压缩机（即高压泵）；萃取器；温度、压力控制系统；分离器和吸收器。其他辅助设备包括辅助泵、阀门、背压调节器、流量计、热量回收器等。

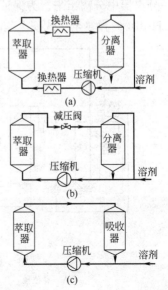

图 4-32　超临界流体萃取流程示意图

（3）常见的 3 种萃取流程　①控制系统的温度，达到理想萃取和分离的流程［图 4-32（a）］。超临界萃取是在产品溶质溶解度为最大时的温度下进行。然后萃取液通过热交换器使之冷却，将温度调节至溶质在超临界相中的溶解度为最小。这样，溶质就可以在分离器中加以收集，溶剂经再压缩进入萃取器循环使用。②控制系统的压力［图 4-30（b）］。在图中，富含溶质的萃取液经减压阀降压，溶质可在分离器中分离收集，溶剂经再压缩循环使用或者直接排放。③吸附方式［图 4-30（c）］，它包括在定压绝热条件下，溶剂在萃取器中萃取溶质，然后借助合适的吸附材料如活性炭等以吸收萃取溶液中的溶剂。

实际上，这 3 种方法的选用取决于分离的物质及其相平衡。

（二）超临界萃取设备

虽然不同公司的超临界萃取装置各有其特点，但其基本原理都相同。图 4-33 是二氧化碳超临界萃取装置工作原理。一般多用于脂溶性物质的萃取。

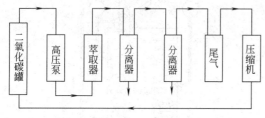

图 4-33　二氧化碳超临界萃取装置工作原理

从二氧化碳储罐出来的流体，进入可控制温度和压力的萃取器，经一定时间后，携带着溶质的二氧化碳经分离器分出溶质和气体，气体二氧化碳经压缩后重新利用，溶质则被分离得到。整个过程（包括萃取和分离）在一个高压密闭的系统中进行，一般在萃取生物活性物质时，系统中各段温度都不超过 65℃，从而可以保证其中的热敏性物质少破坏，也不会被氧化。

超临界萃取中试工艺流程见图 4-34。从气柜 B 中出来的气态 CO_2 经压缩机 C 增压后进入缓冲釜 E，在缓冲釜内调节其压力和温度至超临界状态，然后送入装有萃取原料的萃取釜 F，萃取后流体经节流阀流至三级分离器 G、H、I，将萃取物逐级分离后进入净化器 J，经脱水除杂后返回压缩机循环使用（在萃取结束后则返回气柜中储存备用）。若过程需要使用夹带剂（即进行第二类超临界萃取），则将夹带剂置于高位槽 A 内，用高压液体计量泵 D 按比例送入缓冲釜 E，二氧化碳和夹带剂形成均匀流体后送入萃取釜，通过调节压力和温度，使夹带剂在某一分离器中分离出来。为保证系统和操作的安全，在萃取釜 E 和分离器 G 上部安装型号为 A42H-320 的弹簧全启式安全阀，其耐压值分别设定为 320MPa 和 176MPa。

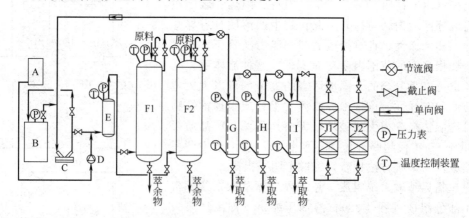

图 4-34　超临界二氧化碳萃取中试工艺流程图

A—高位槽；B—气柜；C—压缩机；D—高压液体计量泵；E—缓冲釜；

F—萃取釜；G，H，I—分离器；J—净化器

第六节　膜技术设备

一、膜分离的基本概念

用天然的或人工合成的高分子薄膜或其他具有类似功能的材料，以外界能量或化学位差为推动力，对双组分或多组分的溶质和溶剂进行分离、分级、提纯和富集的方法，统称为膜分离。

与其他分离方法相比，膜分离具有以下 4 个显著特点：风味和香味成分不易散失；有益于保持食品的某些功效；不存在相变过程，节约能量；工艺适应性强，容易操作和维修。

膜分离技术主要包括渗透、反渗透、超滤、电渗析、液膜技术、气体渗透和渗透蒸发等方法。

二、膜组件

（一）平板式膜组件

平板式膜组件由不同数量的平板膜组成，其结构如图 4-35 所示。该种膜组件单位体积膜面积大，因此原液流通面积大，不容易堵塞，因此对原液预处理要求相对较低，压力损失较小，原液流速可高达 $1\sim5m/s$。

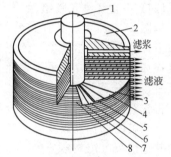

图 4-35　平板式膜组件（DDS 模块）
1—中心轴；2—盖板；3,7—膜；
4,6—滤纸；5—膜支承板；8—垫片

（二）管式膜组件

如图 4-36 所示，管式膜组件主要是把膜和支承体合在一起制成管状，再将一定数量的管以一定方式连成一体而组成。按膜附着在支承管的内侧或外侧可分为内压管式和外压管式组件；按管式组件中膜管的数量又可分为单管式和列管式两种。管式组件的优点是流动状态好、流速易控制，适当控制流速可防止或减小浓差极化，安装、拆卸、换膜和维修均较方便。由于支承管径相对较大（一般为 $0.6\sim2.5cm$），所以可处理含悬浮团状体的溶液。与平板式膜组件相比，单位体积内有效膜面积较少。

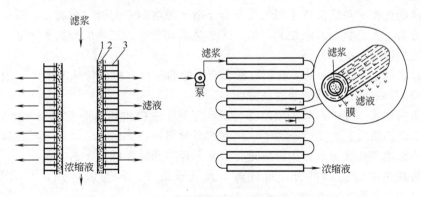

图 4-36　管式膜组件
1—膜表面层；2—膜支承层；3—玻璃纤维管

（三）卷式膜组件

如图 4-37 所示，将板式膜与支承材料、隔网等相间重叠放置后卷绕起来即为卷式膜组件。该类组件单位体积内的膜表面积大，投资及运行费用低。但因流道过窄，流速难于调节，固体

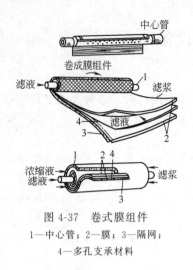

图 4-37　卷式膜组件

1—中心管；2—膜；3—隔网；

4—多孔支承材料

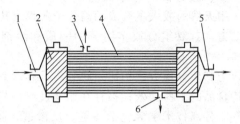

图 4-38　中空纤维式膜组件

1—滤浆进口；2—固定端；3,6—滤

液出口；4—中空纤维；5—浓缩液出口

悬浮物会发生严重结垢，故仅限于超滤使用。

（四）中空纤维式膜组件

如图 4-38 所示，具有 $25\sim42\mu m$ 内孔直径的中空纤维膜束集装在一个管内即为中空纤维式膜组件。该类膜组件单位体积内膜表面积大，极易小型化。中空纤维膜耐压，不易损坏，但一旦损坏便无法修复。另外表面去污困难，滤浆需经严格处理。该类组件也仅限用于超滤。

三、膜分离设备

将含有两个或两个以上组分的流体（真溶液、乳浊波、悬浮液等），在容器中通过一固体膜，借该膜的选择性以及膜两侧的能量差（如静压差、浓度差、电位差等）将某种成分和流体中的其他组分（溶剂）分离，以达到浓缩溶质或净化溶剂的设备便是膜分离设备。

膜分离技术主要可分反渗透、超滤和微滤等。反渗透是利用反渗透膜（一般为均质膜或表面致密的复合膜）有选择地透过溶剂的性质，对溶液施加压力，克服溶剂的渗透压，使溶剂通过膜面从溶质中分离出来的过程。该技术可用于海水淡化、果蔬汁的浓缩及分离蛋白的浓缩等。

超滤是应用孔径为 $0.001\sim0.02\mu m$ 的超滤膜来过滤含有大分子或微细粒子的溶液，使之从溶液中分离的过程。与反渗透不同的是小分子溶质与溶剂一起通过超滤膜。超滤可用于果蔬汁的浓缩和澄清、大豆蛋白的浓缩和分离、天然色素和食品添加剂的分离和浓缩、奶的分离和浓缩、酒和醋的澄清与提纯等。

微滤是以孔径小于 $10\mu m$ 的多孔膜过滤含有微粒的溶液，将微粒从溶液中除去。可用于食糖的精制、澄清、过滤及啤酒的冷过滤除菌等。

在分离蛋白加工过程中，首先用超滤装置将低分子蛋白质和可溶性糖类与蛋白凝乳分开。蛋白凝乳经浓度调整后送去进行喷雾干燥得到大豆分离蛋白。而滤过液低分子蛋白质和可溶性糖液则通过反渗透装置除去水分浓缩后进行喷雾干燥得到糖和低分子蛋白质。

膜分离装置主要包括两部分：膜分离单元（膜组件）和对流体提供压力和流速的装置（泵）。

第七节　蒸馏设备

一、蒸馏原理

蒸馏是根据液体组分的挥发度的不同，将混合液加热至沸腾，使液体不断汽化产生的蒸汽经冷凝后作为顶部产物的一种分离、提纯操作。

二、白酒蒸馏设备

白酒的蒸馏一般采用简单蒸馏方法。操作时将成熟醪液放在一个密闭的蒸馏甑中加热，使料液沸腾，所产生的酒精蒸气通过引导管引入冷凝器冷凝，并冷却成低温的成品酒。用此法进行蒸馏时，由于随时不断地将产生的酒精蒸气移出，而蒸馏甑中又无醪液补充，故甑内的液相中的酒精成分的浓度逐渐降低，于是成品酒的浓度也愈来愈低，故需按要求将不同浓度范围的成品分别盛装。随着蒸馏过程的进行，甑中液体浓度下降到某规定值时（或成品酒的浓度降至某一定值时），停止蒸馏，将酒糟排出，然后再加入新的醪液重新蒸馏。

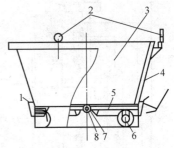

图 4-39　活底甑
1—活动销及销套；2—吊环；3—甑体；
4—甑壁及填料；5—活页底和支承；
6—支座；7—活页套；8—活页轴

传统的白酒蒸馏甑形状像花盆，是上大下小的圆锥台，用钢板制造。甑桶的上缘有液封装置，为便于出槽，甑的底部为活动底板，如图 4-39 所示。它由 2 个活动的半圆铁柜和筛板组成，筛板上盛放酒醅。这种酒甑的特点是以含酒分和具香味的酒醅作为填料层，采用边上气、边上料的加料方式，使得酒醅与酒精蒸气间进行充分的接触，酒分不断汽化、不断冷凝，成品酒香味和口味成分得到很好调和。

有些酒厂采用立式或卧式的单釜或双釜蒸锅，如图 4-40 和图 4-41 所示。

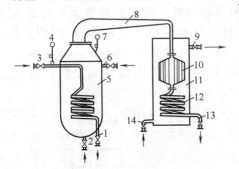

图 4-40　立式蒸馏釜
1—废汽及冷凝水排出口；2—酒糟排出口；3—进汽口；
4,7—压力表；5—蒸馏釜；6—成熟酒醅入口；8—气筒；
9—热水排出口；10—双管冷却器；11—水箱；12—蛇形管；
13—成品酒接口；14—冷水入口

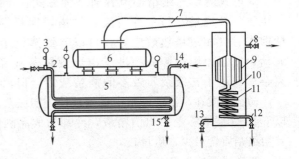

图 4-41　卧式蒸馏釜
1—废汽及冷凝水排出口；2—蒸汽入口；3,4—压力表；
5—蒸馏釜；6—气鼓；7—气筒；8—热水排出口；9—双
管冷却器；10—水箱；11—蛇形管；12—成品酒出口；
13—冷水入口；14—成熟酒醅入口管；15—酒糟排出口

三、酒精蒸馏设备

醪液蒸馏和酒精精馏的主要设备是蒸馏塔，它把酒精从醪液中蒸馏分离出来，又把酒精蒸馏浓度提高，同时分离出部分杂质。

发酵的成熟醪液除含有固形物外，主要成分是酒精和水，并伴随醛、醇、酮、酯等许多微量物质。这些微量物质在酒精蒸馏系统中统称杂质。蒸馏过程中，酒精和低沸点物质挥发的同时高沸点物质经水蒸气蒸馏也汽化上升，使酒精中混有杂质。由于酒精和杂质的挥发系数不同，杂质在塔里分布和聚积的区域也不同，利用杂质分布的规律可在蒸馏操作中将部分杂质分离。

根据产品质量和杂质的不同要求，可选用不同的流程：单塔式、双塔式、三塔式和多塔式等。

（一）单塔式酒精连续蒸馏流程

单塔式酒精连续蒸馏流程（图 4-42）有一个蒸馏塔，分上下两段，下段为提馏段，主要是把醪液中的绝大部分酒精蒸馏出来，保证酒糟中残留的酒精少；上段为精馏段，主要是把酒精蒸馏提浓到要求的浓度。

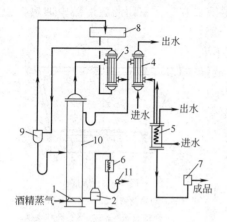

醪液从提馏段的上部进塔，进料层产生的酒精蒸气通过精馏段逐层蒸馏提浓。酒精蒸气冷凝成为液体回流入塔内。未冷凝的气体通过分凝器后，与从塔顶以下 3～4 层塔板上引出酒精液体一起，通过冷凝器和酒精冷却器冷却，即为成品酒精。

单塔式分离杂质能力较低，成品质量达不到医药酒精标准，加之经济性能差等缺点，这种流程在酒精工业中基本已被淘汰，但在白酒制造中仍有采用。

图 4-42　单塔式酒精连续蒸馏流程
1—蒸气加热器；2—调节器；3—分凝器；
4—冷凝器；5—酒精冷却器；6—酒蒸
气冷却器；7—酒精检验器；8—醪液高位槽；
9—气液分离器；10—蒸馏塔；11—废液检验器

（二）双塔式酒精连续精馏流程

双塔式酒精连续精馏流程可使成品质量达到部分医药酒精质量标准。双塔式酒精连续精馏流程是由粗馏塔和精馏塔两个塔组成。粗馏塔相当于单塔式的提馏段，从醪液中分离出稀酒精；精馏塔把稀酒精蒸馏提浓到所需浓度，同时分离部分杂质。

双塔式酒精连续精馏流程有 2 种方式：一种叫气相过塔，即粗馏塔顶上升的酒精蒸气直接进入精馏塔；另一种叫液相过塔，即粗馏塔顶上升的酒精蒸气冷凝成液体后再流进精馏塔。气相过塔热效应好，可以节约蒸汽消耗。缺点是两塔直接连通，其中一个压力波动，就互相影响。液相过塔由于酒精蒸气经过冷凝可以排除部分初级杂质，有利于分离杂质，适于初级杂质较多的酒精精馏，但消耗较多的蒸汽和冷却水。

初级杂质在高浓度酒精中挥发较快，初级杂质多聚积于塔顶气相中，因此，从精馏塔顶层以下 3～4 层塔板上引出酒精液，冷却为成品酒精，其初级杂质含量少，质量较好。

双塔式酒精连续精馏气相过塔流程（图 4-43）：醪液经泵送至醪液箱，经预热器预热至 70℃，在粗馏塔顶层进塔。塔釜用蒸汽加热，使酒精汽化，酒精蒸气逐层上升。从粗馏塔顶进入精馏塔的酒精蒸气，经精馏段蒸馏提浓，上升至塔顶，进入预热器，与被预热的醪液进行热交换而冷凝为液体，回流至塔内。未冷凝气体大部分在冷凝器内冷凝，也回流至塔内。

少量未冷凝的酒精蒸气含杂质较多，冷凝后作为工业酒精。常温下不能冷凝的气体（初级杂质）从排醛器排出。从塔顶以下 3～4 层塔板上引出已脱除部分杂质的酒精经冷却器冷却成为成品酒精。

杂醇油的提取一般是液相提油。粗馏塔塔釜连接浮鼓式排糟器控制排糟。精馏塔塔釜则连接 U 形

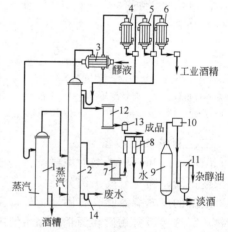

图 4-43　双塔式酒精连续精馏气相过塔流程
1—初馏塔；2—精馏塔；3—预热器；4,5,6—冷
凝器；7—冷却器；8—乳化器；9—分离器；
10—杂醇油储存器；11—盐析罐；12—成品冷
却器；13—检酒器；14—U 形排液器

排液器，控制排除废液。

气相过塔流程设备简单，操作稳定，能提取杂醇油和排除部分初中级杂质，成品酒精质量能达到部分医药酒精标准。设备热效应高，投资和生产费用低，故广泛使用。

（三）三塔式酒精连续精馏流程

三塔式酒精连续精馏流程可获得精馏酒精。三塔式酒精连续精馏流程（图4-44）是由3个塔组成，即在双塔式的粗馏塔和精馏塔之间装置脱醛塔。脱醛塔的主要作用是脱除部分初级杂质和部分中级杂质。粗馏塔顶上升的酒精蒸气由脱醛塔中部进塔，逐层上升。脱醛塔顶上升的酒精蒸气经分凝器冷凝后，绝大部分酒精冷凝液回流入塔内，少量酒精蒸气和杂质冷凝后作为工业酒精排出，未冷凝的气体从排醛器排出。脱醛塔顶回流的酒精在下流的过程中，与上升的酒精蒸气混合，使部分酒精蒸气冷凝一起下流。在稀酒精中初级杂质挥发度高，因此，塔底的稀酒精能够脱除较多的初级杂质。脱除了部分杂质的稀酒精从脱醛塔塔底流入精馏塔，再经精馏塔蒸馏提浓并抽提杂醇油和排除杂质。因此，成品酒精质量较高，能达到精馏标准。

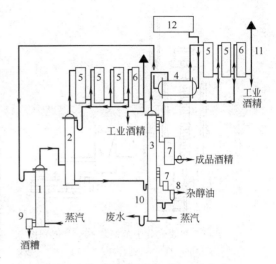

图4-44 三塔式酒精连续精馏流程图
1—粗馏塔；2—脱醛塔；3—精馏塔；4—预热器；5—分凝器；6—冷凝器；7—冷却器；8—杂醇油分离器；9—酒糟排除控制器；10—U形排液器；11—排醛器；12—醛液箱

四、分子蒸馏

分子蒸馏（molecular distillation，MD）技术最早由美国Hickman博士发明，用于热敏性天然产物的分离过程，是一项较新的尚未广泛应用于工业化生产的液-液分离技术，特别适用于高沸点、热敏性及易氧化物系的分离。分子蒸馏的分离是建立在物质挥发度不同的基础上，根据分子运动理论，液体混合物的分子受热后运动会加剧，当接受到足够的能量时，就会成为气体分子而从液面逸出，随着液面上方气体分子的增加，有一部分气体就会返回液面，在外界温度保持恒定的情况下，最终达到分子运动的动态平衡。不同种类分子的有效直径不同，故其平均自由度不同，其逸出液面后与其他分子碰撞的飞行距离不同。分子蒸馏技术正是利用此原理来实现的。轻分子的平均自由度大，重分子的平均自由度小，若在离液面小于轻分子的平均自由度而大于重分子的平均自由度设置一冷凝面，使得轻分子落在冷凝面上被冷凝，而重分子因达不到冷凝面而返回原来液面，破坏了轻分子的动态平衡，使得轻分子不断逸出，重分子因达不到冷凝面而很快趋于动态平衡，这样就将蒸馏物质中的不同组分分离。

在国内，应用该技术纯化天然药物活性成分及单体的过程才刚刚起步。分子蒸馏是一种在高真空度下进行分离操作的连续蒸馏过程。由于蒸馏过程中冷却真空系统的不断抽气，使整个蒸馏系统处于高真空状态，从而使待分离混合物的沸点远低于常压，并且各组分在系统中受热停留时间短，因此，分子蒸馏技术尤其适合于分离高沸点、黏度大、热敏性的天然物料。一套完整的分子蒸馏设备主要包括：分子蒸发器、冷却真空系统、控制系统、加热系统、脱气系统和进料系统，整套装置的核心部分是分子蒸发器，常见的主要有刮膜式蒸发器和离心式蒸发器两种，目前应用以刮膜式蒸发器为多。

刮膜式分子蒸馏（图4-45）是分子蒸馏的一种，它与离心式分子蒸馏（图4-46）的区别主要在于形成蒸发液膜的作用力不同，随着刮膜转子的快速转动，液体在蒸发表面上形成均匀的液体薄膜，加强了传热、传质过程，显著缩短了物料的停留时间，从而能避免物料的热分解。

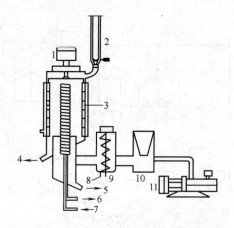

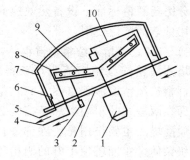

图 4-45 刮膜式分子蒸馏装置工艺流程图

1—转子驱动电动机；2—进料口；3—刮板；4—残余
液出口；5—馏出液出口；6—一级冷凝水出口；
7—一级冷凝水进口；8—二级冷凝水进口；9—二级
冷凝水出口；10—冷阱；11—真空泵

图 4-46　离心式分子蒸馏装置简图

1—电动机；2—蒸馏室底座；3—电感加热器蒸
发转筒；4—馏分导出管；5—残液导出管；
6—环形集液槽；7—真空罩；8—环形
集馏分总槽；9—蒸发转筒；10—进料管

第五章　研磨和粉碎机械与设备

第一节　辊式磨粉机

辊式磨粉机是现代食品工业上广泛使用的一种粉碎设备，尤其面粉加工业是不可缺少的设备。啤酒麦芽的粉碎、油料的轧胚、巧克力的精磨、麦片和米片的加工等也都采用类似的机械。辊式磨粉机主要由磨辊、传动及定速机构、喂料机构、轧距调节机构、松合闸机构、辊面清理装置、吸风装置和机架等部分组成。它的主要工作部件是一对以不同转速相向旋转的圆柱形磨辊，它们的轴线相互平行，磨辊线速度较高，因而两辊所形成的研磨粉碎区很短。

一、辊式磨粉机的分类

（1）按成对磨辊的数量分类　单式磨粉机仅有一对磨辊，小型辊式磨粉机常采用这种形式；复式磨粉机具有 2 对磨辊，属于两个独立的单元，大、中型辊式磨粉机常采用这种形式；八辊磨粉机具有 4 对磨辊，先两对并联，再串联，属于两个独立的单元，特大型辊式磨粉机常采用这种形式。

（2）按磨辊松合闸的自动化程度分类

① 手动磨粉机。松合闸由人工操作，多用于小型的辊式磨粉机。

② 半自动磨粉机。由人工手动合闸，自动松闸。

③ 全自动磨粉机。根据物料情况，实现自动控制松合闸，用液压系统控制松合闸的称为液压全自动磨粉机，用气动系统控制松合闸的称为气压全自动磨粉机。

（3）根据两辊轴线的相对位置分类

① 水平配置磨粉机。两磨辊轴线处于同一水平面内。物料经喂料机构直接进入粉碎区，便于操作人员的观察和调整，已粉碎的物料对下磨门无喷粉现象。但操作不够安全，宽度方向尺寸较大，机架受力状况较差。

② 倾斜配置磨粉机。两磨辊轴线处于同一倾斜面内，操作较安全，宽度尺寸较小，占地面积较小，机架受力状况好。但物料经喂料机构后不易直接进入粉碎区，喂料情况较差，同时已粉碎物料对下磨门有喷粉现象。

目前世界各国研制的辊式磨粉机，基本上向两个方向发展，对于大、中型磨粉机，通过采用各种新技术和新材料，其结构和性能越来越完善，自动化程度更高，如无锡布勒公司的MDDK 型、FMFQ（XK2）型、MDDL 型磨粉机等；小型磨粉机则向着简单、实用、可靠和价廉的方向发展。

二、辊式磨粉机的结构

辊式磨粉机的结构复杂，种类繁多。以 MDDK 型磨粉机为例说明其结构。MDDK 型磨粉机属于封闭型、复式、气压控制全自动磨粉机。如图 5-1 所示，磨辊呈水平配置，物料经喂料机构直接进入两辊轧区，喂料效果好。

（一）磨膛吸风系统

当磨辊转速很高，尤其是使用光辊时，带进来的空气堵在磨辊研磨区之前，这就阻碍了物料正常进入轧区。增加磨膛吸风系统，可以消除空气的影响。如图 5-1 所示，空气从有机玻璃

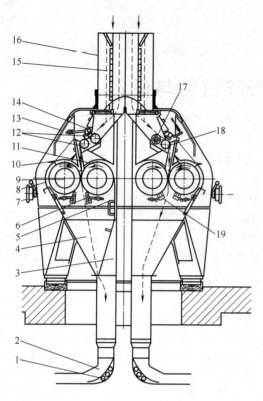

图 5-1　MDDK 型磨粉机

1—二次进风口；2—卸料管；3—吸风管道；4—集料斗；5—慢辊吸风道；6—光辊清理可调刮刀；7—轧距调节手轮；8—快辊吸风道；9—快辊；10—弧形板遮盖；11—慢辊；12—喂料辊；13—有机玻璃门；14—喂料门；15—脉冲发生器；16—接料筒；17—喂料螺旋输送机；18—喂料辊；19—齿面清理毛刷

门 13 上方的进风口进入，经喂料通道，进入物料研磨区上方，带着堵在磨辊轧区前的空气，一部分绕过慢辊 11 与弧形板遮盖 10 的通道，经慢辊吸风道 5，进入吸风管道 3；另一部分绕过快辊 9 与弧形板遮盖 10 的通道，经快辊吸风道 8 进入吸风管道 3。这样可提高光辊的转速和喂料效果，从而提高产量。

（二）传动及定速机构

快辊的传动采用电动机驱动平带或 V 带传动，快慢辊间的定速机构采用一对螺旋齿轮，以适应各种不同的负荷。当快慢辊磨损以后，辊间距离减小，为了达到基本恒定的传动比和较好的啮合效果，在齿轮模数不变的情况下，采用减少齿数、缩小分度圆直径的办法，即更换较少齿数的齿轮。

（三）轧距调节机构

MDDK 型磨粉机取消传统磨粉机的总调机构，采用左、右两只手轮调节轧距，手轮每转 1 周，快慢辊轧距的变化量为 0.02mm，左右手轮上均有转数显示器，以取代总调装置，保持两辊轧距均匀。

另外，喂料机构采用 4 级变速装置，可以根据不同的物料，调节喂料辊转速，达到最佳的喂料效果。磨辊采用标准的自动调心滚子轴承支承，比传统的滑动轴承节省轴向空间，轴承位置与辊端距离减小，增强了磨辊刚度。在磨辊组的挤压方向上通过强力弹簧预加应力，

这样就可以消除轴承间隙与制造公差方面的影响，同时将磨辊组搁置在减振器上，保证轧距的稳定和隔离噪声源。

（四）磨辊

（1）磨辊的粉碎原理　磨辊是磨粉机的主要工作构件，根据相向旋转的一对磨辊的辊面状态和速比的不同，物料粉碎的方法也不同。等速相向旋转的光辊是以挤压的方法粉碎物料或使物料挤压成片状，典型设备是轧麦片机、轧米片机等。

差速相向旋转的光辊是以挤压和研磨的方法粉碎物料，典型设备是用于面粉厂心磨系统的光辊磨粉机和巧克力精磨机。

差速相向旋转的齿辊是以剪切、挤压和研磨的方法粉碎物料，典型设备是用于面粉厂皮磨、渣磨及尾磨系统的齿辊磨粉机。

（2）物料在齿辊研磨区的运动　用一块厚度比辊间轧距大的铅板通过两辊研磨区，发现铅板与慢辊接触的一面有清楚的辊齿齿痕，铅板与快辊接触的一面没有齿痕，而是一些明显的刮削痕迹。从而说明：铅板在经过粉碎区时与慢辊处于相对静止的状态，与快辊处于相对滑动的状态。

当小麦通过研磨区时，因其硬度与铅板一样小于磨辊辊齿的硬度，很容易变形，但小麦是

非塑性体，不能延展，只能被剪切扯开，因此小麦在两辊轧区的运动为：小麦与慢辊相对静止，与快辊相对滑动，慢辊相当于托板，快辊相当于刮刀，把小麦刮开，接触到快辊齿的部分小麦胚乳被快辊刮走。出辊速度由式（5-1）计算。

$$v_p = \frac{(v_k + v_m)}{2} \tag{5-1}$$

式中，v_p 为出辊速度，m/s；v_k 为快辊线速度，m/s；v_m 为慢辊线速度，m/s。

快慢辊线速度的比值称为速比，用 i 表示，当两磨辊直径相等时，有

$$i = v_k/v_m = n_k/n_m \tag{5-2}$$

式中，i 为速比；v_k、v_m 为分别为快、慢辊的线速度，m/s；n_k、n_m 为分别为快、慢辊的转速，r/min。

研磨长度是指在研磨区内，快辊面相对于物料的滑动距离，即

$$s = (v_k - v_m)l/v_m = l(i-1)\sqrt{d} \tag{5-3}$$

式中，s 为研磨长度，m；v_k 为快辊线速度，m/s；v_m 为慢辊线速度，m/s；l 为粉碎区长度，m；i 为速比。

从上式知，速比 i 决定了物料的研磨长度 s，显然速比 i 越大，磨辊辊齿对物料的剪切次数越多，一次粉碎比越大。因此，需要一个适当的速比 i。

（3）快慢辊辊齿的排列形式　根据磨齿的锋角和钝角及快慢辊的相对运动，辊齿的排列有以下 4 种形式，如图 5-2 所示。快慢辊与物料之间有挤压、剪切和研磨的作用，锋对锋［图 5-2(a)］时，剪切作用强，研磨作用弱，粉碎所消耗的动力较少，可以得到粒度比较整齐的磨下物料；钝对钝［图 5-2(d)］时，剪切作用较弱而研磨作用较强，粉碎所消耗的动力较大，但可以减少表皮的破碎，达到选择性粉碎的目的。4 种排列形式按从（a）～（d）的顺序，其剪切作用逐渐减弱，研磨作用逐渐增强，耗电量逐渐增加。

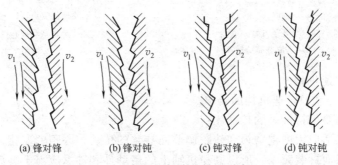

(a) 锋对锋　　　(b) 锋对钝　　　(c) 钝对锋　　　(d) 钝对钝

图 5-2　快慢辊辊齿的排列形式

在制粉工艺中，根据每一道工序对破碎和刮粉的不同要求，选择不同的辊齿参数和锋钝组合，达到经济合理的工艺效果。

（五）喂料机构

喂料机构的作用是在磨辊的整个长度方向上，将待加工物料以一定的速度，均匀地送入磨辊粉碎区。并且能根据物料量的变化，自动调节喂料量的大小，来料较多时，自动加厚料层；来料较少时，自动减薄料层。喂料机构要能根据磨辊直径的变化、物料性质（如物料的粒度、容重及散落性）的变化相应调整，以达到最佳喂料效果。

喂料机构主要由接料筒、上喂料辊、下喂料辊、导料板、喂料门、料门控制系统和喂料辊传动系统等组成。

喂料辊的传动一般不用专门的电动机，而是由快辊轴经带轮带动。为保证松合闸与喂料系统的联动，喂料机构必须设置离合器。定量辊与分流辊同向旋转，二者之间一般用齿轮传动，中间必须设置过桥齿轮。最新结构是采用单面同步齿形带传动，通过调换不同的传动带轮，可以得到不同的喂料速度和上、下喂料辊之间的速比，以满足不同物料的需要。近年来，也有喂料辊采用单独电动机进行变频调速的。

磨粉机要求通过料门的开启大小自动调节入磨物料量，以保持生产流程的稳定。

（六）自动控制系统

图5-3为FMFQ型磨粉机控制与执行部分气路图，压缩空气经过气动三大件（油水分离器、调压阀、油雾器）后，首先进入三位四通转阀1，通过三位四通转阀1和二位三通转阀4的调节。

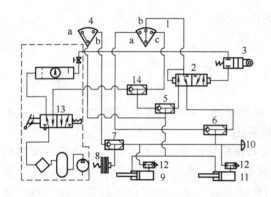

图5-3 磨粉机控制与执行部分气路图
1—三位四通转阀（a为手动合，b为自动，c为手动离）；
2—二位五通气控滑阀；3—机控行程阀；4—二位三
通转阀（a为自动，b为离合器合）；5,6,7,14—梭
阀；8—气动离合器；9—主磨辊汽缸（左）；
10—气动显示器；11—主磨辊汽缸（右）；
12—快速排气阀；13—二位五通旋钮阀

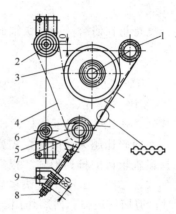

图5-4 同步齿形带定速传动机构
1—快辊齿形带带轮；2—换向齿形带带轮；
3—慢辊齿形带带轮；4—双面同步齿
形带；5—张紧齿形带带轮；6—张
紧轮架铰支点；7—张紧轮架；
8—张紧螺栓；9—弹簧

（七）传动及定速机构

（1）磨粉机对传动及定速机构的要求

① 快慢辊之间要保持准确的传动比；

② 该机构应能适应因磨辊磨损和轧距调节而导致的传动中心距的变化；

③ 磨辊因磨损而拆装频繁，所以磨粉机轴上的传动件和轴承应易于装拆；

④ 较小的噪声和一定的使用寿命。

（2）定速机构的形式　为了保持准确的传动比，磨粉机快慢辊之间的定速机构一般不采用带传动，而是采用齿轮传动、链传动或同步齿形带传动等几种形式。

图5-4为我国新型辊式磨粉机上采用的同步齿形带定速传动机构，同步齿形带传递动力与带传动不同，不是依靠摩擦力，而是由带齿的截面承受剪切力来传递扭矩，当轧距调节或磨辊磨损时，传动轮中心距变化导致张紧力的变化，因变化范围较小，通过弹簧9控制。

第二节　粉碎机械

粉碎的目的是将大颗粒物料粉碎成为小颗粒，根据原料粒度和成品粒度，粉碎可分为粗粉

碎、中粉碎、细粉碎和超细粉碎。食品行业主要是细粉碎和超细粉碎。成品粒径小于 $100\mu m$ 的粉碎操作为细粉碎，成品粒径小于 $30\mu m$ 的粉碎操作为超细粉碎。

一、粉碎方法与理论

（一）粉碎方法

粉碎机械主要利用冲击、挤压、剪切、摩擦等综合作用对物料进行粉碎。

（1）冲击 利用物料与工作构件的极高的相对速度，使物料在瞬间受到很大的冲击力而被粉碎。此方法适合于脆性物料的粉碎。

（2）挤压 利用工作构件对物料的挤压作用，产生很大的压应力，使其大于物料的抗压强度极限，将物料粉碎。挤压粉碎主要适合于脆性物料。

（3）剪切 利用工作构件对物料的作用，使剪切力大于物料的剪切强度极限，将物料粉碎。此方法主要适合于塑性物料。

（4）摩擦 利用物料与工作构件表面间相对运动的挤压和摩擦，使物料产生压应力和剪应力，将物料粉碎。

粉碎是一个极其复杂的过程，绝大多数的粉碎机械同时具有 2 种或 2 种以上的粉碎方式。

（二）粉碎理论

粉碎作业耗能很大，从粉碎方法可以看出，粉碎中，能量消耗在表面积增大、颗粒变形、摩擦、组织结构的变化等方面。这些能耗和物料的物理机械性质，形状、粒度大小，粉碎比及所采用的粉碎方法，粉碎机械等有关。由于粉碎过程的复杂性，目前还未全面掌握其规律。

粉碎理论主要是研究粉碎时能量的消耗问题。关于粉碎理论有以下 3 种模型。

（1）表面积模型 1867 年由 Rittinger 提出，他认为粉碎物料所消耗的能量与新生成的表面积成正比。此模型适合于各种物料的微粉碎和超微粉碎、韧性和坚硬的物料的粉碎，粉碎作用方式主要是研磨和低强度冲击粉碎。

（2）体积模型 1867 年由 Kick 提出，粉碎物料所消耗的能量与物体的体积或者质量成正比，和物体的体积变形成正比。此模型反映了大多数粉碎的过渡过程。

（3）裂缝模型 认为物料在外力作用下，先产生变形，变形功积累到一定程度，物料中某些脆弱点或面的内应力达到极限强度，因而产生了裂缝，最后粉碎。粉碎所需的功与裂缝的多少成正比，而裂缝的多少又和颗粒大小（平均直径或边长）的平方根成反比。此模型适合于低强度脆性物料的强力冲击粉碎。

以上 3 种模型，从不同角度分析了物料粉碎所消耗的能量。体积模型只考虑了物料破碎之前变形所消耗的能量，忽略了形成新表面的能耗。表面积模型只考虑了物料破碎后形成新表面所消耗的能量忽略了变形能耗。裂缝模型则是介于上两者之间的模型，对于中粉碎和粗粉碎有一定的适用性。

二、机械冲击式粉碎机

机械冲击式粉碎机利用高速旋转的工作构件对物料施以强烈的冲击、剪切作用，将物料粉碎。该类粉碎机的结构简单，操作容易，单位能耗的粉碎能力大。但由于转速高，零件的磨损问题突出，粉碎过程中的温升高。

（一）销棒（齿爪）粉碎机

（1）结构 图 5-5 为销棒（齿爪）粉碎机结构简图。主要由进料斗、动齿盘转子、定齿盘、环形筛网等组成。定齿盘上有两圈定齿，齿的断面呈扁矩形，动齿盘上有三圈齿，其横截面是圆形或扁矩形，为了提高粉碎效果，通常定齿盘和动齿盘上的齿要求交错排列。

（2）工作原理 工作时，动齿盘高速旋转，产生强大的离心力场，在粉碎腔中心形成很强的负压区，物料从定齿盘中心吸入，在离心力的作用下，物料由中心向外扩散，物料首先受到

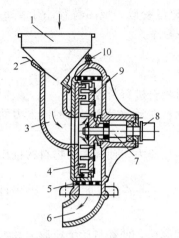

图 5-5　销棒（齿爪）粉碎机结构简图
1—进料斗；2—流量调节板；3—入料口；
4—定齿盘；5—筛网；6—出粉管；
7—主轴；8—带轮；9—动齿盘；
10—起吊环

内圈转齿及定齿撞击、剪切、摩擦等作用而被初步粉碎，物料在向外圈的运动过程中，线速度逐步增高，受到越来越强烈的冲击、剪切、摩擦、碰撞等作用而被粉碎得越来越细。最后物料在外圈齿与撞击环的冲击与反冲击作用下得到进一步粉碎而达到超细化。

销棒（齿爪）粉碎机具有结构简单、生产能力大、能耗低、成本低等特点。适合于谷物的粉碎，但作业噪声大，物料温升较高，产品中含铁量较大。磨齿与磨盘刚性连接，过载能力低，使用时应避免金属异物进入粉碎机，以免造成设备的损坏。

（二）锤式粉碎机

锤式粉碎机在食品加工中应用十分广泛，该机具有结构简单、适用范围广、生产率高和产品粒度便于控制等特点。目前主要应用于谷物籽粒、咖啡、可可、糖、盐、红薯、果蔬、茎秆、饼粕等物料的粉碎加工。

锤式粉碎机按主轴的布置形式分为卧式和立式。卧式锤式粉碎机按进料方式不同可分为切向进料、径向进料和轴向进料三种结构形式。卧式径向进料锤式粉碎机如图 5-6 所示，立式锤式粉碎机如图 5-7 所示。

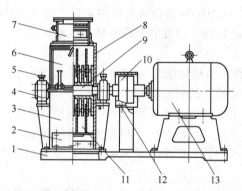

图 5-6　卧式径向进料锤式粉碎机结构简图
1—机座；2—进风板；3—下机体；4—轴承座；
5—油杯；6—门；7—料斗；8—齿板；
9—转子；10—联轴器；11—筛片；
12—护罩；13—电动机

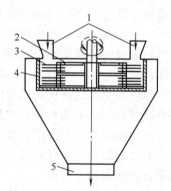

图 5-7　立式锤式粉碎机结构简图
1—进料口；2—转子辐板；3—锤片；
4—筛片；5—出料口

（1）锤片　锤片是锤式粉碎机中最重要的零件，也是易损件。目前世界上使用的锤片形状种类繁多，但用得最多的是以下几种形式（图 5-8）。

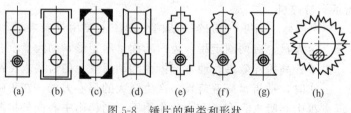

(a)　(b)　(c)　(d)　(e)　(f)　(g)　(h)

图 5-8　锤片的种类和形状

图 5-8(a) 为板条状矩形锤片，通用性好，形状简单，易制造。它有两个销连孔，其中一个孔销连在销轴上，可轮换使用四个角来工作。

图 5-8(b)、(c) 为在工作边角涂焊、堆焊碳化钨等合金，以延长使用寿命。

图 5-8(d) 为工作边焊上一块特殊的耐磨合金，可延长使用寿命 2～3 倍，但制造成本较高。

图 5-8(e) 为阶梯形锤片，工作棱角多，粉碎效果好，但耐磨性差些。

图 5-8(f)、(g) 为尖角锤片，适于粉碎牧草等纤维质饲料，但耐磨性差。

图 5-8(h) 为环形锤片，只有一个销孔，工作中自动变换工作角，因此磨损均匀，使用寿命也较长，但结构比较复杂。

锤片在转子上的排列方式将影响转子的平衡、物料在粉碎室内的分布以及锤片的磨损程度。对锤片排列的要求是：沿粉碎室工作宽度，锤片运动轨迹尽可能不重复且运动轨迹分布均匀，物料不推向一侧，有利于转子的动平衡。

锤片材料对提高锤片的使用寿命具有重大意义。目前常用的材料有 4 种：低碳钢、65 锰钢、特种铸铁、表面硬化处理。

（2）筛片 筛片属于易损件，其结构对粉碎机的工作性能有重大影响。

锤式粉碎机上所用的筛片有冲孔筛、圆锥孔筛和鱼鳞筛等多种。因圆柱形冲孔筛结构简单、制造方便，应用最广。根据筛孔直径不同，一般分为 4 个等级：小孔 1～2mm，中孔 3～4mm，粗孔 5～6mm，大孔 8mm。按配置的形式，又可将筛子分为底筛、环筛和侧筛。底筛和环筛弯成圆弧形和圆圈状，安装于转子的四周。侧筛安装于转子的侧面，侧筛的使用寿命长，适于加工坚硬的物料，但换筛不便。

（3）齿板 齿板的作用是阻碍物料环流层的运动，降低物料在粉碎室内的运动速度，增强对物料的碰撞、搓撕和摩擦作用。它对粉碎效率是有影响的，一般说来，如果粉碎物料易于破碎、含水量少、粉碎机筛片孔径小、成品物料的排出性能好时，齿板的作用不大显著；而对于纤维多、韧性大、湿度高的物料，齿板的作用就比较明显。齿板一般用铸铁制造。齿板的齿形有人字形、直齿形和高齿槽形三种。

三、气流粉碎机

气流粉碎机亦称气流磨，它是在高速气流（300～500m/s）作用下，物料通过本身颗粒之间的撞击、气流对物料的冲击剪切作用以及物料与其他构件的撞击、摩擦、剪切等作用使其粉碎。

气流粉碎机具有以下特点：对于进料粒度要求不严格，成品粒度小，一般小于 5μm；压缩空气喷出后的膨胀可吸收很多热量，使得粉碎在较低的温度环境中进行，有利于热敏物料的粉碎；易实现多元联合操作，如利用热压缩空气可同时进行粉碎和干燥，同时能对配比相差很大的物料进行混合，还能够喷入所需的包囊溶液对粉料进行包囊处理；设备中接触物料的构件结构简单，卫生条件好，易实现无菌操作；其缺点是需要借助高速气流，效率低，能耗高。

（一）立式环形喷射气流粉碎机

如图 5-9 所示，立式环形喷射气流粉碎机由立式环形粉碎室、分级器和文丘里式给料装置等组成。下部粉碎区设有多个喷嘴，喷嘴与粉碎室轴线相切，上部分级区设有百叶窗式惯性分级器。

工作时，物料经给料器由文丘里喷嘴送入粉碎区，再经一组研磨喷嘴由气流喷入到不等径变曲率的环形管粉碎室内，加速颗粒并使其相互冲击、碰撞、摩擦而粉碎。气流携带粉碎的颗粒进入分级区，由于离心力场的作用使颗粒分流，细粒在内层经分级器分级后排出，粗粒在外

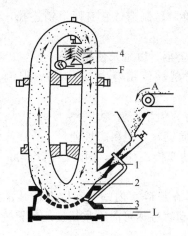

图 5-9 立式环形喷射气流粉碎机工作原理图
1—文丘里喷嘴；2—气流喷嘴；3—粉碎室；4—分级器；
L—压缩空气；F—细粉；A—粗粉

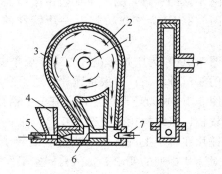

图 5-10 对冲式气流粉碎机结构简图
1—产品出口；2—分级室；3—衬里；4—料斗；
5—加料喷嘴；6—粉碎室；7—粉碎喷嘴

层沿下行管落入粉碎区继续粉碎。该机粉碎的粒度在 $0.2 \sim 3\mu m$ 之间。

（二）对冲式气流粉碎机

图 5-10 为对冲式气流粉碎机的结构简图。主要由冲击室、分级室、喷管、喷嘴等组成。

工作时，两喷嘴同时相向向冲击室喷射高压气流，加料喷嘴喷出的高压气流将加料斗中的物料吸入，在喷管里物料被加速进入粉碎室，受到粉碎喷嘴喷射出的高速气流阻止，物料冲击在粉碎板上而粉碎。粉粒随气流进分级室在离心力场的作用下而分级。粗粒的离心力较大，沿分级室外壁运行至下导管入口处被粉碎喷嘴喷出的气流送至粉碎室继续粉碎；细粒的离心力较小，处于内壁，随气流吸入出口。粉碎成品的粒度在 $0.5 \sim 10\mu m$ 之间。

第三节 切割机械

切割是指通过机械的方法克服物料的内聚力，将物料切割成块、片、条、粒及糜状。切割在食品加工中的应用十分广泛。

一、刀具运动原理

刀具的刃形和运动方式是影响切削阻力的两个重要因素。刃形可以分为直线刃形和曲线刃形，运动方式可以分为直线往复运动、摆动和旋转运动。

（一）直线刃形往复运动

图 5-11 中两个刀刃均做往复直线运动，其中（a）为直角切削，（b）为斜角切削。斜角切削除了上述分析的两大特点外，由于是逐渐切入物料，故切削力变化比较平缓。而直角切削中，刀刃全长同时切入物料，故切削力变化很大。

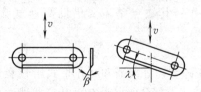

(a) 直角切削   (b) 斜角切削
图 5-11 直线刃形往复运动

（二）直线刃形摆动运动方式

直线刃形摆动运动方式如图 5-12 所示，刀具做水平摆动或振动，物料做垂直运动，刀具的水平运动速度相当于割速度，物料的垂直运动速度相当于切速度。这种割运动和切运动分别由刀具和物料产生的切削方式，在食品切割机械中被广泛采用。这种切削方式可以实现大的割切比。

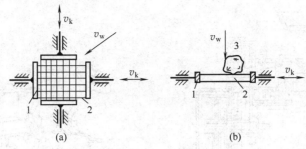

图 5-12　直线刃形刀具的运动合成

1—刀座；2—刀片；3—待切物料

（三）直线刃形旋转运动

直线刃形旋转运动如图 5-13 所示，图（a）中刀刃通过旋转中心，刀刃上各点的切削速度方向均与刀刃垂直，故为直角切削。图（b）中刀刃不通过旋转中心，刀刃上各点的切削速度方向与切削刃均不垂直，并且各点的割切比均不相同，从刀刃根部至尖部割切比 K 逐渐减小，切割阻力逐渐增大。因此刀刃各点的磨损将会不均匀，降低了刀具的耐用度。

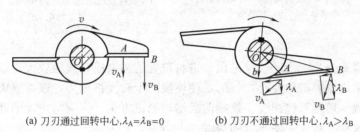

(a) 刀刃通过回转中心，$\lambda_A = \lambda_B = 0$　　(b) 刀刃不通过回转中心，$\lambda_A > \lambda_B$

图 5-13　直线刃形旋转运动

（四）曲线刃形旋转运动

由上述刀刃线不通过旋转中心的斜角切削分析知，从刀刃根部至尖部割切比 K 逐渐减小，切割阻力逐渐增大。最理想的切割方式应是刀刃上各点的割切比相同，切割阻力相等。通过理论分析知，若刀刃刃形按对数螺旋线制作，可使刃形曲线上各点的割切比均相等，从而各点的切割阻力也相等。

二、切割机械

食品切割机械可分为肉类和果蔬类两大类切割机械。

（一）肉类切割机械

（1）切肉机　切肉机主要功能是将分割后的肉切成片、条、丁状。切肉机结构如图 5-14 所示。采用同轴多片圆刀组成刀组，刀组有单刀组和双刀组两种。单刀组物料不易进给，要用刀箅配合使用，而双刀组由于有相对运动，有自动进给的特点，不需用刀箅。两组刀片相互交错排列。

工作时，肉被刀片组带入并切割，如果将切成的肉片，旋转 90°再进行切割便可切成肉丝。

（2）绞肉机　绞肉机的作用是将肉切碎、绞细，用于生产各种肉类食品的馅料。其结构如图 5-15 所示，主要由进料机构、推料螺杆、切割系统、传动系统等组成。

推料螺杆的工作载荷较大，为保证有足够的强度，螺杆均

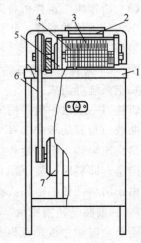

图 5-14　切肉机结构示意图

1—机架；2—进料口挡板；3—梳子；
4—刀片；5—轴承座；6—带轮

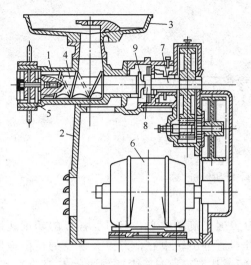

图 5-15　绞肉机结构简图

1—机筒；2—机体；3—料斗；4—推料螺杆；5—切割系统；
6—电动机；7—传动轴；8，9—联轴器

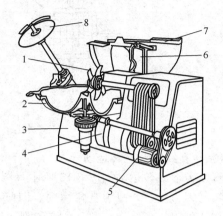

图 5-16　真空斩拌机结构简图

1—斩拌刀；2—料盘；3—机架；4—主驱动电动机；
5—料盘驱动电动机；6—防噪盖；
7—机盖；8—出料盘

采用整体铸造。螺旋分为 2 段，一段是位于进料口处的输料段，螺距较大，输送速度高；另一段是挤压段，螺距比输料段的要小，目的是使该段产生较大挤压力，以克服肉料在挤压区的较大阻力。该段末端与切割系统相连。螺旋前后端均制成方头，一端与传动轴联轴器连接，另一端与切刀连接。这种连接方式便于拆卸清洗。

机筒一般与机架整体铸造，与推料螺旋的间隙一般为 2mm 左右，间隙过小，易使螺旋与机筒产生摩擦，间隙过大，易使物料产生回流且滞留时间增加，不利于物料的正常输送。格板与十字切刀构成了切割系统。格板就是表面开有许多个通孔的圆盘。绞肉机上的格板数量通常为 1～3，格板外圆上用切向槽与机筒内壁上的键连接。十字切刀中心为方孔，与推料螺旋连接。切刀位于格板的前面并与格板紧贴，形成剪切副。

（3）斩拌机　斩拌机将肉块斩切成肉糜，它同时对肉料进行绞、切、混合等多种作用。广泛用于各种肉馅的制作。斩拌机有真空斩拌机和常压斩拌机。真空斩拌机的肉料温升小，故成品质量好。

图 5-16 为真空斩拌机的结构简图。主要由斩拌刀、转盘、上料装置、卸料装置、传动系统、真空系统等组成。

斩拌刀一般由一组刀构成，通常为六把刀，沿周向均布。用垫片沿轴向将各刀片分隔开，刀刃曲线为与其旋转中心有一偏心距的圆弧，工作时，斩拌刀高速旋转运动，斩切肉料，同时斩肉盘低速旋转，不断地将盘中肉料送给斩拌刀斩切。如此多次循环斩切，可使盘中肉料均匀斩成肉糜。卸料时，放下出料转盘，使出料转盘置于斩肉盘槽中，转盘转动，随盘黏附起肉糜，由于出料挡板的阻挡，将转盘上的肉糜刮落至出料斗中。

（二）果蔬类切割机械

蘑菇定向切片机是专为蘑菇的切片而设计制作的。图 5-17 为蘑菇定向切片机的结构简图，主要由料斗、定向滑槽、挡梳、切刀出料斗等组成。切刀一般安装有 10 片刀片，刀片的间隙通过垫片调节。定向滑槽底部呈弧形，通过偏摆装置可使弧槽轻微振动。

工作时，蘑菇的重心紧靠菇头，在蘑菇沿定向滑槽向下滑动时，由于弧槽充有水，在水

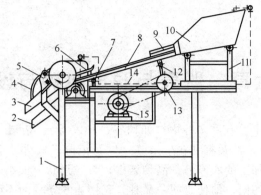

图 5-17　蘑菇定向切片机

1—支架；2—边片出料斗；3—正片出料斗；4—护罩；5—挡梳轴座；
6—下压板；7—绞杆；8—定向滑槽；9—上压板；10—料斗；
11—料斗架；12—绞销；13—偏摆轴；
14—供水槽；15—电动机

流、弧槽倾角和弧槽轻微振动的作用下，使蘑菇菇头朝下并下滑。蘑菇进入切片区，以下压板辅助喂入，通过挡梳板和边板把正片和边片分开，正片从正片出料斗 3 排出，边片从边片出料斗 2 排出。挡梳板的梳齿插入相邻两圆盘切刀之间，将贴附在切刀上的菇片挡落至出料斗中。挡梳片和刀轴间间隙为 2～5mm，刀片与垫辊的间距仅 0.5mm，以确保能完全切割。

第六章 脱壳与脱皮机械与设备

在农产品和食品加工中，有许多谷物（如稻谷、小麦等）、杂粮（如玉米、高粱、粟、燕麦和大麦等）、油料（大豆、油菜籽和花生果等）以及板栗、核桃、土豆、番茄等必须进行脱壳或脱皮。由于这些未经加工的农产品，品种繁多，籽粒形状、大小、构造、化学成分、物理特性和结构力学性质各不相同，即使是同一品种，又因生长条件的不同，其加工性质也有很大差异。

第一节 砻谷机

一、结构

（一）砻谷机的用途

脱去稻谷颖壳的机械称为砻谷机，它主要用于除去稻谷的颖壳，也有用于大豆脱皮或花生脱红衣。

（二）砻谷机的分类

根据砻谷机脱壳原理和工作构件的特点，目前主要有 3 种：胶辊砻谷机、砂盘砻谷机和离心砻谷机（图 6-1）。

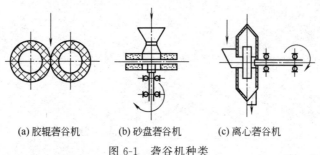

(a) 胶辊砻谷机　　　　(b) 砂盘砻谷机　　　　(c) 离心砻谷机

图 6-1 砻谷机种类

（三）LT36 型压砣式胶辊砻谷机的结构

LT36 型压砣式胶辊砻谷机如图 6-2 所示，主要由进料机构、胶辊筒、辊压调节机构、传动系统、稻壳分离装置和机架等构成。

（1）胶辊筒 胶辊砻谷机的胶辊筒部件，由 2 个胶辊组成。其辊筒中心连线与水平线夹角约为 20°，呈倾斜排列。胶辊筒是在外径为 168mm 的铸造辊筒上覆盖橡胶弹性材料而制成的。辊筒与轴及其他传动件如图 6-3 所示，用锥形压盖、紧定套、紧定螺钉、锁紧螺母及键等将辊筒固定在轴上。胶辊筒的作用是脱去稻谷的颖壳。

（2）辊压调节及松紧辊机构

① 辊压调节。辊压调节机构如图 6-4 所示。固定胶辊为 O_1，活动胶辊为 O_2，其安装在三角形刚性构架 3 上。构架可绕支点 B 转动。长杆 1 铰接在 A 点，其上垂直连杆与三角形刚性构架 3 相连。压砣在长杆的右端。工作时，压砣使长杆 1 绕 A 点顺时针转动，通过连杆 2，带动三角形刚性构架及活动胶辊绕支点 B 逆时针转动。向固定胶辊靠拢，并保持一定的辊间压力，改变压砣质量即可改变辊间压力。

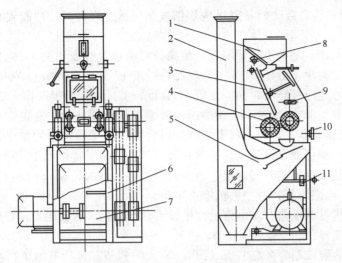

图 6-2　LT36 型压砣式胶辊砻谷机的结构

1—进料斗；2—风管；3—喂料机构；4—胶辊；5—稻壳分离装置；6—机架；7—变速箱；

8—流量控制机构；9—松紧辊同步轴；10—活动辊轴承支点调节手轮；11—压砣

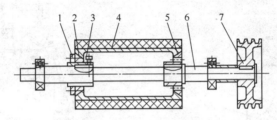

图 6-3　辊筒部件装配图

1—锁紧螺母；2—锥形表圈；3—紧定套；4—辊筒；

5—锥形压盖；6—轴；7—带轮

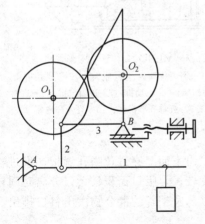

图 6-4　压砣式辊压调节机构示意图

1—长杆；2—连杆；3—三角形刚性构架

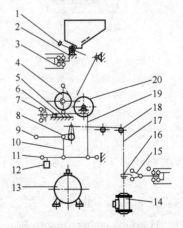

图 6-5　胶辊自动离合机构

1—平衡砣；2—感应板；3,15—行程开关；4—活动辊；

5—滑块；6—调节螺杆；7—手轮；8—摇臂；9—操作杆；

10—连杆；11—横杆；12—压砣；13—电动机；

14—微型电机；16—滚子链螺母；17—链条；

18—滑轮；19—长连杆；20—固定辊

② 自动松紧辊机构。自动松紧辊机构如图 6-5 所示。进料时，两胶辊自动合拢，断料时两胶辊自动分离。

砻谷机进料时，物料冲击进料短淌板，短淌板转动触及行程开关 3，电路接通，微型电机顺向转动，装在其上的滚子链螺母 16 上升，而将链条 17 放松，横杆 11 在压砣 12 的作用下使活动辊 4 绕销轴中心逆时针转动，向固定辊 20 合拢，实现自动紧辊动作。滚子链螺母 16 上升过程中，碰到行程开关 15 的滚轮，电路中断，微型电机停止转动。在正常工作时，胶辊由压砣 12 控制处于自动紧辊状态。当进料中断时，短淌板借助平衡砣 1 的作用转动复位，离开行程开关 3 的触头，电路接通，微型电机逆向转动，其上的滚子链螺母 16 下降，通过链条 17 等将横杆上拉，从而使活动辊离开固定辊，达到自动松辊的目的。螺母下降过程中，碰到行程开关 15 的下触点时，电路断开，微型电机停止转动。

为了防止电动机过载发热，在电路设计中设有热继电器；若胶辊自动松辊机构失灵可通过手动操作杆进行人工操作。

（3）稻壳分离装置　稻壳分离装置（图 6-6）由匀料板、可调节的鱼鳞孔淌板、调节风门和垂直吸风道等组成。

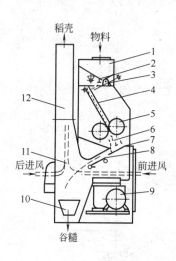

图 6-6　稻壳分离装置

1—进料斗；2—闸门；3—短淌板；4—长
淌板；5—胶辊；6—匀料斗；7—匀料板；
8—鱼鳞孔淌板；9—电动机；10—出料
斗；11—稻壳分离室；12—风道

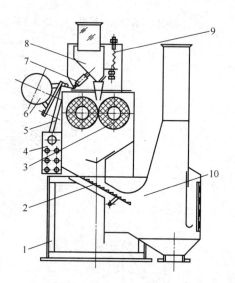

图 6-7　MLGQ25.4 型气压砻谷机

1—底座；2—砻下物淌板；3—辊筒；4—气动控制箱；
5—可摇动框架；6—电动机；7—进料汽缸；8—进料
机构；9—流量调节机构；10—谷壳分离室

砻下物料通过匀料板溅落到可调节鱼鳞孔淌板上，空气由下而上穿过鱼鳞孔淌板，促进物料自动分级。分级后的物料进入喇叭形分离区，因分离长度较长，吸口面积较大，分离时间较长，同时，还采用了双面进风。稻壳从垂直风道被吸走，糙米及稻谷的混合物由出料口排出。

（四）MLGQ25.4 型气压砻谷机

MLGQ25.4 型气压砻谷机主要由进料机构、胶辊筒、传动系统、松紧辊机构、稻壳分离装置、气压与电气控制系统和机架等组成（图 6-7）。

（1）辊筒　辊筒为辐板式悬臂安装（图 6-8）。更换胶辊时，只需松开紧定螺钉，便可将胶辊筒连同法兰一道卸下。拆装非常方便。

（2）机械传动及气压松紧辊机构　机械传动系统与气压松紧辊机构合为一体（图 6-9）。快

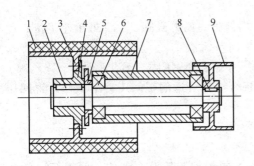

图 6-8　辊筒部件装配图

1—辊筒；2—键；3—筒体；4—法兰；5—挡板；

6—轴承；7—轴承座；8—键；9—带轮

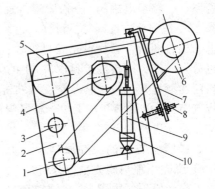

图 6-9　机械传动及气压松紧辊机构

1—导向轮；2—可摇框架；3—支承轴；4—快辊带轮；

5—慢辊带轮；6—电动机；7—电动机安装底座；

8—螺杆；9—松紧辊汽缸；10—平带

辊部件安装在主机架上。电动机及小带轮、慢辊部件及带轮 5、导向轮 1 及支承轴均安装在可摇框架上，可摇框架可绕支承轴 3 转动，其上的 3 只带轮与快辊部件上的一只带轮在一个平面内，它们之间通过平带传动。

松紧辊汽缸活塞杆顶端亦固定在主机架上，汽缸下端与可摇动框架铰接。可摇动框架及其上各零部件构成的重心远在支承轴 3 的右方，因而慢辊将紧压在快辊面上，即实现紧辊操作。松辊时，是在松紧辊汽缸腔中通入一定的压力（0.2～0.3MPa）压缩空气，使可摇框架绕支承轴 3 逆时针转动，实现松辊。汽缸也可用于平衡过大的辊间压力，保持合理的辊间压力。

（3）气压与电气控制系统　气压与电气控制原理如图 6-10 所示。气压传动部分主要由空气压缩机、气动三元件（油水分离器、减压阀和油雾器）、进料汽缸 11 和松紧辊汽缸 12、方向控制阀（二位三通电磁阀 9、10 和一个单向节流阀 15）等组成。此外还有调压阀 6、快速排气阀 7、压力表 5 和 8 等。

当启动空压机后，此时的进气路为：空气压缩机 1→油水分离器 2→调压阀 3→油雾器 4

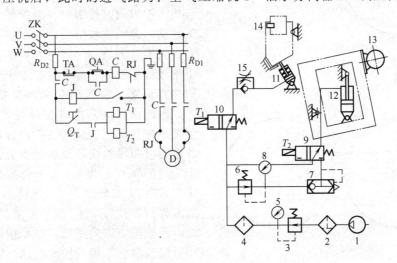

图 6-10　气压及电气控制原理图

1—空气压缩机；2—油水分离器；3,6—调压阀；4—油雾器；5,8—压力表；7—快速排气阀；

9,10—电磁阀；11—进料汽缸；12—松紧辊汽缸；13—电动机；14—电子开关；15—单向节流阀分成两路，一路经电磁阀9→松紧辊汽缸的有杆腔，活动胶辊松开；另一路经电磁阀10→单向节流阀15→进料汽缸11，关闭料门。

电动机启动后，当物料充满料斗时，料位器发出信号，两电磁阀9、10处于左工位，此时气路也分为两路：一路经进料汽缸11的无杆腔→单向节流阀15→电磁阀10左工位→排入大气，料门逐渐打开；另一路经空气压缩机1→油水分离器2→调压阀3→油雾器4→调压阀6→快速排气阀7→电磁阀9左工位→松紧辊汽缸，两辊合拢在合适的辊间压力下工作。辊间压力通过调压阀6进行调节。

二、胶辊砻谷机的脱壳原理

(一) 脱壳原理与脱壳过程分析

(1) 脱壳原理　脱壳是靠一对相向旋转而速度不同的橡胶辊筒实现的。两辊筒之间的间隙，称为轧距，它比谷粒的厚度小。当谷粒呈纵向单层（无重叠）进入轧距时，受到胶辊的挤压，由于两个胶辊的线速度不同，稻谷两侧还受到相反方向的摩擦力 F。胶辊的挤压和摩擦对谷粒形成搓撕作用，将谷粒两侧的谷壳朝相反方向撕裂，从而达到脱壳的目的。

为了保证砻谷过程中所需的压力，设有轧距调节机构。一般快辊的轴线不可移动，改变慢辊相对快辊的位置，即可调整轧距。常见的辊压调节机构有手轮轧距调节机构、压砣式紧辊调节机构和气压紧辊调节机构。一般粳稻加工的辊间压力为 $4\sim5\text{kgf}$[❶]$/\text{cm}$，难脱壳籼稻谷加工的辊间压力为 $5\sim6\text{kgf/cm}$。

(2) 入轧条件　谷粒与胶辊表面开始接触的两个触点称为入轧点，对应的角称为入轧角。谷粒离开胶辊时的两个接触点称为终轧点，对应的角称为终轧角，若把稻谷看成对称的几何体，则两辊的入轧角和终轧角相等。

谷粒脱壳是靠自重落入两辊轧距间的，要完成脱壳作业就必须使两辊轧距小于谷粒厚度。因此为了保证谷粒能进入轧距，必须使入轧角小于谷粒与橡胶辊筒的摩擦角。由分析可知辊筒半径越大，入轧角越小，谷粒越容易进入轧距。

(3) 脱壳过程　如图 6-11 所示，当谷粒刚与快、慢辊同时接触时，两胶辊都带动谷粒向下运动，此时谷粒所受到的摩擦力都是指向下方。入辊后的最初阶段，谷粒本身的速度既小于快辊线速度的垂直分量，也小于慢辊线速度的垂直分量，谷粒所受到的摩擦力都指向下方，因此这段区间内谷粒只受到挤压与摩擦，而无搓撕效应，谷粒与快、慢辊都有滑动。当谷粒速度与慢辊线速度的垂直分量相同时，由于快辊的圆周速度 v_1 大于慢辊圆周速度 v_2，快辊对谷粒的摩擦力 F_1 欲将谷粒继续加速，而慢辊对谷粒的摩擦力 F_2 显然是阻止其加速。此时两摩擦力方向相反，产生搓撕效应，谷粒相对慢辊静止，相对快辊滑动。随着谷粒继续前进，工作区间间隙越来越小，谷粒受到的正

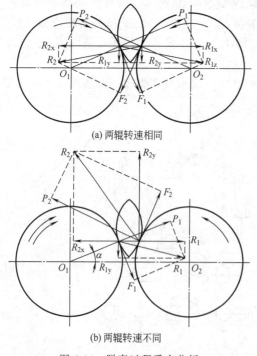

(a) 两辊转速相同

(b) 两辊转速不同

图 6-11　脱壳过程受力分析

压力（P）与摩擦力不断增加，当所引起的搓撕效应大于谷粒颖壳的钩合强度（稻壳与糙米的结合力）时，颖壳将被撕裂。另外，由于颖壳与颖果（糙米）之间的摩擦因数小于颖壳与胶辊之间的摩擦因数，使谷粒两侧的颖壳分别与快慢辊一同运动，产生相对位移，从而使颖壳与颖果（糙米）分离，达到脱壳目的。

（二）线速、线速差、线速和

（1）线速度 胶辊的线速度与砻谷机的产量有密切关系，当其他条件不变的情况下，线速度增大，流量加大，即提高产量。尤其快辊线速度对砻谷机的产量、脱壳率和胶耗等影响较大。线速度过大，胶辊筒的不平衡会引起剧烈机械振动，从而糙碎增加，胶辊磨损不均匀。线速度过低，产量低，胶耗也会增加。因此砻谷机的快辊线速度为 15～17m/s，慢辊线速度为13～14m/s。

（2）线速度差 快、慢辊的线速度差是稻谷胶砻机搓撕脱壳的先决条件。在一定范围内，增大线速度差，会提高脱壳率。但过高会产生糙碎率增多，胶辊磨耗增大。线速度差也不能过小。线速度差一般为 2.0～3.2m/s。

（3）线速度和 在下轧区，糙米离开快慢辊面时，其速度介于快慢辊线速度之间，一般认为是二者线速度和的1/2。由此可见，提高线速度和，便可提高砻谷机产量。线速度和过高会带来机械剧烈振动，线速度和一般以 30m/s 左右为宜。

第二节 其他剥壳机械

一、圆盘剥壳机

圆盘剥壳机用于棉籽剥壳，也可以用于花生果、桐籽、茶籽的剥壳。此外，它还可用来破碎各种油料和粉碎饼块。

圆盘剥壳机的特点是结构简单，使用方便，一次剥壳效率高（棉籽剥壳效率可达 92％～98％）。圆盘剥壳机主要部件是磨片和调节器。磨片有两种：一种磨面具有细密的斜条槽纹，用于棉籽剥壳；另一种磨面具有方格槽纹，用于大豆、花生仁等的破碎。调节器的作用是根据工作要求调节磨片间距。

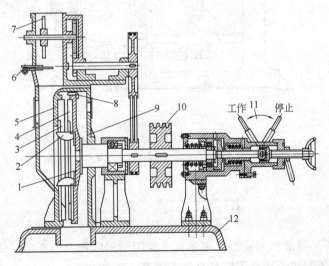

图 6-12 圆盘剥壳机

1—转盘；2—里叶打刀；3,4—磨片；5—固定盘；6—调节板；7—喂料翼；
8—外叶打刀；9—机壳；10—带轮；11—轧距调节盘；12—机座

如图 6-12 所示，工作时，物料进入喂料斗后在喂料翼 7 的转动下均匀进入机内，由调节板 6 控制喂料量。棉籽通过通道进入磨盘之间，受到高速转动的转盘 1 与固定盘 5 的搓碾作用而被剥壳或破碎。

二、立式离心剥壳机

立式离心剥壳机用于葵花籽的剥壳。剥壳效率 90％ 左右。如图 6-13 所示主要部件转盘 10 共有 3 层，每层转盘装有 12 块打板 9，挡板 8 固定在转盘 10 周围的机壳内。下料门 7 可通过调节手轮 6 调节，使之上下移动以控制进料量。

工作过程：葵花籽由料斗通过料门进入转盘，由于旋转着的打板的冲击作用使葵花籽产生压缩变形而引起外壳破裂。破裂及尚未破裂的葵花籽以高速撞击挡板使之进一步破裂，以达到充分剥壳目的。同时，由于葵花籽在打板作用下以水平方向均匀地抛向挡板而下落，避免了籽粒的重复撞击现象。

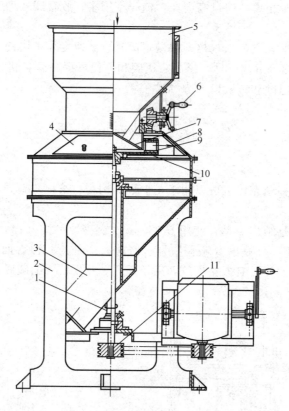

图 6-13　立式离心剥壳机

1—轴；2—机架；3—卸料斗；4—检修门；5—进料斗；6—调节手轮；
7—下料门；8—挡板；9—打板；10—转盘；11—带轮

第三节　碾　米　机

碾米的目的主要是碾除糙米皮层。碾米机主要用于剥除糙米的皮层（由果皮、种皮、外胚乳和糊粉层组成）。碾米机还用于碾除高粱、玉米和小麦的皮层。

一、碾米机的分类

碾米机可按碾米的基本原理、碾辊材料性质和碾辊轴布置形式分类。

（1）按碾米机的基本原理分类　我国按碾米机的基本原理分成擦离型、碾削型和混合型三类。

擦离型碾米机均为铁辊碾米机，碾辊线速较低，一般为5m/s左右，碾白压力较高，平均值为0.1MPa。

碾削型碾米机均为砂辊碾米机，碾辊线速较高，一般为15m/s，碾白压力较低，平均值为0.02MPa。

混合型碾米机为砂辊和铁辊组合的碾米机，碾辊线速一般为10m/s左右，碾白平均压力比碾削型碾米机稍大。

（2）按碾辊材料的性质分类　碾米机按碾辊材料性质的不同，可分为铁辊碾米机和砂辊碾米机。

（3）按碾辊轴的布置形式分类　碾米机按碾辊轴的布置形式，分为横（卧）式碾米机和立式碾米机。

横式碾米机即碾辊轴水平放置的碾米机，这类碾米机有单辊碾米机、双辊碾米机和碾米与擦米的组合碾米机等。

立式碾米机即碾辊轴垂直布置的碾米机。这类碾米机按米粒流体沿碾辊轴与重力方向的不同，又可分为顺向（即米粒流体流动方向与重力方向相同）立式碾米机、逆向（即米粒流体流动方向与重力方向相反）立式碾米机。

二、碾米机的结构

（一）砂辊横式碾米机

砂辊横式碾米机的结构如图6-14所示。主要由进料机构、碾白室、排料机构、机械传动系统、排糠与喷风系统、机架等组成。

（1）进料机构　进料机构由料斗和流量调节机构组成。料斗为方形不对称结构，其容量为35kg左右。流量调节机构为全启闭插门，可快速开启或关闭，亦可微调。

（2）碾白室　碾白室由3头螺旋推进器、碾白砂辊、4片圆筒形米筛、压筛条、横梁等主要零件构成。砂辊面与米筛筒内壁有一定间隙，由此形成一个环形圆柱空间，称碾白室。

螺旋推进器在碾白室的进口端，有3种功能：输送物料、增大碾白室进口端米粒流体的密度和产生轴向推力。螺旋推进器如图6-15所示，它实际上是一种单头或多头（双头、3头或4头）的梯形螺纹。为了保证螺旋推进器有足够的推进力，螺纹升角不宜过大，一般不超过20°。

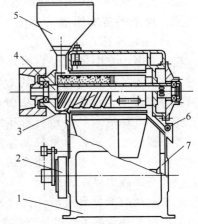

图6-14　砂辊横式碾米机

1—机架；2—吸糠系统；3—碾白室；4—传动系统；5—进料机构；6—排料机构；7—喷风系统

砂辊由两节组成，每节长200mm。前节砂辊采用3头螺旋槽，螺距为50mm。槽深从12mm逐渐减小为零。后节砂辊开有3条直斜槽，斜度为1/10，槽深为8mm。槽后又开设3条150mm×12mm的喷风槽。

米筛还有压筛条和筛托支承并固定在上、下横梁上。碾白室间隙通过更换不同厚度的压筛条进行调节。

（3）排料机构　排料机构由出米嘴、压力门组成。压力门主要是控制出料口的压力大小，出料口的压力对碾白室内碾白压力影响很大。

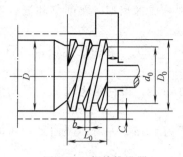

图6-15 螺旋推进器

（4）机械传动系统　机械传动系统由电动机经 V 带及带轮传至碾辊轴，碾辊实现运动研削。同时，碾辊轴上的带轮再经 V 带传动至同轴的吸糠与喷风风机。

（5）吸糠和喷风系统　吸糠系统由集糠斗、集糠管、吸糠风机和集糠器等组成。碾白室由米筛排出的糠秕，由集糠斗收集，经集糠管进入吸糠风机而排入集糠器。吸糠风机与喷风风机共轴。

喷风系统由喷风风机、进风管道和进风套等组成。由风机鼓出的风通过风管进入风套，从碾辊轴右端的轴面进入空心轴，最后从第二节砂辊的喷风槽喷出。

（6）机架　机架为一整体铸造而成的箱体，本机各部件均安装其上。

（二）立式砂铁辊组合碾米机

立式砂铁辊组合碾米机的结构如图6-16所示。

立式砂铁辊组合碾米机具有以下特点：①砂辊和铁辊同轴，砂辊在上部，铁辊在下部；②砂辊由多块砂轮串联拼叠而成，各块砂轮可根据需要采用粒度、密度和硬度不同的金刚砂制成，铁辊为圆柱形，其表面镶嵌两条由耐磨材料制成的碾筋；③喷风结构中的高压风机直接安装在机架上，喷风气流经进风套进入碾辊空心轴的中部，再分别经多块砂轮的径向槽和铁辊的喷风槽喷向碾白室；④砂轮和铁辊的糠秕汇集室上下串通，最后由机座侧面排出机外；⑤铁辊除由螺旋推进器供料外，还设置螺旋输送器向螺旋推进器供料。

三、碾米的基本原理

（一）米粒流体

糙米在碾白室中进行碾白时，具有以下的特性：①米粒连续不断地从碾白室进口向其出口流动；②流动的米粒充满整个碾白室，随碾白室形状而定，其体积即为碾白室的容积；③流动的米粒间距有可压缩性；④流动的米粒有黏滞性。碾白室径向各层米粒的速度不同，米粒与碾辊接触时速度最大，贴近米筛时速度最小，各层米粒间有速度差，因此有摩擦力存在。

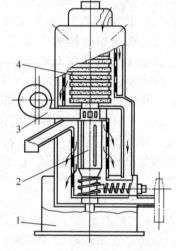

图6-16　立式砂铁辊组合碾米机
1—机架；2—铁辊；3—喷风风机；4—砂盘

由于流动的米粒具有流体的性质，为此把在碾白室内进行碾白而流动着的米粒群体，称为米粒流体。碾米过程具有 4 个要素。

（1）碰撞　碾米过程中存在米粒与碾辊的碰撞、米粒与米粒的碰撞、米粒与米筛内壁及其他构件的碰撞，碰撞运动是米粒在碾白室内的基本运动之一。其中，米粒与碾辊的碰撞起决定作用。米粒与碾辊碰撞后，提高了运动速度，增加了能量，产生擦离或碾削作用，使米粒皮层与胚乳断裂或剥离。米粒与米粒的碰撞、米粒与米筛内壁及其他构件的碰撞，主要产生擦离作用，使皮层与胚乳进一步剥离。

（2）碾白压力　碾白压力的建立与许多因素有关，如米粒与碾白室各构件的碰撞作用力、碾白室内的阻力、出料机构中压力门的阻力、螺旋推进器的推力等。

在确定与计算碾白压力时，可根据碾米机碾白（擦离碾白或碾削碾白）机理，分别进行受力分析，导出计算公式。碾白压力直接影响碾米工艺效果，碾白压力可调。

（3）翻滚　翻滚运动是米粒翻转和滚动。翻转是米粒长轴方向的旋转运动，滚动是米粒短轴方向的旋转运动。碾辊的槽（筋）、米筛孔及凸点、碾辊喷风均引起米粒产生翻滚运动。在碾白过程中，米粒的翻滚运动使其各个部位都能有机会接受碾白作用，避免碾白不足或过碾现象。

（4）轴向输送　轴向输送是保证米粒碾白运动连续不断的必要条件。米粒在碾白室内的轴向输送速度，从总体来看是稳定的，但碾白室的各个部位，轴向输送速度是不相同的，速度快的部位碾白程度小，速度慢的部位碾白程度大。影响轴向输送速度的因素较多，轴向输送速度对碾白压力也有影响，轴向输送速度亦可控制。

（二）擦离碾白和碾削碾白

碾米机按其作用的性质，分为擦离碾白和碾削碾白。

（1）擦离碾白　碾白室内的米粒，在一定的压力下与碾辊接触，产生碰撞，获得速度；使米粒和米粒相互碰撞产生相对运动；速度降低后的米粒，与碾白室米筛内壁及其他构件碰撞，亦有相对运动。以上3种碰撞运动中的摩擦力，使米粒皮层沿着胚乳的表面产生相对滑动，并把皮层拉断、被剥离。这种利用擦离作用使糙米碾白，称为擦离碾白。

（2）碾削碾白　碾白室内的糙米，在一定压力下与高速运动的金刚砂粒的锋刃相碰撞，获得速度；具有一定速度的米粒和米粒相互碰撞产生相对运动，速度降低后米粒与米筛内壁和其他构件碰撞，均有相对运动。上述3种碰撞运动中，米粒与砂辊的碰撞是砂粒的锋刃产生的切削力和切离力，将米粒皮层切破，使皮层与胚乳脱离。这种利用碾削作用使糙米碾白，称为碾削碾白。

（三）碾辊材料

（1）铁辊　铁辊的辊筒、凸筋和喷风槽都是冷模一次浇铸而成的，属白口铸铁材料。铸件表面要求光滑圆整，表面硬度为48～50HRC。因白口铸铁一般加工困难，辊筒与轴的配合孔、辊筒与螺旋推进器的连接口，应从严控制公差，但其表面需打磨平整。目前铁辊已有用无缝钢管制成辊筒，在辊筒面上开出钢筋安装槽，经过热处理的钢筋，表面硬度可达70HRC，并用螺钉将其固紧在辊筒上。

（2）砂辊　砂辊除工作参数和表面形状外，所用的金刚砂种类、质量、粒度、配比、烧结硬度和成型密度等，对碾米工艺效果的影响很大。砂辊必须经常保持较好的锋利性，要耐用，达到大米去皮均匀、表面较光洁、电耗低、使用寿命长的目的。

制作砂辊的金刚砂，一般采用黑色碳化硅，砂粒呈多角形，不用片状砂粒。在规定的粒度下，单位体积砂层内的砂刃要多，砂刃在砂辊表面和深度上也要分布均匀，这样才会碾白去皮均匀，表面光洁。

砂辊制作的方法有浇结、烘结和烧结3种，因为烧结的砂辊强度最大，最耐磨，使用寿命长，自锐性好，所以目前使用最多的是烧结砂辊。

砂辊烧结硬度必须是中硬级。砂辊超过中硬时，工艺效果差，但耐用。比中硬级稍软时，对工艺效果没有影响，但耐用性稍差。二者比较，宁可稍软。

（四）轴向截面积变化和收缩率

米粒流体从碾白室进口到出口的碾白过程中，被碾成所规定精度的白米从出料口流出，同时也有一定量的米糠从米筛孔中排出。这样在碾白室的轴向的每一个横截面上，米粒流体的流量逐渐减小，如果碾白室截面积不变，则流体密度逐渐减小，碾白压力亦随之逐渐降低。然而在碾白室的不同区段需用不同的碾白压力。如开糙段，米粒流体从碾白压力较小的截面进入碾白压力较大的截面时，密度增大，增加了去皮层开糙的效果。米粒从压力较大的截面进入压力较小截面时，密度减小，米粒翻滚运动加强，被剥刮的皮层易于与米粒流体分开。由此，碾白室在从进口到出口的轴向方向上，各横截面积应该有变化。

截面积收缩率是指顺着米粒流动方向，从一个大截面到一个小截面的变化程度。NS 型螺旋槽沙辊碾米机碾制标二米，开糙段截面积收缩率为：23.2%（NS-15 型），31.4%（NS-18型），30.5%（NS-21.5 型）；碾白段截面积收缩率为：32.8%（NS-15 型），30.2%（NS-18型），33%（NS-21.5 型）。

第四节　块状果蔬原料去皮机

去皮机一般可分为两大类，一类是用作块状根茎类原料去皮，另一类是用于果蔬的去皮。由于各类去皮机的差异甚大，本节仅介绍擦皮机的结构和工作原理。

胡萝卜、马铃薯等块根类原料，常使用擦皮机去皮。但这种原料去皮后，其表面不太光滑，只能用在去皮后进行切片或制酱的罐头中，不适用于整只蔬菜罐头的制造。

一、去皮原理

（一）机械去皮

（1）机械切削去皮　采用锋利的刀片削除表面皮层。去皮速度快，但不完全，果肉损失较多，一般还需要手工辅助修正，难以实现完全机械加工。适用于果大、皮薄、肉质较硬的果蔬，如苹果、梨、柿子等。常采用的为旋皮机，即将水果插在旋轴上，利用刃口弯曲的刀在旋轴旋转时像车床一样将果皮车去。

（2）机械磨削去皮　利用覆有磨料的工作面磨除表面皮层。速度高，易于实现机械化生产，所得碎皮细小，易于清理，去皮后的果蔬表面较粗糙，适于质地坚硬、皮薄、外形整齐的果蔬，如胡萝卜、番茄等。

（3）机械摩擦去皮　利用摩擦因数高、接触面积大的工作部件而产生摩擦作用使表皮发生撕裂破坏而去除。所得产品质量好，碎皮尺寸大，去皮死角少，但作用强度差，适用于果大、皮薄、皮下组织松散的果蔬。一般需要对果蔬进行必要的预处理来弱化皮下组织。常见的是采用橡胶板作为机械摩擦去皮构件。

（二）化学去皮

化学去皮又称碱液去皮，即将果蔬在一定温度的碱液中腐蚀处理适当的时间，取出后，立即用清水冲洗或搓擦，洗去碱液并可将外皮脱去。适用于桃、李、杏、梨、苹果等去皮和橘瓣脱囊衣。

二、去皮机

（一）离心擦皮机

如图 6-17 所示，它具有铸铁机座 1 和内表面粗糙的脱皮圆筒 5，转动轴 3 带动旋转圆盘 4旋转，旋转圆盘表面为波纹状。在铸铁机座 1 上的电动机 10 通过大齿轮 2 及小齿轮 9 带动转动轴 3 转动。物料从进料斗 6 进入机内。当物料落到旋转圆盘波纹状表面上时，因离心力作用而被抛向四周，并与筒壁的粗糙内表面摩擦，从而达到去皮的目的。水通过喷嘴 7 送入圆筒内部，擦下的皮用水从排污口冲走。已去好皮的物料，利用本身的离心力作用，从出料口定时排出。

在进料和出料时，电动机都在运转，因此，卸料前，必须停止注水，以免舱口打开后水从舱口溅出。

（二）干法去皮机

水果经碱液处理后其表面松软，用干法去皮机去皮，以减少用水量。产生以果皮为主的半固体废料，便于干燥作为燃料，避免污染。

图 6-18 所示为干法去皮机。去皮装置 1 用铰链 17 和支柱 8 安装在底座 18 上，倾角可调。

去皮装置包括一对侧板 5，它支承与滑轮 7 键合的轴 6，轴上安装许多去皮圆盘 15，电动机通过带 12 使轴按图示方向旋转。压轮 13 保证带与摩擦轮紧贴。相邻两轴上的橡胶圆盘 15 要错开，以提高接擦效果。橡胶圆盘要容易弯曲，不宜过厚，一般为 0.8mm。橡胶要求柔软富有弹性，表面光滑，避免损伤果肉。装在两侧板 5 上面的是一组桥式构件 2，每一构件上自由悬挂一挠性挡板 3，用橡皮或织物制成。挡板对物料有阻滞作用，强迫物料在圆盘间通过，以提高擦皮效果。

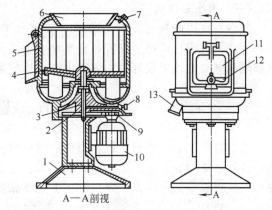

图 6-17　离心擦皮机结构图

1—铸铁机座；2—大齿轮；3—转动轴；4—旋转圆盘；
5—脱皮圆筒；6—进料斗；7—喷嘴；8—润滑油孔；
9—小齿轮；10—电动机；11—卸料口；
12—把手；13—排污口

　　干法去皮机工作过程如下，碱液处理后的果蔬从进料口 4 进入，物料因自重而向下移动，在移动过程中由于旋转圆盘的搓擦作用而把皮去掉。物料把圆盘胶皮压弯，形成接触面，因圆盘转速比物料下移速度快，它们之间产生相对运动和搓擦作用，结果在不损伤果肉的情况下把皮去掉。

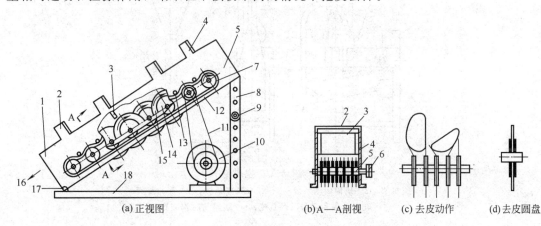

(a) 正视图　　　　　　(b)A—A剖视　　(c) 去皮动作　　(d) 去皮圆盘

图 6-18　干法去皮机

1—去皮装置；2—桥式构件；3—挠性挡板；4—进料口；5—侧板；6—轴；7—滑轮；8—支柱；
9—销轴；10—电动机；11,12—带；13—压轮；14—支板；15—橡胶圆盘；
16—出料口；17—铰链；18—底座

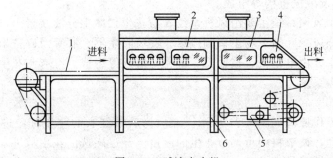

图 6-19　碱液去皮机

1—输送链带；2—淋碱段；3—腐蚀段；4—冲洗段；5—传动系统；6—机架

（三）碱液去皮机

碱液去皮机的构造如图 6-19 所示，它由回转式链带输送装置及在其上面的淋碱段、腐蚀段和冲洗段组成。传动装置安装在机架 6 上，带动链带回转。这种淋碱机的特点是排除碱液蒸汽和隔离碱液的效果较好，去皮效率高，机构紧凑，调速方便，但需用人工较多。

第五节　花生脱红衣机

随着食品工业的快速发展，花生的利用也愈加广泛，除了制油或简单食用外，目前较多地制作各种风味的花生仁、花生糖、花生酱、花生牛奶饮料和花生蛋白粉等。花生果经剥壳后，去掉花生仁表面上的红衣，则是制作上述食品及原料过程中不可缺少的工序。

一、结构

组合式花生脱红衣机如图 6-20 所示。该机主要由进料与磁选装置、红衣与花生仁分离装置、花生仁与胚芽分离装置、红衣收集与除尘风网系统、机械传动系统及机架等组成。

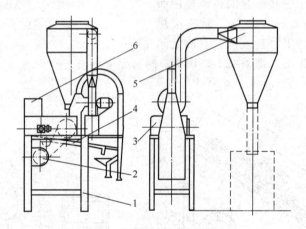

图 6-20　组合式花生脱红衣机

1—机架；2—机械传动系统；3—红衣脱离装置；4—筛选装置；
5—红衣收集和除尘风网系统；6—喂料与磁选装置

红衣与花生仁分离装置由活动摩擦带、固定摩擦带、摩擦带间隙调节机构、活动摩擦带托辊装置和张紧机构等组成。活动摩擦带与固定摩擦带间形成楔形空间，两带的工作面上有许多凹槽，以增大红衣与花生仁分离的摩擦力。两摩擦带均采用白色无毒橡胶材料。

花生仁与胚芽及少量碎仁分离装置，主要由筛体、单层圆孔筛板、筛体振动系统（曲柄连杆机构）、弹性吊杆及减振机构等组成。

红衣收集及除尘风网系统主要由风机、红衣与花生仁摩擦分离装置出口侧风罩、筛面中段伞形罩、筛面出口侧风罩、筛下物出口侧风罩、旋风除尘器、胚芽及碎仁出口和料斗等组成。

机械传动系统主要由电动机、减速器、链轮与链条等组成。红衣与花生仁摩擦分离装置和振动筛共用一个动力系统。

二、工作原理

花生脱红衣机工作原理如图 6-21 所示。经烘烤后带红衣的花生籽粒进入料斗，在下料淌板上均匀地向下流动，调节料门可调节花生的流量。经过磁选的花生粒进入固定与活动摩擦带的楔形区，在活动摩擦带的带动下，花生粒受到两摩擦带的搓撕作用，在挤压力、摩擦力和剪切力的综合作用下，红衣与花生仁分离。分离后的花生仁、部分红衣和胚芽及少量碎仁从两摩

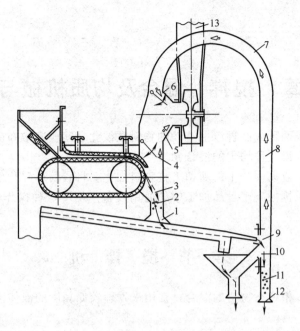

图 6-21　花生脱红衣机工作原理图

1—下左支管；2—上左支管；3—左支管汇流三通；4—左支管蝶阀；
5—风机进风口汇流三通；6—右支管蝶阀；7—右支管弯管；8—右
支管渐扩管；9—右支管上汇流三通；10—右支管下汇流三通；
11—右支管；12—右支管进风口；13—风机出口渐扩管

擦带出口经风网吸风部左支管下段落到筛面上。在下落过程中，大部分红衣和灰尘被风网吸走。由于筛面上物料呈下行运动，因而筛上物即花生仁从振动筛出口进入右支管，最后作为成品流出。筛下物即胚芽和碎仁经筛底板流入分离斗，最后经垂直管流出而得到收集。

第七章 搅拌、混合及均质机械与设备

搅拌：是指借助于两种或两种以上流动的物料在彼此之间相互散布的一种操作。基本目的是强化热交换过程和取得一种均匀的混合物。

均质：是指借助于流动中产生的剪切力将物料细化、将脂肪球碎化的操作。

搅拌、混合及均质机械属于食品加工中的通用设备。用于这种操作的设备主要有搅拌机、混合机和均质机。

第一节 搅 拌 机

搅拌机主要用于多相液态物料的混合，常用来处理较低黏度的液体混合。

一、搅拌过程

搅拌过程可分为下列 5 种情况。

（1）互溶液体间的液-液混合 在搅拌作用下，使液-液达到浓度、温度等物性的均匀状态。以搅拌混合时间作为评价搅拌效果的指标。要求搅拌罐内液体能产生较大的对流循环速度和对流循环量。

（2）不互溶液体的液-液分散 通过搅拌，将分散相的液滴直径细化，得到均匀的分散相。以分散相的比表面积或分散相的液滴直径分布，达到这一指标的搅拌时间作为评价标准。要求搅拌器具有强剪切作用，桨叶有很高的速度和很大的动力。

（3）固-液相间悬浮 通过搅拌，使固体颗粒在液相中悬浮起来。以悬浮程度作为搅拌效果的评价指标。其中悬浮程度分部分悬浮、完全悬浮及均匀悬浮 3 种。部分悬浮指罐底有部分固相颗粒暂时停留；完全悬浮指罐底固相颗粒全部悬浮；均匀悬浮指固相颗粒均匀悬浮于槽中。要求搅拌液流的上升流速大于固相颗粒的沉降速度。

（4）气-液相间分散 搅拌使气体成为微细气泡，均匀分散在液相中，形成稳定的分散相。以液体单位体积的气泡表面积及达到该指标的搅拌时间作为评价标准。要求搅拌器有较大的速度、剪切力及动压力。

（5）不互溶气-液-固混合 搅拌使气体成为微细气泡，均匀分散在液相中，使固体颗粒在液相中悬浮。

二、搅拌混合机理

搅拌混合的作用机理可分为对流混合、扩散混合和剪切混合。对流混合又可分为主体对流扩散和涡流扩散。

（一）低 度、中等 度物料的混合机理

（1）主体对流 是指搅拌器把动能传给周围的液体，产生一股高速的液流，这股液流体又推动周围的液体，逐步使全部的液体在容器内流动起来，这种大范围的循环流动称为"宏观流动"。由此产生的全容器范围的扩散混合称为"主体对流扩散"。

（2）涡流对流 是指当搅拌产生的高速液流在静止或运动速度较低的液体中通过时，分界面上的流体受到强烈的剪切作用。从而在此处产生大量的旋涡，旋涡在迅速向周围扩散的同时，一方面把更多的液体夹带着加入"宏观流动"中，另一方面又形成局部范围内物料快速而

紊乱的对流运动，这种运动被称为"涡流对流"。

主体对流只能把不同物料搅成较大"团块"的混合，而通过"团块"界面之间的涡流，才能把不均匀程度迅速降低。

（二）高黏度物料的混合机理

对于高黏度物料的混合，既无明显的分子扩散现象，又难以造成良好的湍流，混合的主要机理是剪切力。剪切力把待混合的物料撕成越来越薄的薄层，使得某一组分的区域尺寸减小。在这里，流体的剪切力只能由运动的固体表面造成，而剪切速度取决于固体表面的相对运动及表面之间的距离。因此，高黏度搅拌机的设计上，一般取搅拌器直径与容器内径的比值几乎等于 1∶1，就是这个道理。

三、搅拌机的结构

搅拌机通常由搅拌装置、轴封和搅拌罐 3 部分组成。

搅拌机 {
搅拌装置 {
传动装置
搅拌器 {
搅拌轴
叶轮
}
}
轴封
搅拌罐 {
槽体
附件
}
}

搅拌机结构如图 7-1 所示。罐体一般设计成圆柱形，顶部成开启式，底部大多为碟形、球形或平底。搅拌轴多采用上支承方式，下端装有各种结构形状的桨叶。此外还设有进出口管路、夹套、人孔、温度计插孔以及挡板等附件。

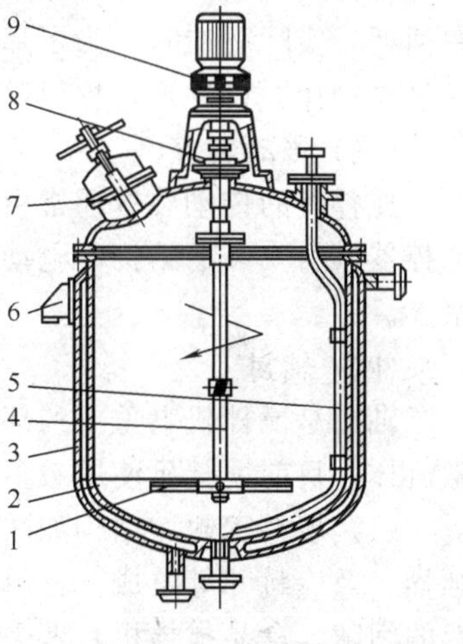

（一）桨叶结构

桨叶是搅拌机上重要的零件，其作用是提供搅拌过程所需的能量和适宜的流型。由于搅拌目的不同，对桨叶的结构提出了不同的要求。图 7-2 所示为几种常用的搅拌器结构。

按桨叶的结构特征分为桨式、涡轮式、推进式、锚式 4 大类。

（1）桨式搅拌器　一般有 2～6 个叶片，大多采用对称安装。桨式又分为平叶式、折叶式和框式。

平叶式主要产生径向液流和切向液流；折叶式的桨叶与旋转方向成一夹角，主要产生轴向液流；框式的桨叶一般较多，强度亦高，适用于浓度特别高的液体搅拌或容器直径较大的情况使用。

图 7-1　搅拌机结构

1—搅拌器；2—罐体；3—夹套；4—搅拌轴；5—压出管；6—支座；7—人孔；8—轴封；9—传动装置

平桨直径与搅拌罐内径之比为 0.3～0.7，桨叶宽与桨叶直径之比为 0.1～0.3。搅拌轴转速一般在 20～150r/min 之间。叶轮线速度一般小于 5m/s，通常为 1.5～2m/s。桨式搅拌器的剪切作用较小，主要适于低黏度液体。在固体的溶解、避免结晶或沉淀及淀粉糖浆和巧克力溶液的搅拌混合时常用这种搅拌器。

（2）涡轮式搅拌器　由 1 个圆盘和 4 个以上叶片组成，叶片分垂直安装和倾斜安装。平叶涡轮式主要产生径向和轴向液流，折叶涡轮式主要产生轴向液流。涡轮直径与搅拌罐内径的比为 0.2～0.5，涡轮线速度一般在 4～8m/s 之间，明显高于桨叶式。涡轮式搅拌器能在较大范围内产生强烈的径向和切向流动。在叶片周围能够产生高度湍流的剪切效应。涡轮式搅拌器适

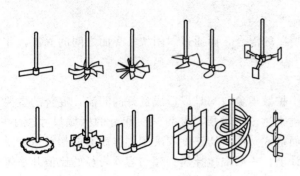

图 7-2 典型的搅拌器结构

于不相溶液体的分散、气体的溶解、固体的溶解。

（3）推进式搅拌器（旋桨式搅拌器）由 2～3 个螺旋叶片组成。叶轮直径与搅拌罐内径的比为 0.2～0.5，转速较高，为 100～500r/min，叶轮线速度在 3～15m/s。推进式搅拌器是典型的轴流式搅拌器。叶轮的排出液体能力强。主要适合于低黏度液体的混合，固——液混合液中固体悬浮，乳化以及传热，防止结晶和沉淀等。常用于低黏度糖液的制备、混合水溶液的强制冷却。

（4）锚式搅拌器 主要产生轴向液流。叶轮直径高与搅拌罐内壁的间隙小，叶轮直径与搅拌罐内径的比为 0.7～0.95，叶片宽度与罐内径的比为 1:12，转速低，通常为 10～50r/min，线速度一般小于 3m/s，由于锚与罐内壁间隙小，在锚外缘处存在强烈的剪切作用，产生局部旋涡，引起液体物料间的不断交换，因此锚式搅拌器尤其适合带夹套的搅拌罐内液料的传热。另外，由于叶轮直径大，且与罐底贴近，较适合于高浓度沉淀物料，能较好防止罐壁上物料结晶和罐底物料沉淀。

（二）搅拌罐结构

搅拌罐的结构通常为立式圆柱筒形，罐底部一般采用椭圆形封头，便于流体流动和减小功率消耗。实际制造时，为了降低成本，常采用平底罐。由于圆锥形罐底易形成液流的滞流区，使悬浮固体颗粒积聚，故应避免采用这种罐底。

（三）传动装置

搅拌机的传动装置通常由电动机、齿轮传动、搅拌轴、轴封及机架等组成。对于大容器、搅拌器倾斜安装的结构，电动机往往与搅拌器同轴连接，并用专用夹具将搅拌器安装在容器侧壁上。

（四）轴封

轴封是搅拌机上重要的部件，其作用主要是密封润滑油，防止润滑油泄漏进搅拌罐内、污染流体。目前搅拌机使用最多的轴封有填料密封和机械密封两种。

（1）填料密封 结构如图 7-3 所示，主要由填料箱体 4、填料底衬套 5、填料压盖 2、压紧螺栓 3 及填料 6 等组成。密封原理是通过压紧压填料盖 2 使填料 6 变形，从而消除转轴 1 与机架的间隙。食品搅拌机，考虑卫生要求，填料通常选用聚四氟乙烯纤维。

该结构简单，成本低，但对轴的磨损和摩擦功耗大，经常需要维修。不适合高速搅拌机。

（2）机械密封 结构如图 7-4 所示，主要由套筒 3、上动环 5、下动环 8、上静环 4、下静环 9、弹簧 6、套筒紧定螺钉 1 及静密封圈 2、7、12 等组成。工作时搅拌轴旋转，设置在套筒 3 上并与轴同时转动的上动环 5 和下动环 8 与安装在机架上的上静环 4 和下静环 9 在弹簧 6 的作用下，始终保持紧密接触，并做相对运动，使得泄漏不致发生。

机械密封性能可靠，对轴无磨损，摩擦功耗小，使用寿命长，无需维修。但结构复杂，成本高。它是搅拌机常用的轴封结构，尤其适合高速搅拌机。

（五）挡板

当搅拌黏度低的液体时，如果搅拌器在罐内对称安装，并且转速足够高时，会产生很大的切向环流，在离心力作用下，液体涌向罐内壁，形成周边高、中心低的旋涡。罐内增设挡板后，改变了液体的流型，减小了周向液流，增大了轴向和径向液流，从而抑制了旋涡的产生，

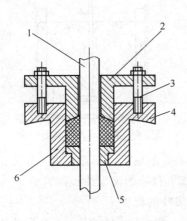

图 7-3 填料密封结构简图

1—转轴；2—填料压盖；3—压紧螺栓；4—填料箱体；

5—填料底衬套；6—填料

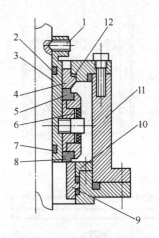

图 7-4 机械密封结构简图

1—套筒紧定螺钉；2,7,12—静密封圈；3—套筒；

4—上静环；5—上动环；6—弹簧；8—下动环；

9—下静环；10—压紧圈；11—机架

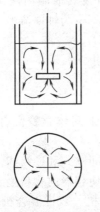

图 7-5 挡板对流型的影响

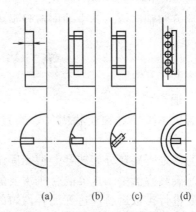

(a)   (b)   (c)   (d)

图 7-6 平挡板的几种安装方式

如图 7-5 所示。

挡板的数量、大小以及安装位置将会影响液流状态和搅拌功率。挡板的安装位置一般随黏度而变化。

挡板宽度一般为罐径的 1/12～1/10，高黏度时为 1/20。数量随罐径而变化，小直径罐时用 2～4 个，大直径罐时用 4～8 个。搅拌低黏度液体，挡板紧贴内壁安装 [图 7-6(a)]。搅拌中等黏度液体，挡板离壁安装，防止挡板背后形成滞留区，离壁距离一般为挡板宽度的 0.2～1 [图 7-6(b)、(c)]。当罐内有传热蛇管时，挡板一般安在蛇管内侧，如图 7-6(d) 所示挡板的上缘一般与液面平齐，下端伸到罐底部。

四、液体流型

液体在罐内的流型是指液体的流动形态或液体单元的流动轨迹。分为两大类即轴向流动和径向流动。轴向流动：液体从轴向进入叶片，从轴向流出。径向流动：液体从轴向进入叶轮，从径向流出。

影响液体流型的因素很多，但主要是搅拌器桨叶的结构形状和运动参数。

（一）平直叶的流型

图 7-7 所示为平直叶圆盘涡轮产生的流型。当搅拌器转速较低时，液体的流动方向主要是

图 7-7　平直叶径向流型

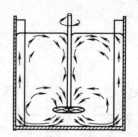

图 7-8　推进式桨叶轴向流型

周向，当转速增大时，在惯性力作用下，液体的径向流动逐渐增大，转速越高，叶片排出的径向流动越强烈。故平直叶的流型为径向流型。

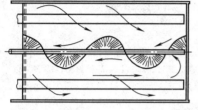

图 7-9　螺杆式桨叶轴向流型

（二）推进式桨叶的流型

如图 7-8 所示，当桨叶旋转时，液体的流动既有水平周向流，也有径向流，而且还有轴向流，其中轴向流量最大。因此，推进式桨叶的流型为轴向流型。

（三）螺杆式桨叶的流型

如图 7-9 所示，螺杆旋转时罐内液体同时产生周向流、径向流和轴向流。其中轴向流量最大，故螺杆式桨叶的流型也为轴向流型。

第二节　混合机与捏合机

一、混合机

混合机主要针对颗粒状固体，通过作用使两种或两种以上固体颗粒混合成组分均匀的物料。

按容器是否旋转分旋转容器型和固定容器型；按操作分为间歇式和连续式。

（1）旋转容器型　这类混合机主要通过容器的不断旋转，使容器内物料上下翻滚和侧向运动，不断进行扩散运动，达到混合均匀的目的。分为筒式混合机、双锥混合机和双联混合机。该类混合机的作用机理是以扩散混合为主，适于尺度小的物料混合。

① 筒式混合机。筒式混合机的容器为圆筒形，有水平安装（图 7-10）和倾斜安装（图 7-11）两种。工作时，物料沿筒内壁上升，到一定高度落下进行混合。混合机理主要是径向重力扩散混合，轴向混合作用很小。

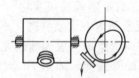

图 7-10　水平圆筒混合机

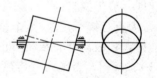

图 7-11　倾斜圆筒混合机

由于水平安装时，物料的混合没有轴向扩散运动，因此，目前此类混合机的旋转筒均采用倾斜安装方式，增强了混合效果。

旋转筒式混合机主要适于粒径小于 $150\mu m$ 的粉料的混合，不适于组分间粒度和密度比大于 1.5 的物料混合。适宜的装料系数为 0.3～0.5，转速为 40～100r/min。食品工业中多用于调味品、麦芽的混合。

② 双锥型混合机。双锥型混合机容器由 2 个圆锥和 1 个圆筒组成，如图 7-12 所示。工作

时，随容器翻滚，物料主要做径向的回转下落运动，由于流动断面的不断变化，可以产生良好的横流运动。因此双锥型混合机克服了水平旋转筒式混合机中物料沿水平方向运动的困难。混合速度较快，效果较好。在容器内增设搅拌叶片和挡板后，混合效果会更好，尤其是对混合物性差异大的物料。主要适宜粉体及颗粒料，处理量大，对混合要求较高的物料混合。适宜转速为 5～20r/min。

③ 双联混合机。双联混合机由 2 个倾斜筒构成 V 形，如图 7-13 所示。混合过程与双锥型类似，但由于容器相对于转轴不对称，随容器旋转，物料在容器内连续反复进行聚合与分散，同时颗粒间产生滑移、剪切，故混合效果要优于双锥型混合机。

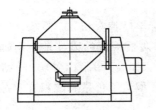

图 7-12　双锥型混合机示意图

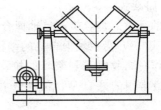

图 7-13　双联混合机示意图

考虑到结构的非对称性，为避免产生较大的离心惯性力，双联混合机的装料系数较小，一般为 0.1～0.3。转速较低，通常为 6～25r/min。两筒的夹角一般为 80°，对流动性差的物料，应取较小夹角。

(2) 固定容器型　常用的有螺带式、圆锥行星式、单双转子式等。该类混合机通过搅拌器旋转驱动物料，物料在容器内有确定的流动方向。混合机理以对流混合为主，适宜物理性质及配比差别较大的物料混合。

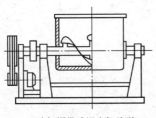

(a) 螺带式混合机外形

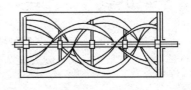

(b) 搅拌器结构

图 7-14　螺带式混合机

① 螺带式混合机。如图 7-14 所示。转轴上有的安装宽、窄两种螺带，有的还安装有叶片。宽螺带起输送物料作用，窄螺带主要起剪切物料作用。该机既可分批间歇式操作，也可连续式操作。适宜黏性或有凝聚性物料的混合。

② 行星式混合机。如图 7-15 所示，螺旋搅拌机在自转的同时还绕圆锥筒的轴线公转。螺旋搅拌机公转使物料沿锥面做圆周运动，螺旋搅拌机自转使物料沿螺旋面上升；受公转和自转复合运动的影响，部分物料同时在容器内产生对流、剪切、扩散，以对流混合为主。自

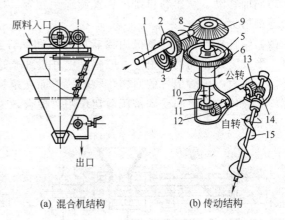

(a) 混合机结构　　　(b) 传动结构

图 7-15　行星式混合机

1—主轴；2,3—圆柱齿轮；4—蜗杆；5—蜗轮；6—转臂；7—壳体；8,9,11,12,13,14—圆锥齿轮；10—转轴；15—螺旋搅拌器

转速度 60～90r/min，公转速度为 2～3r/min。适宜混合乳粉、面粉、砂糖等。

二、捏合机

对于黏弹性较大的浆体状和塑性固体类的食品物料需要用捏合机来完成物料的混合。由于物料的黏弹性高，故流动性极小，桨叶搅拌产生的局部物料运动不能波及整个容器，因此不能利用对流、扩散达到混合，而以剪切为主。桨叶产生剪切力，将物料拉延撕裂，同时物料受桨叶推挤作用而被压向邻近物料，如此反复达到物料混合均匀的目的。

捏合机工作负荷、消耗的功率较大，要求搅拌桨叶的强度与刚度大，混合时间长。捏合机可分为间歇式和连续式两大类。

（一）间歇式

常用的间歇式捏合机有单轴捏合机、双轴捏合机、钩形桨叶捏合机。

图 7-16（a）为双轴捏合机的结构简图。容器内部装有两根平行的搅拌轴，两轴等速相向旋转。工作时，物料受到桨叶的拉、压、揉、打综合作用。捏合叶片（桨叶）的结构见图 7-16（c），最常用的是 Ω 型，鱼尾型主要用于高黏度物料，Z 型适于色素和颜料在食品中的均匀分散。

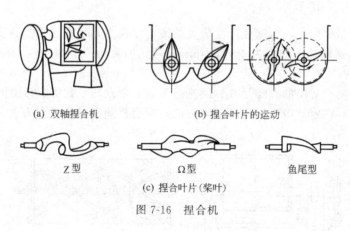

(a) 双轴捏合机　　　　　　(b) 捏合叶片的运动

Z 型　　　　　　Ω 型　　　　　　鱼尾型

(c) 捏合叶片（桨叶）

图 7-16　捏合机

（二）连续式

常用的有螺旋式和蜗杆式两种。

（1）螺旋式捏合机　图 7-17 为螺旋式捏合机结构简图。在螺旋搅拌机作用下，物料边捏合，边向前移动，从出料口排出。螺旋螺距相等，螺旋槽深度由进口至出口逐渐变浅，物料的压力逐渐增大。

（2）蜗杆式捏合机　该机由筒状的壳体和蜗杆组成，如图 7-18 所示，蜗杆的螺旋上开有缺口，形成一条纵向的通道。一般蜗杆上开设 3 条这样的通道。壳体上有均匀分布的齿与蜗杆啮合。工作时，随着蜗杆的回转，物料一方面在蜗杆的搅动下进行混合，另一方面，还在蜗杆的螺旋与壳体的齿之间受到挤压剪切作用，捏合效果较好。

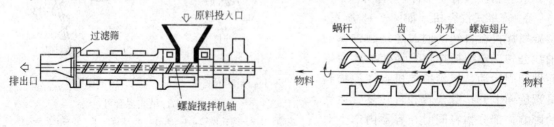

图 7-17　螺旋式捏合机　　　　　　图 7-18　蜗杆式捏合机

第三节　胶体磨和均质机

均质有粉碎和混合双重功能，其主要目的是使两种不互溶的物料进行密切混合，将一种液滴或固体颗粒粉碎成为极细微粒或小液滴分散在另一种液体之中，使混合液成为稳定的悬浮液。当颗粒直径小到液体介质的分子直径时，微粒与分子间将产生分子耦合力，使分离很难发生。

均质机广泛用于乳品、果汁、豆浆等的均质处理，提高食品的细腻度，防止液状食品的分层。

一、均质理论

关于均质的理论有 3 种：剪切理论、撞击理论和空穴理论。

（1）剪切理论　流体在高速流经均质阀缝隙处时，产生极大的速度梯度，从而产生很大的剪切力，在剪切力作用下，液滴先是产生拉伸变形，继而产生破裂、破碎。

（2）冲击理论　流体以极高速度撞击均质阀，流体中液滴在很大撞击力作用下被破碎变小。

（3）空穴理论　流体在高速流经均质阀缝隙处时，产生巨大的压力降，当压力降到液体的饱和蒸气压时，液体开始沸腾并迅速汽化，产生大量气泡，在向缝隙出口流出过程中流速逐渐降低，压力逐渐增加，当压力增加到一定值时，气泡会突然破灭，瞬间会产生大量空穴，空穴如同无数的微型炸弹爆炸，释放大量能量，产生强烈的高频振动，同时伴随强烈的湍流，产生强烈的剪切力，使液滴及微粒破碎变小。

二、高压均质机

高压均质机由高压泵和均质头两大部分组成，目前在食品工业中应用最多。

（一）高压泵

（1）结构与工作原理　图 7-19 为高压泵结构简图。高压泵为三柱塞泵，由进料腔、吸入活门、排出活门、柱塞等组成。工作时，当柱塞向右运动时，腔容积增大，压力降低，液体顶开吸入阀门进入泵腔，完成吸料过程。当柱塞向左运动时，腔容积逐渐减小，压力增加，关闭吸料阀门，打开排料阀门，将腔液体排出，完成排料过程。

（2）流量特性　单柱塞泵、双柱塞泵和三柱塞泵的流量曲线如图 7-20 所示。单、双柱塞泵的流量均匀性较差，三柱塞泵流量的均匀性较好，故实际中都采用三柱塞泵。

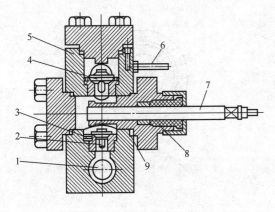

图 7-19　高压泵结构简图

1—进料腔；2—吸入活门；3—活门座；4—排出活门；5—泵体；6—冷却水管；7—柱塞；8—垫料；9—垫片

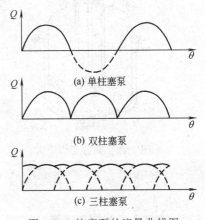

图 7-20　柱塞泵的流量曲线图

（二）均质头

均质头是高压均质机的重要部件。通常均质头由壳体、均质阀、压力调节装置和密封装置等构成。如图 7-21 所示，一般的高压均质机上都是由两级均质阀串联而成。

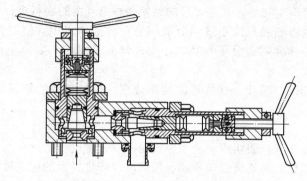

图 7-21　手控蝶形弹簧均质头

三、高剪切均质机

高剪切均质机利用转子的高速旋转产生强剪切作用，使微粒破碎。高剪切均质机与高压均质机相比具有以下优点。其一，高剪切均质机的能耗低，这是因为高剪切均质机的工作压力低。实践表明能耗仅为高压均质机的 50％。其二，高剪切均质机材质要求没有高压均质机高，并且零件的使用寿命要高于高压均质机，故高剪切均质机的制造成本低。其三，高剪切均质机的适用范围广且处理量大，可用于高低黏度的流体，也可用于含有短纤维类液体的均质或互不相溶的液-液混合。高剪切均质机的类型可分为间歇式和连续式。

（一）间歇式高剪切均质锅

图 7-22 为高剪切均质锅结构简图，图 7-23 为其工作简图。均质头由定子和转子构成，转子与定子间间隙很小，一般小于 1mm。工作时转子高速旋转，均质头内部形成负压，液体由均质头下部吸入，在离心力作用下，液体被甩向转子内壁，经壁上的孔或槽进入缝隙处，液体在缝隙里受到强烈剪切、撞击研磨作用，使物料能在瞬间被破碎细化，最后液体经定子上的孔或槽射出。对物料的均质的主要是剪切作用。

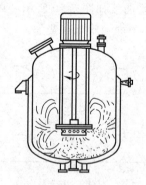

图 7-22　高剪切均质锅

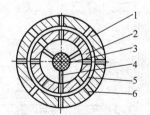

图 7-23　高剪切均质锅工作简图
1—定子；2—转子；3—转轴；4—筋条；
5—间隙；6—小孔

（二）连续式高剪切胶体磨

胶体磨定子和转子之间形成微小间隙并可调节。工作时，物料通过定子与转子之间的环间隙，由于转子高速旋转，附于转子表面上的物料速度最大，而定子面上物料速度为零。其间产生很大的速度梯度，物料受剪切力、摩擦力、撞击力和高频振动等复合力作用而被粉碎、分散、研磨、细化和均质。

胶体磨有卧式和立式两种结构形式。胶体磨的转轴水平布置称为卧式胶体磨；胶体磨的转轴垂直布置称为立式胶体磨。卧式胶体磨的结构如图 7-24 所示，定子和转子之间的间隙一般为 $50\sim150\mu m$，大小可通过转子的水平位移来调节。转子的转速为 $3000\sim15000r/min$。卧式胶体磨适用于黏度较低的物料。

胶体磨主要由进料斗、外壳、定子、转子、调节装置等组成。

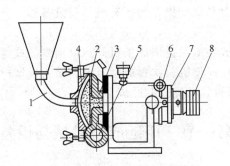

图 7-24 卧式胶体磨结构

1—进料口；2—转子；3—定子；4—工作面；5—卸料口；
6—锁紧装置；7—调整环；8—带轮

（1）定子、转子 定子、转子均为不锈钢件，热处理后的硬度要求达到 70HRC。转子的外形和定子的内腔均为截锥体，锥度为 1∶2.5 左右。工作表面有齿，齿纹按物料流动方向由粗到密排列，并有一定的倾角。这样，由齿纹的倾角、齿宽、齿间间隙以及物料在空隙中的停留时间等因素决定物料的细化程度。

（2）调节装置

胶体磨可根据物料性质、需细化程度和出料等因素进行调节。调节时，通过转动调节手柄由调整环带动定子轴向位移而使间隙改变，范围在 $0.005\sim1.5mm$ 之间。为避免引起定子、转子相碰，在调整环下方设有限位螺钉，当调节环顶到螺钉时便不能再进行调节。

由于胶体磨转速很高，为达到理想的均质效果，物料一般要磨几次，这就需要回流装置。胶体磨的回流装置利用出料管改成进料管，在管上安装蝶阀，在蝶阀的稍前一段管上另接一条管通向入料口。当需要多次循环研磨时，关闭蝶阀，物料则会反复回流。当达到要求时，打开蝶阀则可排料。

对于热敏性材料或黏稠物料的均质、研磨，往往需要把研磨中产生的热量及时排走，以控制其温升。可以在定子外围开设冷却液孔中通水冷却。

第八章 食品成型机械与设备

在面类和糖果类食品生产中，常将其制成具有一定形状和规格的单个成品或生坯。这一操作过程称为食品成型。用于食品成型操作的所有机械与设备称为食品成型机械与设备。

根据成型机械的成型工作原理不同，可分为压延成型机、模压成型机、搓圆成型机、折叠成型机、挤压成型机、浇注成型机及包馅成型机等；根据食品成型加工的对象不同，可分为饼干成型机、面包成型机、糕点成型机、饮食成型机（如馒头成型机、水饺成型机、馄饨成型机等）、软糖成型机、硬糖成型机、巧克力制品成型机等。

第一节 压延成型机械与设备

压延成型机是利用一对或多对相向旋转的辊对面类或糖类食品进行辊压操作的机械，亦称辊压机械。压延成型机主要用于各种食品（如饼干、水饺、馄饨）生产中的压片、糖果拉条、挂面和方便面生产中的压片等。

辊压的作用主要是使面团形成厚薄均匀、表面光滑、质地细腻、排除内部气泡、内聚性和塑性适中的面带。

一、卧式压延机

卧式压延机两辊轴线所在的平面为垂直面，结构如图 8-1 所示。主要由上、下压辊、辊间间隙调整装置、撒粉装置、工作台、机架及传动装置等组成。

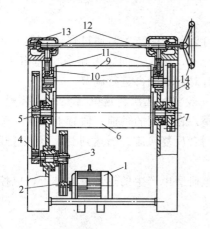

图 8-1 卧式压延机传动系统结构

1—电动机；2，3—带轮；4，5，7，8—齿轮；6—下压辊；9—上压辊；10—上压辊轴承座螺母；11—升降螺杆；12，13—圆锥齿轮；14—调节手轮

上、下压辊安装在机架上，上压辊的一侧设有刮刀，以清除粘在压辊表面的少量面屑。通过自动撒粉装置在辊表面撒粉，可以避免面团与压辊粘连。辊间间隙可通过手轮在 0～20mm 的范围内任意调节，以适应压制不同厚度面片的工艺需要。

两压辊之间为齿轮传动，传动比通常为 1。电动机 1 经一级带传动（带轮 2、3）和一级齿轮传动（齿轮 4、5）减速后，传至下压辊 6，再经齿轮 7、8 带动上压辊 9 回转，从而实现了上、下压辊的转动。主动辊为下压辊，辊间间隙调整时，只能调整被动压辊即上压辊。随着辊间间隙的变化，上、下压辊传动齿轮的啮合中心距发生变化，为了保证正确啮合，合理的方案是选用渐开线长齿形齿轮，它与标准齿高相比，参数变化较大。

调节手轮 14 经手轮轴调节两端的圆锥齿轮 12、13 传动，使升降螺杆 11 回转，从而带动上压辊轴承座螺母 10 做升降直线运动，使压辊间隙得以调节。间歇式压延机工作时，面片的前后移动、折叠、转向均由人工完成。如果仅单向压延，则需多台间歇式压延机组合在一起，中间由输送装置连接，这样便可与饼干成型机联合组成自动生产线。

二、立式压延机

立式压延机两辊轴线所在的平面为水平面，与卧式压延机相比，立式压延机占地面积小，压制面带的层次分明、厚度均匀，工艺范围较宽，但结构复杂。立式压延机主要由料斗、压辊、计量压辊、折叠器等组成。

工作时，面带依靠自身重力垂直供料，这样可以免去中间输送带，简化了机器结构，而且辊压的面带层次分明。计量压辊的作用是使压延成型后的面带厚度均匀一致，一般由 2～3 对压辊组成，辊的间距可随面带厚度要求自动调节。

生产苏打饼干时，立式压延机需设有油酥料斗 2（图 8-2），以便将油酥夹入面带中间。折叠器的作用是将经过喂料压辊、计量压辊组后的面带折叠，使成型后的制品具有多层结构。

三、多层压延机

采用对辊压延机压制多层夹酥面片时，由于辊径有限，辊隙间的变形区很短，面片在压辊强烈剪切与挤压的作用下会产生急剧变形，致使面片内部截面紊乱，原有多层结构遭到破坏，并在接触区起点处出现严重滞后堆积现象。多层压延机克服了上述不足，经它压制的夹酥面片可达 120 层左右，而且层次分明，外观质量与口感均佳。

多层压延机的结构原理如图 8-3 所示。主要由环形压辊组 4 及速度不同的三条输送带 1、2、3 组成。输送带速度沿面片流向逐渐加快（$v_1 < v_2 < v_3$）。上压辊组中各辊既有沿面带流向的公转，又有逆于此流向的自转。

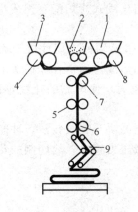

图 8-2　立式压延机结构

1，3—面斗；2—油酥料斗；4，8—喂料压辊；

5，6，7—计量压辊；9—折叠器

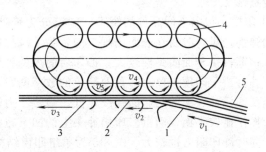

图 8-3　多层压延机的结构原理

1，2，3—输送带；4—环形压辊组；5—多层面片

工作时，输送带 1 将多层面片 5 导入由环形压辊组与三条带所构成的狭长楔形通道内。随着面片逐渐变薄，输送带速度递增。在整个压延过程中，面片表面与接触件间的相对摩擦很小，面片几乎是在纯拉伸作用下变形。因此面片内部的结构层次未受影响，从而保持了物料原有品质。多层次压延机性能较好，能够生产出手工所不及的面点，但其结构复杂，操作维修技术要求较高。

第二节　模压成型机械与设备

模压成型机械是利用模具对食品进行压印成型的机械。常用的模压成型机械有冲印式饼干成型机、辊印式饼干成型机、辊切式饼干成型机等。

一、冲印式饼干成型机

（一）结构

冲印式饼干机结构主要由压片机构、冲印成型机构、拣分机构及输送机构等组成。主要适用于韧性饼干、苏打饼干及一些低油脂酥性饼干的加工。

（1）压片机构　压片机构一般有 3 对压辊，串联布置。从第一对辊到第三对辊，辊径依次减小，辊的间隙也依次减小，而辊的线速度依次增加。

（2）冲印成型机构　冲印成型机构的作用是印制饼干花纹并切块，完成饼干制坯、成饼的制作。该机构主要由动作执行机构和印模两部分构成。

① 动作执行机构。冲印式饼干成型机的动作执行机构分间歇式和连续式两种。实际运用以连续式动作执行机构为主。连续式冲印指印模冲印饼干时，随着输送面带的连续运动，印模在做上下冲印运动的同时，还要做与输送带同步的水平运动。

图 8-4 为摇摆式连续动作执行机构。该机构由一组曲柄连杆机构（2-3-4-O_2-O_3）、一组双摇杆机构（5-6-7-O_1-O_2）及一组五杆机构（1-9-8-$7'$-O_1-O_3）构成。

工作时，曲柄连杆机构（2-3-4-O_2-O_3）将摇摆曲柄 2 的旋转运动转换为摇杆 4 的摇动，双摇杆机构（5-6-7-O_1-O_2）将摇杆 5 的摇动转换为摇杆 7（$7'$）的摇动。同时五杆机构（1-9-8-$7'$-O_1-O_3）将冲印曲柄 1 的回转运动转换为冲头滑块 8 的移动，因摇杆 7 与摇杆 $7'$ 固连，因此冲头滑块 8 既沿滑槽 J 做上下滑动，完成冲印动作，同时又随摇杆 $7'$ 左右摆动，实现与面坯输送同步的水平运动。

连续式饼干冲印成型机具有运动平稳、生产能力大、便于与连续式烤炉配套组成饼干生产线等优点。

② 印模。根据不同品种的饼干，印模分为轻型印模和重型印模两种。韧性饼干面团具有一定的弹性，烘烤时易在表面出现气泡，为了减少饼干坯气泡的形成，通常在印模头上设有排气针孔；苏打饼干面团弹性较大，冲印后面团的弹性变形恢复较大，使印制的花纹难以保持，因此，苏打饼干印模头仅有针孔及简单的数字图案。

轻型印模冲头上的凸起的花纹较低，弹簧压力较小，故印制的饼干花纹较浅，冲印阻力也较小，操作比较平稳。而重型印模冲头上的凹下花纹较深，弹簧压力较大，故印制的花纹深且清晰，同时冲印阻力也较大。图 8-5 为单组印模结构简图。

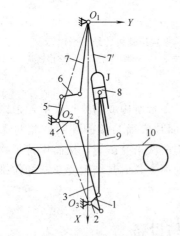

图 8-4　摇摆式连续动作执行机构

1—冲印曲柄；2—摇摆曲柄；3，6，9—连杆；
4，5，7，$7'$—摇杆；8—冲头滑块；
10—面坯输送；J—滑槽

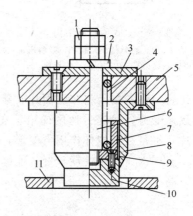

图 8-5　单组印模结构简图

1—螺母；2—垫圈；3—固定垫圈；4—弹簧；5—印模
支架；6—冲头芯杆；7—限位套筒；8—切刀；
9—连接板；10—印模；11—余料推板

（二）冲印成型原理

如图 8-5 所示，冲印时动作执行机构带动印模支架 5 下移，使印模 10 与面带表面首先接触并印制花纹，随后弹簧 4 压缩，印模 10 静止不动，切刀 8 下移将生坯与面带切断。动作执行机构带动印模支架 5 上移时，弹簧 4 伸长，已成型的生坯通过印模从切刀腔内顶出，余料推板 11 将黏附在切刀上的余料推掉，然后随印模一起上升，至此完成一次冲印操作。

（三）生产能力

生产能力 G 由下式计算确定

$$G=3600nZ\eta_s/k \quad (\text{kg/h}) \tag{8-1}$$

式中，n 为印模冲印次数，次/s；Z 为每组印模个数；η_s 为成品率，常取 $\eta_s=0.97$；k 为每千克成品饼干块数，块/kg。

二、辊印式饼干成型机

辊印式饼干成型机主要适用于高油脂酥性饼干的加工，同时也可用以桃酥类糕点的加工。该设备辊印成型连续，工作平稳，无冲击，振动及噪声小，并且不产生边角余料。整机结构简单、紧凑、操作方便。

（一）结构

辊印式饼干机结构如图 8-6 所示，由成型脱模机构、生坯输送带、传动系统及机架等组成。成型脱模机构由喂料辊、印模辊、分离刮刀、帆布脱模带及橡胶脱模辊等组成。喂料辊与印模辊由齿轮传动，相向回转，橡胶脱模辊通过紧夹在两辊之间的帆布脱模带产生的摩擦，由印模辊带动同步回转。橡胶脱模辊是在铁芯外层嵌入无毒橡胶。

（二）辊印成型原理

辊印成型脱模机构原理如图 8-7 所示。工作时，喂料辊与印模辊等速相向回转运动，将料斗中面料带入两辊间，而后，喂料辊将面料压入印模辊上的凹模中，刮刀刮掉凹模表面多余面料，随模辊转动，凹模中饼干生坯转至帆布脱模带处，受橡胶脱模辊的挤压作用，凹模中生坯被黏附在帆布脱模带上，从凹模中脱落，并由帆布脱模带转入生坯输送带。

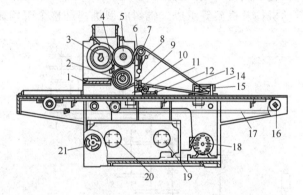

图 8-6　辊印式饼干机结构

1—接料盘；2—橡胶脱模辊；3—喂料辊；4—分离刮刀；5—印模辊；6—间隙调节手轮；7—张紧轮；8—手柄；9—手轮；10—机架；11—刮刀；12—余料接盘；13—帆布脱模带；14—尾座；15—调节手轮；16—输送带支承轴；17—生坯输送带；18—电动机；19—减速器；20—无级变速器；21—调速手轮

辊印式饼干成型机出料端结构如图 8-8 所示，饼干生坯从帆布脱模带过渡到生坯输送带时，因其水分含量较高，黏度很大。通常将帆布脱模带出料端的导向带轮取消，用出料板 2 代替。帆布脱模带与饼干生坯输送带的夹角（锐角）以 $10°\sim15°$ 为宜。

（三）辊印饼干成型机传动原理

图 8-9 为辊印饼干成型机的传动系统图，由电动机 1 经一级 V 带传动（带轮 2、3）至无级变速器 4，再经三级齿轮传动和一级链轮传动至喂料辊 12 转动，喂料辊轴再经齿轮 16、17 带动印模辊 14 转动；同时通过链轮 18、19 带动生坯输送带运动。印模辊与橡胶脱模辊之间夹有帆布脱模带，通过它们两两之间的摩擦力，带动帆布脱模带运动。无级变速器 4 是为了保证生坯输送带与后续烤炉输送网带生产节拍一致。

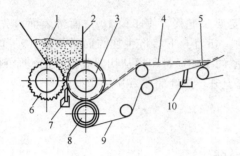
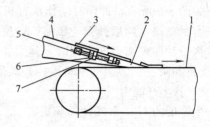

图 8-7　成型脱模机构原理

1—粉料；2—料斗；3—印模辊；4—饼干坯；

5—帆布带楔块；6—喂料辊；7，10—刮刀；

8—橡胶脱模；9—帆布脱模带

图 8-8　成型机出料端结构

1—生坯输送带；2—出料板；3—饼干生坯；

4—帆布脱模带；5—张紧螺杆；

6—锁紧螺母；7—机架

三、辊切式饼干成型机

辊切式饼干成型机主要用于苏打、韧性和酥性饼干的加工。该机生产效率高，振动小，噪声低，加工精度高。

（一）结构

辊切式饼干成型机结构如图 8-10 所示，主要由压片机构、辊切成型机构、余料回收机构、传动机构及机架等组成。辊切成型机构是整个辊切成型机的核心部件。

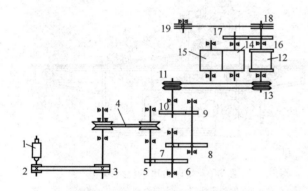
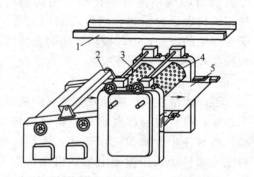

图 8-9　辊印饼干机传动系统图

1—电动机；2，3—带轮；4—无级变速器；

5～10，16，17—齿轮；11，13，18，19—链轮；

12—喂料辊；14—印模辊；15—橡胶脱模辊

图 8-10　辊切式饼干成型机结构

1—余料回收机构；2—撒粉机；3—印花辊；

4—辊切辊；5—帆布脱模带

辊切成型机构如图 8-11 所示，由印花辊、辊切辊、脱模辊、帆布脱模带等组成。印花辊与辊切辊直径、长度相等，两辊内层均为铁芯，外层分别嵌入聚碳酸酯印花模和辊切模。也可采用将印花辊和辊切辊合成一个辊的结构形式。

（二）辊切成型原理

工作时，面带经压片机构辊压后形成光滑、平整、均匀的面带。一般在成型机构前设置一段缓冲输送带，在该处面带呈松弛状，使面带内部的内应力释放消除，避免饼干生坯收缩变形。面带随后进入印花辊、辊切辊，印花辊印出花形、辊切辊切下饼干生坯，同时帆布脱模带将饼干生坯粘脱下来。为了避免印花和辊切错位，要求印花辊上的印花模和辊切辊上的辊切模的初始相位相等，两辊的线速度相同。

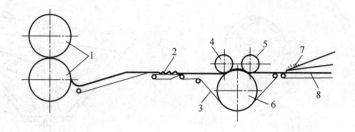

图 8-11　辊切成型机构

1—定量辊；2—波纹状面带；3—帆布脱模带；4—印花辊；5—辊切辊；

6—脱模辊；7—余料回收机构；8—饼干生坯

第三节　搓圆成型机械与设备

食品搓圆成型通过物料与载体接触并随其运动，在载体搓揉作用下逐步变形成球状或圆柱状。在食品加工中，需要搓圆操作的有很多，如面包、馒头、糕点、汤圆及糖果等的搓圆。

对面类食品进行搓圆，主要作用是使表皮组织细密、均匀，内部气体均匀分散，在饧发阶段面团内部气体不易散出，气体在内部膨胀，使内部组织形成多孔结构并呈膨松状。

用于食品搓圆的方法与设备主要有伞形搓圆机、锥桶形搓圆机、输送带式搓圆机、水平搓圆机及网格搓圆机等。

一、伞形搓圆机

（1）结构　伞形搓圆机结构如图 8-12 所示。主要由搓圆成型机构、撒粉机构、传动系统及机架等组成。

搓圆成型机构由转体和螺旋导板构成。转体安装在主轴上随主轴转动，螺旋导板固定在支架上，转体表面与螺旋导板弧形凹面配合构成面团运动的螺旋导槽。撒粉机构由连杆、撒粉盒等组成。转体顶盖 16 上有一偏心孔，连杆与此偏心孔球铰接，使撒粉盒 13 做径向摆动撒粉。

（2）搓圆成型原理　工作时，转体由传动系统驱动做旋转运动。定量面团落入转体底部，受摩擦力和离心力的作用，面团欲沿转体切向运动，但受螺旋导板的限制，仅能沿导槽螺旋向上滚动。在螺旋槽滚动过程中，面团一方面绕转体公转，另一方面还自转。受螺旋导槽

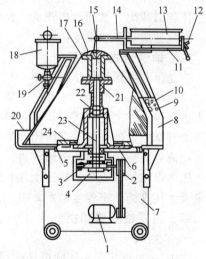

图 8-12　伞形搓圆机结构简图

1—电动机；2—带轮；3—蜗轮；4—蜗轮箱；5—主轴支承架；6—轴承座；7—机架；8—支架；9—调节螺钉；10—固定螺钉；11—控制板；12—开放式翼形螺栓；13—撒粉盒；14—轴；15—拉杆；16—顶盖；17—转体；18—储液桶；19—放液嘴；20—托盘；21—法兰盘；22—轴承；23—主轴；24—连接板

和转体的挤压与摩擦搓揉作用，面团被搓圆并从转体上部滚出（图 8-13）。由于转体是一个圆锥体，面团在螺旋导槽中的滚动速度会越来越慢，容易产生前后两面团粘连现象，形成双生面团。为了将双生面团分离出来，在出口处装有挡板限制双生面团通过，使其继续向前滚动，经大出口落入回收箱。伞形搓圆机的搓圆成型质量好。

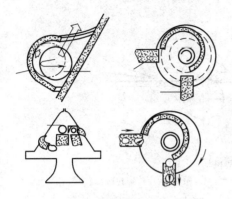

图 8-13　搓圆成型原理与过程

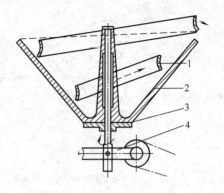

图 8-14　锥桶形搓圆机工作简图
1—螺旋导槽；2—锥桶转体；3—主轴；4—蜗轮减速器

二、锥桶形搓圆机

锥桶形搓圆机的结构与伞形搓圆机类似，只是其回转载体为锥桶形状，固定导板与转体构成的螺旋导槽在锥体内侧，且上大下小，如图 8-14 所示。搓圆机工作时，面团落入锥桶转体 2 底部，然后在离心力及摩擦力的作用下，沿螺旋导槽自下而上滚动；经搓揉形成球状生坯后，由锥体顶部卸出。锥桶形搓圆机在操作过程中，面团滚动速度由慢渐快，所以不会出现双生面团，但成型质量不如伞形搓圆机。

三、输送带式搓圆机

输送带式搓圆机的结构如图 8-15 所示。内有凹弧面的导板 2，通过支架 3 固定在输送带上方，导板与输送带的夹角 α 可调。搓圆机工作时，输送带水平移动，切块机输出的定量面块 1 落入输送带上并随之前进；当遇到导板凹弧面后，在输送带摩擦力、面团重力、固定导板凹面正压力和摩擦力的作用下，面团在导板导槽内斜向滚动，从而逐渐搓揉成为球状生坯 5。球状生坯脱离导板后随输送带继续前进。

输送带式搓圆机具有输送生坯和搓圆操作双重作用，生产能力较大。但受结构限制，搓圆效果及生坯表面致密程度稍差，占地面积较大，主要适合于搓制糕点生坯。

四、盘式馒头搓圆机

（一）结构

图 8-16 为盘式馒头搓圆机结构原理图。由定量切块机构、旋转圆盘搓圆成型机构及传动

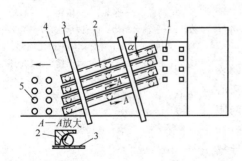

图 8-15　输送带式搓圆机
1—定量面块；2—导板；3—支架；4—
输送带；5—球状生坯

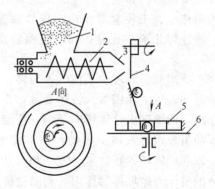

图 8-16　盘式馒头搓圆机结构原理图
1—面斗；2—螺旋挤出器；3—锥形出面嘴；
4—切断刀片；5—导向轨道；6—旋转圆盘

系统等组成。导向板的导向轨道为阿基米德螺旋线，固定在机架上。

（二）工作原理

工作时，面斗内的面团经螺旋挤出器 2 将面团向前输送，由于料筒出口呈锥形，面团在出口处被挤压成致密的组织结构。出口处的旋转切刀将连续面柱定量切成面块，面块大小可通过调节手柄改变出口口径大小或旋转切刀的转速快慢来控制。面块落入固定导向轨道的螺旋槽中，在沿螺旋槽向出口处滚动过程中，受旋转圆盘的离心力、摩擦力和固定轨道侧壁的挤压力、摩擦力作用，面团被逐渐搓揉成球状。

第四节　包馅成型机械与设备

食品中含馅食品所占比例相当大，如包子、饺子、汤圆、水饺、馄饨等。随食品工业的迅速发展，一些专用的包馅成型机逐渐替代了传统的手工制作。含馅食品的结构形式及种类多且复杂，目前绝大多数的包馅食品均有各自专用的包馅成型机。

一、包馅成型基本方法

包馅成型的基本方法有转盘式、注入式、共挤式、剪切式和折叠式。

（1）转盘式［图 8-17（a）］　面坯首先被压成凹形，将馅料放入后，由一对成型圆盘对其进行搓制，逐渐完成封口与成型。成型过程稳定、柔和，通用性好，通过更换成型圆盘可制作不同规格的产品，适宜于皮料塑性好而馅料质地较硬的球形产品。

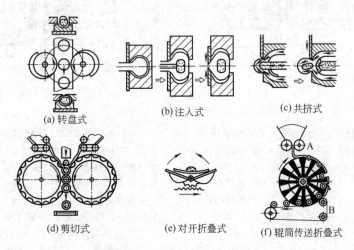

(a) 转盘式　　(b) 注入式　　(c) 共挤式

(d) 剪切式　　(e) 对开折叠式　　(f) 辊筒传送折叠式

图 8-17　包馅成型方式

（2）注入式［图 8-17（b）］　馅料经注入嘴挤入面坯心部，然后被封口、切断，适用于馅料流动性较好、皮料较厚的产品。

（3）共挤式［图 8-17（c）］　面坯和馅料分别从双层筒中挤出，在一定长度时被切断，同时封口成型，适用于皮料及馅料塑性及流动性相近的产品。

（4）剪切式［图 8-17（d）］　压延后的两条面带从两侧连续供送，进入一对同步相向旋转、表面有凹模的辊式成型器，预制成球形的馅料被送至两面带之间的凹模对应处，随着转辊的转动，在两辊的挤压作用下顺序完成封口、成型和切断。适用于馅料塑性低于皮料的产品。

（5）折叠式［图 8-17（e）］　模仿各种人工折叠裹包，适用于结构和形状较为复杂的产品。图中所示为对开折叠式，通过齿轮齿条传动进行折叠包馅成型。将压延后的面坯冲切出规定形状后，放入馅料，然后经折叠完成封口及成型。这种机械适宜于有封边的产品，如饺子。

图 8-17(f) 为辊筒传送折叠式包馅成型机构，滚筒表面开有凹模，分别由分配阀控制与大气或真空相通。馅料落入面坯后，当压延后的面带经一对轧辊送到圆辊凹模 A 处时，因凹模与真空系统接通，面坯被吸成凹形，随着圆辊的转动，固定的刮刀将凹模周围的面坯刮起，封住开口处。当转到 B 处时，凹模的真空解除，成型产品落到输送带上送出。

二、灌肠感应式包馅成型机

（一）结构

图 8-18 为灌肠感应式包馅成型机的结构简图。该机的用途较广，主要用于包子、含馅糕点的制作，具有多功能特性。灌肠感应式包馅成型机主要由输面机构、输馅机构、成型机构、撒粉机构、传动系统及机身等部分组成。输面机构由馅斗、一对水平螺旋输送机及一个垂直螺旋输送机组成。输馅机构由馅斗、一对水平螺旋输送机、一对压辊及叶片泵组成。成型机构由一对回转成型盘、托盘及复合嘴等组成。成型盘是其中最重要的零件之一，其结构很特殊，它的外表面由类似凸轮状与螺旋状的结合构成，可理解成螺旋凸轮结构。

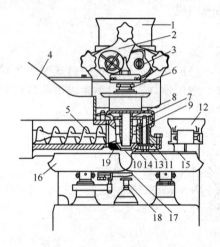

图 8-18　灌肠感应式包馅成型机结构简图

1—供馅料斗；2—喂馅控制泵；3—供馅螺旋输送机；4—供面料斗；5—供面螺旋输送机；6—供馅导管；7—混合嘴驱动齿轮；8—回转支座；9—回转嘴；10—回转环；11—混合嘴；12—面粉斗；13—面粉刷；14—撒粉销钉；15—撒粉盘；16—成型盘；17—成品拨料杆；18—平衡盘；19—止推垫片

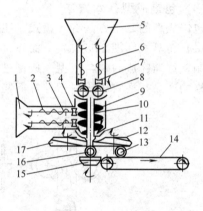

图 8-19　棒状成型包馅机

1—面坯料斗；2—水平面坯供送螺旋；3—切刀；4—面坯压辊；5—馅料斗；6—垂直馅料供送螺旋；7—馅料压辊；8—馅料供送叶片泵；9—垂直面坯供送螺旋；10—中间输馅管；11—皮料转嘴；12—右成型盘；13—包馅食品；14—输送带；15—回转托盘；16—加工中的产品；17—左成型盘

（二）成型工作原理

可以将整个包馅成型的过程分成棒状成型和球状成型两个阶段。

（1）棒状成型　馅料由馅料斗 5 顺序通过垂直馅料供送螺旋 6、馅料压辊 7 和馅料供送叶片泵 8（图 8-19），被压送到垂直面坯供送螺旋 9 的中间输馅管 10 内。与此同时，经捏和机制得的面团放入面坯料斗 1 后，由水平面坯供送螺旋 2 送出，被切刀 3 切割成小块后，由面坯压辊 4 压成片状皮料并压向垂直面坯供送螺旋 9，向下推送到皮料转嘴 11 前端，皮料被垂直面坯供送螺旋 9 继续推挤在行进过程中正好将中间输馅管 10 内的馅料包裹在里面，形成棒状夹心，完成棒状成型。棒状夹心半成品继续向下运行，经左成型盘 17 和右成型盘 12 时封口、成型、切断后掉落在回转托盘 15 上，包馅食品 13 被输送带 14 送出。

（2）球状成型　棒状夹心产品经由两个成型盘制成球形。所使用的成型盘的基本结构如图8-20 所示。成型盘的周向表面整体呈螺旋线形，半径、轴向尺寸及螺旋升角都是变化的，因此螺旋面将随棒状产品的下降而下降。同时向中心收口，使得与之接触的皮料逐渐向中心流动，从而在完成封口和搓圆成型之后，成型盘将产品切断。成型盘的螺旋线有1头、2头和3头等结构。螺旋线的头数越多，制得的产品越小，单位时间内生产的产品的数量越多。球状成型盘作业过程见图8-21。

图 8-20　球状成型盘结构

三、馄饨成型机

馄饨成型机模拟人工包制馄饨的动作过程。用机械代替手工，是另一种典型的拟人动作成型机。

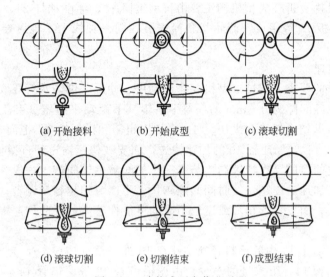

(a) 开始接料　　(b) 开始成型　　(c) 滚球切割

(d) 滚球切割　　(e) 切割结束　　(f) 成型结束

图 8-21　球状成型盘作业过程

（一）结构

馄饨成型机的结构如图8-22所示，主要由制皮机构、供馅机构、折叠成型机构及传动系统等组成。

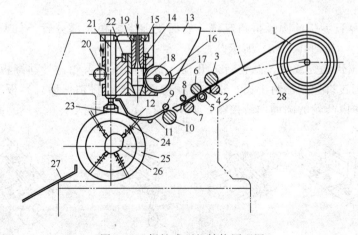

图 8-22　馄饨成型机结构原理图

1—面带；2—下浮动平整辊；3—上浮动平整辊；4—导板；5—纵切底辊；6—纵切辊；7—横切底辊；8—横切辊；9—浮动压辊；10—加速辊；11—翻板；12—盲型板；13—馅斗；14—馅管；15—下馅冲杆；16—螺旋叶片；17—刮刀；18—进馅口；19—连接板20—齿轮；21—齿条；22—调馅齿条；23—浮动导柱；24—浮动顶杆；25—盲型辊筒；26，27—凸轮；28—弹簧

（1）制皮机构　制皮机构主要由纵切底辊 5、纵切辊 6、横切底辊 7、横切辊 8、加速辊 10 及面带支架等组成。纵切辊上安装 3 把圆盘切刀，各切刀间距为 90mm。纵切底辊在与刀对应的位置开设 3 条凹槽。横切辊上沿轴向装有一把切刀，刃口处圆周长为 80mm。刀片材料采用耐锈蚀工具钢制造，一般选用 Cr13 不锈钢。各辊表面既要求光滑平整，又要能与面带间产生足够的摩擦，防止输送过程中打滑。

（2）供馅机构　供馅机构主要由馅斗 13、左右对称分布的螺旋叶片 16、馅管 14、下馅冲杆 15、齿轮 20、齿条 21、调馅齿条 22 及简易柱塞气泵等组成。齿条 21 通过连接板 19 与下馅冲杆 15 固接成一体。馅管 14 侧表面铣有梯形通槽。柱塞的往复行程通过连杆机构实现。

（3）折叠成型机构　折叠成型机构主要由盲型辊筒 25、浮动顶杆 24、浮动导柱 23、盲型板 12、凸轮 26 及翻板 11 等组成。凸轮与辊筒安装在同一轴线上。辊筒导槽内的浮动顶杆上装有复位弹簧。

（二）成型工作原理

按设计工艺动作的要求，馄饨成型机要完成制皮、冲压、供馅及折叠成型等三项操作。

（1）制皮　面带经间隙为 0.8mm 的一对平整辊（下浮动平整辊 2 和上浮动平整辊 3）导入进入制皮机构，由纵切底组 5 和纵切辊 6、横切底组 7 和横切辊 8，把面带切成两块 80mm× 90mm 的馄饨面皮。然后经加速辊 10 的加速输送，面皮被快速输送到盲型板 12 上定位待用。

加速辊快速送皮的目的是在连续制皮与下一步的间歇供馅间产生一段缓冲时间，以避免两者间出现干涉现象。加速送皮越快，时间间隔越长，生产节拍越容易调整；但面皮输送线速度越快，惯性冲击越大，面皮变形损坏或定位不准的可能性越大。因此加速辊的直径与转速应控制适当。

（2）冲压供馅　馅斗 13 内的馅料经螺旋叶片 16 推移至进馅口 18，与此同时，刮刀 17 将进馅口处馅料压入馅管 14。压入量的多少，由调馅齿条 22 带动馅管 14 转位，即通过改变进馅口 18 的开口大小来调节。当馅料进入馅管 14 内后，为克服由于馅料的黏滞性所引起的内外粘接现象，由齿轮 20、齿条 21 带动下馅冲杆 15，将定量馅料下压至出馅口处。而后再由柱塞泵产生的压缩空气瞬时喷入馅管，将馅料吹落在盲型板上的面皮上。至此完成一次间歇供料。

（3）折叠成型　馄饨成型机折叠成型由定位、一次对折、二次对折、U 形折弯及搭角冲合五个工步完成。

① 定位。依靠盲型板的圆弧折角定位，使面皮前半段稍长部分置于盲型板上，后半段稍短部分置于翻板上，如图 8-23(a) 所示。

② 一次对折。供馅完成后，凸轮转入升程，驱动齿条和齿轮，带动翻板逆时针转动，将其上的面皮向内翻转折叠到馅料上面。稍许停顿待面皮被馅料粘住后，翻板顺时针转动复位。翻板的整个行程均由凸轮的圆周曲线控制，如图 8-23(b) 所示。

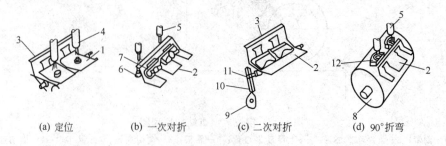

(a) 定位　　(b) 一次对折　　(c) 二次对折　　(d) 90°折弯

图 8-23　折叠成型示意图

1—面带；2—翻板；3—盲型板；4—馅管；5—齿条式搭角冲杆；6—浮动导柱；7—浮动顶杆；
8—盲型辊筒；9—凸轮；10—齿条；11—齿轮；12—馄饨

③ 二次对折。一次对折完成后，处在间歇状态的盲型辊筒逆时针转动 90°。浮动顶杆 24 在随辊筒转动的同时，又受固定凸轮推动作用而沿其导槽外伸，将上一次对折的夹馅面皮沿盲型板斜面向上翻折，使馅料被包在里面，形成条状生坯，完成第二次对折，如图 8-23（c）所示。

④ U 形折弯。二次对折完成后，条状生坯由顶杆推动继续向前运动。穿过盲型板上的盲型孔时，生坯被初步折弯，接着又被固定在盲型板后的间距为一个馄饨宽的两只浮动导柱进一步折弯，从而使条状生坯变为 U 形，如图 8-23（d）所示。

⑤ 搭角冲合。折弯完成后，盲型辊筒又进入转位间歇状态。这时，两只 U 形生坯恰好位于齿条式搭角冲杆的下方。冲杆在齿轮的驱动下，在下馅冲杆进行冲馅的同时，快速向下运动，将 U 形生坯内侧两角搭接冲合成一体。之后，齿条式搭角冲杆复位，盲型辊筒继续转动 90°，将成型后的馄饨生坯沿滑板送入接料盘中。至此，完成一对馄饨的成型操作。

第九章　杀菌机械与设备

第一节　立式、卧式杀菌锅

一、立式杀菌锅

立式杀菌锅属加压间歇式杀菌设备。不盖锅盖，也可用于常压间歇杀菌。目前，是国内中小型罐头厂普遍采用的杀菌设备之一，如图9-1所示。

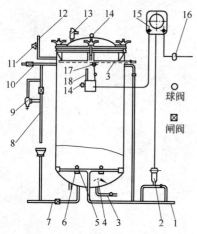

图 9-1　立式杀菌锅

1—蒸汽管；2—薄膜阀；3—进水管；4—进水缓冲板；5—蒸汽喷管；6—杀菌篮支架；7—排水管；8—溢水管；9—保险阀；10—排气管；11—减压阀；12—压缩空气管；13—安全阀；14—卸气阀；15—调节阀；16—空气减压过滤器；17—压力表；18—温度计

（一）锅体

锅体用钢板压制成圆筒后焊接而成，底部封头多为球形。内壁装有垂直导轨，使杀菌篮与内壁保持一定距离，以利水的循环。锅口周边铰接有与锅盖槽孔相对应的蝶形螺栓，作为夹紧锅盖和锅体的构件。锅口的边缘凹槽内嵌有密封填料，保证杀菌时密封良好。为减少热损失，最好在锅体外包上一定厚度的石棉保温层。

锅内径约1m，深度视装篮数量而定，但需使锅内热量分布均匀。最上面一个吊篮与锅盖距离约250mm，冷却水管应装在放入实罐后离罐盖约100mm处的位置，溢流水管要高于冷却水管约50mm，杀菌时锅体上方要留有一定的顶隙。

锅体一般安装在地坑中，下置约800mm，上安装温度计，底部有吊篮支架。

（二）锅盖

锅盖为椭圆形封头，铰接于锅体后部边缘，圆周边缘均匀地分布着槽孔，数量与锅体上的蝶形螺栓对应，以紧闭锅盖和锅体。拧开蝶形螺栓，锅盖可借助平衡锤开启。

另需配备起吊工具或设备、杀菌吊篮、仪器仪表、空气压缩机等附属设备。空气压缩机是在反压杀菌和反压冷却时，从压缩空气管通入压缩空气用的，目的是为了在杀菌、冷却时，平衡罐头内外的压力，避免跳盖、变形等事故发生。

二、卧式杀菌锅

卧式杀菌锅属间歇加压杀菌设备，在中小型罐头厂中应用较广泛，如图9-2所示。

（一）锅体

锅体为钢板制成的卧式圆柱形筒体，一端为椭圆封头，另一端铰接一锅盖。杀菌锅内下部装有小车进出轨道，此轨道与车间地面同高，方便小车推进卸出。蒸汽管装在轨道之间，较轨道低。锅体一般置于地坑内，以利水的排放。

（二）锅门

锅门为椭圆形封头，铰接于锅体上，向一侧转动开闭。门外径较锅体口稍大，锅体口端面

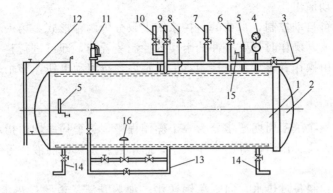

图 9-2 卧式杀菌锅

1—锅体蒸汽管；2—锅门；3—溢水管；4—压力表；5—温度计；6—回水管；7—排气管；

8—压缩空气管；9—冷水管；10—热水管；11—安全阀；12—水位表；13—蒸汽管；

14—排水管；15—卸气阀；16—薄膜阀

有一圆圈凹槽，槽内嵌有弹性而耐高温的橡皮圈，门和锅体的铰接采用自锁楔形块锁紧装置，即在转环及门盖边缘有若干组楔形块，转环上配有几组活动滚轮，使转环可沿锅体转动自如。门关闭后，转动转环，楔合块就能互相咬紧而压紧橡胶圈，实现锁紧和密封。转环反向转动时，楔合块分开，门即开启。

卧式杀菌锅亦需配备进出锅设备、吊篮、仪器仪表、空气压缩机等附属设备。

第二节　回转式杀菌机械

该设备能使罐头在杀菌过程中处于回转状态，全过程由程序控制系统控制，主要参数如压力、湿度和回转速度等均可自动调节与记录，属间歇式杀菌设备。

一、结构

如图 9-3 所示，热水锅 2 用于制备杀菌锅使用的过热水，为圆筒形密闭容器。自动装篮机把罐头装入杀菌篮 5 内，每层罐头之间用带孔的软性垫板隔开。用小车将杀菌篮送入锅内带有滚轮的轨道上。锅内装满杀菌篮时，用压紧机构将罐头压紧固定，再挂上保险杆，以防杀菌完

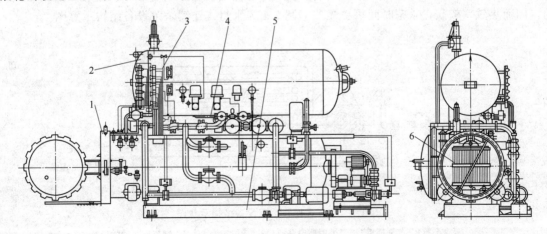

图 9-3 回转式杀菌锅

1—杀菌锅；2—热水锅；3—控制管路；4—水汽管路；5—杀菌篮；6—控制柜

毕启锅时杀菌篮自动溜出。

回转式杀菌锅可自动控制，目前的自控系统大致分为两种形式：第一种是将各项控制参数表示在塑料冲孔卡上，操作时只要将冲孔卡插入控制装置内，即可进行整个杀菌过程的自动程序操作；第二种是由操作者将参数在控制盘上设定后，按启动电钮，整个杀菌过程也就按自动程序操作。

二、工作过程

回转式杀菌锅一次杀菌周期通常分为 8 个操作程序，每个程序均由指示器显示。有些设备每个程序中的阀门、泵、压缩机等的工作状态，储水锅和杀菌锅的液位等参数还可以从控制流程盘上清楚地显示出来。

这 8 个程序是：制备过热水；向杀菌锅送水；加热升温；杀菌；热水回收；冷却；排水；启锅。

三、杀菌特点

（1）杀菌均匀　由于回转杀菌篮的搅拌作用，加上热水由泵强制循环，使锅内热水形成强烈的涡流，水温均匀一致，达到产品杀菌均匀的效果。

（2）杀菌时间短　杀菌篮回转，传热效率提高，对内容物为流体或半流体的罐头更显著。

（3）有利于产品质量的提高　由于罐头回转，可防止肉类罐头油脂和胶冻的析出，对高黏度、半流体和热敏性的食品，不会产生因罐壁部分过热形成黏结等现象，可以改善产品的色、香、味，减少营养成分的损失。

（4）由于过热水重复利用，节省了蒸汽。

（5）杀菌与冷却压力自动调节，可防止包装容器的变形和破损。

其主要缺点是：设备较复杂；投资较大；杀菌过程热冲击较大。

第三节　水封式连续高压杀菌设备

近年来，罐头生产线正向高速度处理产品方向发展，最快杀菌速度达每分钟 1000 罐以上。还有一个特点是以高温短时杀菌为主。同时，以转动杀菌代替静止杀菌已成为必然的趋向。水封式的特点是设计了一种叫鼓形阀（或叫水封阀）的装置，它可使罐头不断进出杀菌室中，而又能保证杀菌室的密封，保持杀菌室内的压力与水位的稳定。该设备在杀菌过程中罐头是滚动的，因而热效率较高，杀菌时间可更短些。图 9-4 为水封式连续杀菌设备结构示意图。

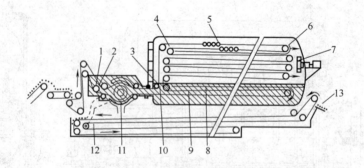

图 9-4　水封式连续杀菌设备结构示意图

1—水封；2—输送链；3—杀菌锅内液面；4—加热杀菌室；5—罐头；6—导轨；

7—风扇；8—隔板；9—冷却室；10—转移孔；11—水封阀；

12—空气或冷却水区；13—出罐处

罐头从自动供罐装置进入输送链上，然后进入鼓形阀（水封阀）11，鼓形阀浸没水中，因此称为水封式。水封阀如图 9-5 所示。

从鼓形阀进入杀菌室中的罐头，由环式输送链的传送器带动，在杀菌室内折返数次进行杀菌，因此设计了一条平板链（或导轨），罐头就搁在其上，平板链运动方向与传送器相反，由于传送器与平板链之间的相对运动，所产生的摩擦力使罐头回转，回转的速度因产品不同而不同，一般为 10～30r/min。若不需回转时，则可去掉传送器下面的导轨，或使平板链运动方向与传送器一致且线速相同即可。通过改变罐头的转数可调节罐头的加热量，因此，在调换品种时，杀菌时间可以不变，改变罐头回转数即可。

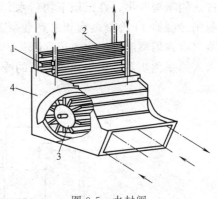

图 9-5　水封阀
1—输送链；2—传送器；3—水封
阀密封部；4—外壳

罐头经杀菌室杀菌后进入加压冷却槽，杀菌室与加压冷却室之间用钢板隔开，并包上绝缘性能好的绝缘材料。从外表看好像是一个整体的锅，而实际上锅分两层，上层为杀菌室，下层为加压冷却室。冷却室要经常补充冷水，并且使其强制循环。加压冷却后的罐头从鼓形阀中出来在传送器上进行常压冷却，罐头在这里仍然保持自身的滚转，以达到快速冷却的目的。当冷却至温度 40℃ 左右时，罐头从自动排罐装置中排出，从而完成整个杀菌冷却的过程。

第四节　超高温瞬时灭菌设备

超高温瞬时灭菌（UHT）是将食品在瞬间加热到高温而达到灭菌目的的。此法将通常杀菌温度从 120℃ 提高到 135～145℃，仅需 3～5s 就可将微生物孢子完全杀灭。随着杀菌温度的升高，微生物孢子致死速度远比食品质量受热发生化学变化而劣变的速度快，因而瞬间高温可完全灭菌但对食品质量影响不大，几乎可保持食品原有的色、香、味，这对牛乳、果蔬汁等热敏性食品尤为重要。

超高温瞬时灭菌设备主要由预热器、杀菌器、冷却器、均质机和原地清洗设备（CIP）组成。流体食品由泵和均质机连续输送进行预热、杀菌、冷却加工并送到无菌包装机包装，工艺程序和参数全部为自动控制。CIP 设备则在设备开机前和关机后对全套设备包括管路、泵和包装机进行程序控制清洗，保证设备无菌运转。

UHT 有直接加热灭菌法和间接加热灭菌法两种。直接加热灭菌法是用蒸汽或电阻管直接加热物料，传热效率高，但不易控制；间接加热灭菌法是加热介质通过热交换器进行加热。无论何种方式的 UHT 设备均必须保证物料瞬时超高温灭菌和加热后迅速冷却，以保证食品质量。

一、直接加热超高温瞬时灭菌设备

（一）蒸汽加热式

有两种类型的蒸汽加热器——喷射式加热器和注入式加热器。喷射式加热器把蒸汽喷射到物料中；注入式加热器则是把物料注入蒸汽气流中。

（1）喷射式超高温灭菌　喷射式超高温灭菌有多种类型，其基本原理是将蒸汽喷射到物料中，使物料迅速加热到 140℃ 左右，随后通过真空罐瞬间冷却到 80℃，图 9-6 是其工艺流程图。物料由供液泵 1 从平衡槽中抽出，经第一预热器 2 进入第二预热器 3，物料温度升高至 75～80℃，由供液泵泵 4 抽出，经自动料液流量调节阀 5 送到蒸汽喷射加热器 6，在该处向物料内喷入压力为 1MPa 的蒸汽，瞬间加热到 150℃。在保温管中保持这一温度约达 2.4s，然后进入闪蒸罐 9 中，在低压下物料水分急速蒸发而消耗热量，物料温度被急速冷却到 77℃左右。利用冷凝器 14 冷凝蒸汽和由真空泵 15 抽出不凝气体使闪蒸罐保持一定真空度。喷入物料中的蒸汽应在闪蒸罐中汽化时全部除去，同时带走可能存在物料中的一些臭味。排出的蒸汽一部分送入第一预热器 2 用于预热进入的冷物料。

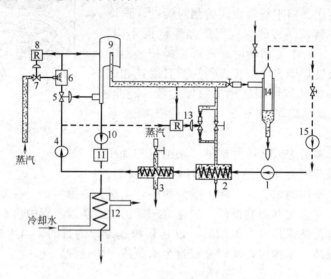

图 9-6　直接蒸汽喷射灭菌装置流程图

1，4—供液泵；2—第一预热器；3—第二预热器；5—自动料液流量调节阀；6—蒸汽喷射加热器；

7—自动蒸汽流量调节阀；8—记录仪；9—闪蒸罐；10—无菌泵；11—无菌均质机；

12—冷却器；13—自动二次蒸汽流量调节阀；14—冷凝器；15—真空泵

（2）注入式超高温灭菌　注入式超高温灭菌也有多种类型，其原理是：把物料注入到过热蒸汽加热器中，由蒸汽瞬间加热到灭菌温度而完成灭菌过程，与蒸汽喷射式相似。

图 9-7 是其工艺流程图。物料用泵 1 从平衡槽输送到第一预热器 2 与来自闪蒸罐 5 的热水进行热交换，然后经第二预热器进一步被加热器 4 排出的废蒸汽加热到 75℃。最后物料注入加热器 4，加热器内充满温度约为 140℃的过热蒸汽，且利用调节器 T_1，保持这一温度恒定。预热物料从喷头喷出细小微粒溅落到容器底部时，瞬间加热到灭菌温度，水蒸气、空气及其他挥发性气体一起从顶部排出，进入第二预热器 3，预热由第一预热器 2 来的物料。加热器 4 底部的热物料在压力作用下强制喷入闪蒸罐 5，因突然减压而急骤膨胀，使温度很快降至 75℃左右并蒸发水分，恢复至物料原有的水分。与此同时，大量水蒸气从闪蒸罐顶部排出，在第一预热器 2 处冷凝，从而在闪蒸罐内造成部分真空。用真空泵 8 将加热器和闪蒸罐的不凝性气体抽出，还会进一步降低两容器内的压力。聚集在闪蒸罐底部的无菌物料用无菌泵 6 抽出，进入无菌的冷却器 7 中用冰水冷却至 4℃，再送到无菌包装机包装。

（二）电阻加热式超高温灭菌设备

电阻加热器超高温灭菌流程如图 9-8 所示。该系统特点是物料加热部分采用电阻加热，冷却部分采用常规热交换器。根据物料特性选择相应的片式、管式或刮板式热交换器，两者结合，最大限度地体现电阻加热的优点，并对物料中的颗粒块形结构损伤程度最小。投产前需对系统中无菌集液罐 5、无菌产品罐 6 及连接管阀等进行高温蒸汽消毒灭菌；电阻加热器 2、保温管 3 和冷却热交换器 4 的预消毒杀菌采用一定浓度的硫酸钠溶液（溶液浓度使导电率与加工物料接近）。灭菌液由进料泵 1 通过电阻加热器 2、保温管 3、冷却热交换器 4 及杀菌消毒液冷

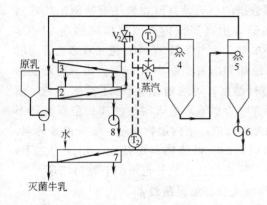

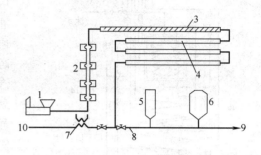

图 9-7　注入式超高温灭菌装置流程图

1—高压泵；2—第一预热器（热水）；3—第二预
热器（蒸汽）；4—加热器；5—闪蒸罐；6—无
菌泵；7—冷却器；8—真空泵；T_1，T_2—
调节器；V_1，V_2—阀

图 9-8　电阻加热器超高温灭菌流程

1—进料泵；2—电阻加热器；3—保温管；4—冷
却热交换器；5—无菌集液罐；6—无菌产品罐；
7—杀菌消毒液冷却交换器；8—通入无菌包装机
管道；9—接无菌包装机；10—杀菌液回流

却交换器 7 回流到进料泵，循环加热并消毒器具。灭菌液的温度由加热器的电流进行调节控制，并由背压阀控制系统背压。消毒灭菌后，灭菌液由热交换器冷却后排放或另行收集。

二、间接式超高温灭菌设备

间接式超高温灭菌设备根据热交换器类型不同有板式、环形套管式、刮板式和列管式几种。

（一）板式超高温灭菌设备

主要部件有换热片、温度调节系统、温度保持器与自动记录仪、饮料泵和热水泵等，如图 9-9 所示。主体部分是由许多带有花纹的换热片依次重叠在框架上压紧而成。工作中，加热（或冷却）介质与料液在相邻两片间流动，通过金属片进行热交换。金属片面积大，流动液层又薄，故传热效果好。换热片的数量根据物料传热系数、流量、初始温度和最终温度以及加热（或冷却）介质等情况而定。

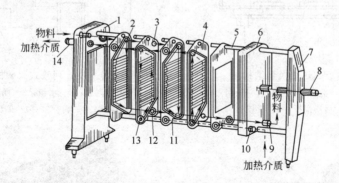

图 9-9　板式换热器结构原理图

1—前支架；2—上角孔；3—橡胶垫圈；4—分界板；5—导杆；6—压紧板；7—后支架；8—压紧螺杆；
9，10—连接管；11—板框橡胶垫圈；12—下角孔；13—换热片；14—连接导管

（二）环形套管式超高温灭菌设备

设备加热器是由 2 根不锈钢管组成的双套盘管，利用内外管间环形间隙进行热交换。

图 9-10 为 RSCG01-4C 型设备的工艺流程图。物料通过供料泵 1 进入双套盘管 2 的外层通

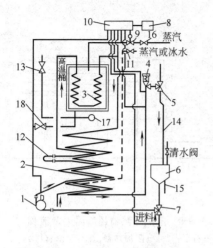

图9-10 RSCG01-4C型环形套管式超高温灭菌设备的工艺流程图

1—供料泵；2—双套盘管；3—加热器；4—背压阀；5，7—气控阀；6—电动蒸汽调节阀；8—微型打字机；9—电动调节阀；10—电脑控制器；11，18—截止阀；12—U形管；13—冷水阀；14—弯管；15—溢流阀；16—蒸汽阀；17—疏水阀

道，与内层通道的已灭菌高温物料热交换而预热，然后进入加热器3由高温桶内蒸汽间接加热到135℃，继而在桶外单旋盘管内保温3～6s，进入双套盘管内层通道被进料冷却到出料温度小于65℃。如工艺需要提高或降低出料温度，可通过截止阀11接通热源（蒸汽）或冷源（冰盐水等）进入附加的加长型双套环形盘管下端的外层通道，使内层物料进一步升温或降温。背压阀4是可调的，可使物料维持在一定压力之下，使其沸点提高防止汽化；此外也可调节物料流量。

（三）刮板式超高温灭菌设备

设备适用于番茄酱等黏性物料或热敏性物料的超高温灭菌和快速冷却。如图9-11所示，在轴圆周方向上布置两排聚四氟乙烯材料活动刮板5，每排3～5块。刮板与筒壁传热面紧密接触，连续刮掉与传热面接触物料而产生强烈的传热面，由于物料在筒内轴向和径向混流而产生强烈的传热效果。工作时加热介质（蒸汽）或冷却介质（水）在夹套内流动，物料由定量泵压送并通过物料筒与搅拌轴之间的环形通道，通过筒壁进行热交换。物料的流动通道约占物料筒面积的20％～40％。通过调节轴的转速、物料流量和冷热介质压力来达到稳定的热交换。

（四）列管式超高温灭菌设备

如图9-12所示，物料泵8将物料从暂存缸6打入灭菌器列管1中，在夹套蒸汽的加热下

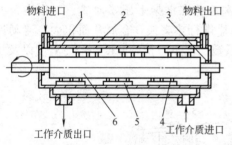

图9-11 刮板式热交换器结构图

1—物料筒；2—夹套；3—轴封；4—刮板销栓；5—活动刮板；6—搅拌轴

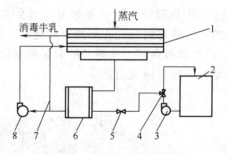

图9-12 列管式灭菌机示意图

1—灭菌器列管；2—水箱；3—循环水泵；4—三通；5—止逆阀；6—暂存缸；7—回流管；8—物料泵

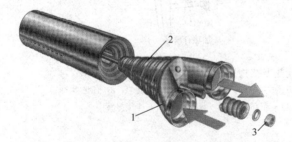

图9-13 列管式杀菌机套管式结构

1—管头；2—O形密封环；3—锁紧螺母

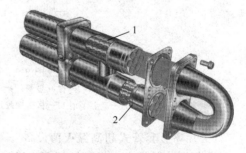

图9-14 列管式杀菌机复式管结构

1—产品管；2—双O形密封环

达到灭菌温度，消毒物料从排出管排出。三通 4 中设有直径 7～8mm 的喷嘴，水流经喷嘴时流速增大，形成真空，开启止逆阀 5，将列管加热蒸汽夹套和暂存缸 6 夹套中的冷凝水和不凝气体一并抽出，使设备传热系数提高。图 9-13、图 9-14 所示为两种列管式结构。

第五节　非热杀菌技术与设备

一、高电压脉冲电场非热杀菌技术与设备

高电压脉冲电场（high-intensity pulsed electric fields，PEF 或 HIPEF）非热杀菌技术是把液态食品作为电介质置于杀菌容器内，与容器绝缘的两个电极通以高压电，产生电脉冲进行间隙式杀菌，或者使液态食品流经脉冲电场进行连续杀菌的加工方法。PEF 技术用于液态食品杀菌是目前杀菌工艺中最为活跃的技术之一，其处理对象是液态或半固态食品，包括酒类、果蔬泥汁、饮料、蛋液、牛乳、豆乳、酱油、醋、果酱、蛋黄酱、沙拉酱等。

（一）高电压脉冲电场非热杀菌的特点

（1）能耗低　杀菌时间短，一般为 μs 到 ms 级，能耗很低，杀死 99％ 的细菌，每毫升所需能量为数十到数百焦耳。每吨液态食品灭菌耗电约为 $0.5～2.0 \mathrm{kW \cdot h}$，是高温杀菌能耗的 1/1000 或 1/100，远远低于超声、微波及其他杀菌方法。

（2）对食品的营养、物性影响小　杀菌时的温升一般小于 5℃，可有效保存食品的营养成分和天然特征。

（3）杀菌效果明显　细菌的存活率可下降 9 个对数周期 $[\lg(N/N_0) = -9$，其中，N、N_0 分别为处理后及处理前的活菌数目] 或更多。若条件掌握得好，杀菌率可达到商业无菌的要求。

（二）高压脉冲电场的基本原理

早在 1915 年就有关于用电处理的牛奶被供应到利物浦的报道。用高电压脉冲来杀灭微生物最先是在 1960 年提出的。Dovenspeck 发展了高电压脉冲的应用，用来击穿食品原料细胞的方法被进一步发展到使微生物失活中。近几年，PEF 技术也在电穿孔、电融合和食品保藏中得到利用。

液态食品原料通常被看成电导体，它们具有很高的离子浓度，可以使电荷移动。为在某食品中产生高强度脉冲电场，就必须在非常短的时间内通过一个大电流，并且由于脉冲之间的时间间隔比脉冲宽度长得多，满足电容的慢速充电和快速放电的特点。常用的脉冲波形主要有指数衰减波形和矩形波形，其电路如图 9-15、图 9-16 所示。图 9-17 是电场杀菌时细胞的感生电势原理图。

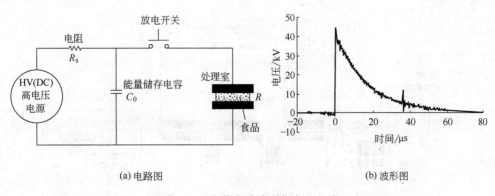

(a) 电路图　　　　　　　　　　(b) 波形图

图 9-15　指数衰减波形与产生电路

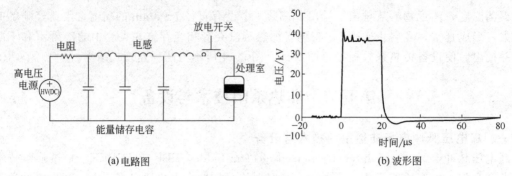

| (a)电路图 | (b)波形图 |

图 9-16　矩形波形与产生电路

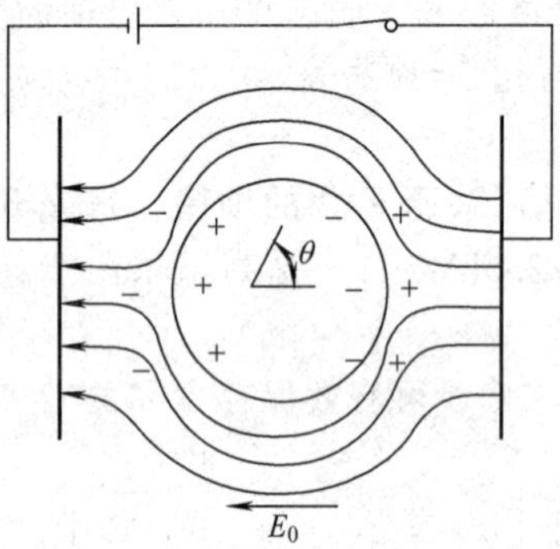

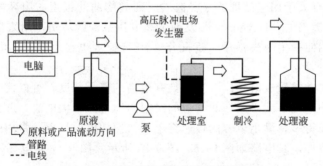

图 9-17　在外加电场作用下产生跨膜电势的感应

高真空管中选择。

（三）高电压脉冲电场的处理系统

PEF 处理系统的实验装置由 6 个主要部分组成：高电压电源，能量储存电容，处理室，输送食品使其通过处理室的泵，冷却装置，电压、电流、温度测量装置和用于控制操作的电脑（图 9-18 和图 9-19）。用来作为电容充电的高电压电源是一个普通直流（DC）电源。另一种产生高电压的方法是用一个电容器充电电源，即用高频率的交流电输入然后供应一个重复速度高于直流电源的指令充电。

储存在电容中的能量几乎以一个非常高的能量水平被瞬间（10^{-6} s 内）释放。需要使用能够在高能量和高重复速度下具有可靠操作性的高电压开关才能实现放电。开关的种类可以从气火花隙、真空火花隙、固态电闸、闸流管和

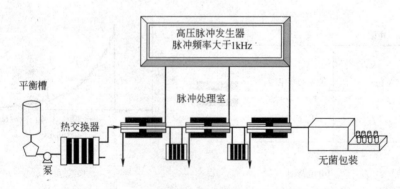

图 9-18　PEF 处理系统实验装置流程图

图 9-19　PEF 系统多个处理室处理食品实验装置流程图

图 9-20 液体高压脉冲电场杀菌处理装置

（四）高电压脉冲电场杀菌设备

（1）液体高电压脉冲电场杀菌处理装置 图 9-20 所示的是流动式液体高电压脉冲电场杀菌处理装置殷涌光等人的美国专利结构，图 9-20（a）和（b）为同一原理不同连接方式。图 9-21 为美国同轴式高电压脉冲电场杀菌处理装置。

（2）流通式高压脉冲电场杀菌设备 如图 9-22 所示，它为不锈钢同轴心三重圆筒形状，中间和里面两圆筒之间的夹层部分为杀菌容器。外面和中间两圆筒之间可在需要时加冷却液，也控制内夹层杀菌容器内的温度。里面圆筒接脉冲电源正极，中间和外面圆筒接地。

（3）脉冲放电冲击波杀菌设备 如图 9-23 所示，杀菌槽本体为直径 400mm 的球体。在 40mm 间隔的放电器 G 上施加来自脉冲电源 PS 的高压脉冲。试料由 V_1 阀门注入，由 V_2 阀门排出。

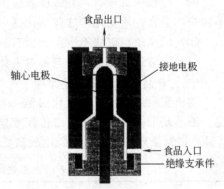

图 9-21 同轴式液体高压脉冲电场处理装置

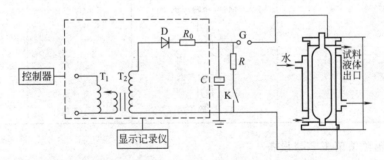

图 9-22 流通式高压脉冲电场杀菌设备

二、食品的辐照杀菌技术与设备

食品辐照（food irradiation）是利用射线照射食品（包括原材料），延迟新鲜食物某些生理过程（发芽和成熟）的发展，或对食品进行杀虫、消毒、杀菌、防霉等处理，达到延长保藏时间和稳定、提高食品质量的操作过程。食品辐照杀菌是非热杀菌，并可达到商业无菌的要求。近年来，世界各国食品辐照研究和发展的总趋势是向实用化和商业化发展。

（一）食品辐照杀菌的作用特点

1. 优点

（1）杀死微生物效果显著，剂量可根据需要进行调节；

（2）和其他灭菌储存方法相比节省能源，仅为冷藏的 6%；

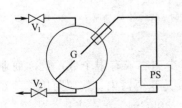

图 9-23 脉冲放电冲击波杀菌设备

（3）一定剂量（小于 5kGy）的照射不会使食品发生感官上的明显变化；

（4）即使高剂量（大于 10kGy）照射，食品中总的化学变化也很微小；

（5）没有非食品物质残留；

（6）食品温度升高很小，可保持原有特性，在冷冻状态下也能进行辐射；

（7）射线穿透能力强、均匀、瞬间即逝，且对辐照过程可以进行准确控制；

（8）食品进行辐照处理时，对包装无严格要求；

（9）可改进某些食品的质量，如经辐照的牛肉更加嫩滑、大豆更易消化等。

2．缺点

（1）经过杀菌剂量的照射，一般情况下酶不能被完全钝化；

（2）经辐照处理后，食品所发生的化学变化从量上来讲虽然是微乎其微的，但可能会发生不愉快的感官性质变化，这些变化是因游离基的作用而产生的；

（3）辐照杀菌方法不适用于所有的食品，要有选择性地应用；

（4）能够致死微生物的剂量对人体来说是相当高的，所以必须非常谨慎。

（二）食品辐照杀菌技术原理

物质受照射所发生的变化过程：吸收辐射能；发生辐射性化学变化；发生生物化学性变化；细胞或个体死亡或出现遗传性变异等生物效应，剂量小时，辐射损伤得到恢复。表 9-1 是 γ 射线辐射杀死各种微生物所用的最低剂量。

表 9-1　γ 射线辐射杀死各种微生物所用的最低剂量

微 生 物	培 养 基	杀菌程度	剂量/kGy
肉毒梭状芽孢杆菌 A 型	罐头肉	10^{12}	45.0
肉毒梭状芽孢杆菌 E 型(产毒菌株)	肉汁、碎瘦牛肉	10^6	15.00
肉毒梭状芽孢杆菌 E 型(无毒菌株)	肉汁、碎瘦牛肉	10^6	18.00
葡萄球菌（噬菌体型）	肉汁、碎瘦牛肉	10^6	3.5
沙门氏菌	肉汁	10^6	3.2～3.5
需氧细菌	肉汁	10^6	1.6
大肠杆菌	肉汁、碎牛肉	10^6	1.8
大肠杆菌(适应菌株)	肉汁、碎牛肉	10^6	3.5～712.0
结核杆菌	肉汁	10^6	1.4
粪链球菌	肉汁、碎牛肉	10^6	3.8

（三）食品辐照杀菌工艺与设备

1．杀菌工艺

（1）工艺流程

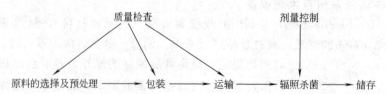

（2）辐照杀菌类型

① 辐照阿氏杀菌。辐射剂量可以使食品中的微生物数量减少到零或有限个数，也称商业杀菌或辐照完全杀菌。处理后，食品可在任何条件下储藏，但要防止再污染。辐照阿氏杀菌在食品中的应用，可能只限于在肉类制品中应用，剂量范围为 10～50kGy。

② 辐照巴氏杀菌。也叫辐照针对性杀菌，只杀灭无芽孢病原细菌。适用于高水分活性生

或熟的易腐食品及一些干制品，如蛋粉、调味品等。剂量范围为 5～10kGy。

③ 辐照耐储杀菌。能提高食品的储藏性，降低腐败菌的原发菌数，并延长新鲜食品的后熟期及保藏期。所用剂量在 5kGy 以下。

2. 辐照剂量的决定因素

辐射杀灭微生物一般以杀灭 90％微生物所需的剂量（Gy）来表示，即残存微生物数下降到原菌数 10％时所需要的剂量，并用 D_{10} 值来表示。当知道 D_{10} 值时，就可以按下式来确定辐照灭菌的剂量（D 值）

$$\lg \frac{N}{N_0} = -\frac{D}{D_{10}} \tag{9-1}$$

式中，N_0 为最初细菌数量；N 为使用 D 剂量后残留细菌数；D 为辐照的剂量，Gy；D_{10} 为细菌残存数减少到原数 10％时的剂量，Gy。

从表 9-2 中可见，沙门氏菌是非芽孢致病菌中最耐辐照的致病菌，平均 $D_{10}=0.6$kGy，对禽肉辐照 1.5～3.0kGy 可杀灭 99.9％～99.999％。除了肉毒芽孢杆菌外，在此剂量下，其他致病菌都可以得到控制。

表 9-2 一些食品细菌的 D_{10}

菌　种	基　质	$D_{10}/$kGy	菌　种	基　质	$D_{10}/$kGy
嗜水气单胞菌	牛肉	0.14～0.19	金色链霉菌	鸡肉	2
大肠杆菌(O157:H7)	牛肉	0.18	小肠结肠炎菌	牛肉	0.11
单核细胞杆菌	牛肉	0.24	肉毒梭状芽孢杆菌孢子	鸡肉	3.56
沙门氏菌	鸡肉	0.38～0.77			

3. 辐照杀菌装置

（1）γ 射线辐照器　如图 9-24 所示，该类装置是以放射性同位素 ^{60}Co 或 ^{137}Cs 作辐射源。

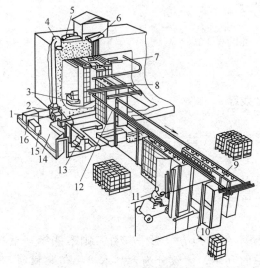

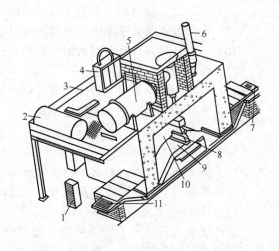

图 9-24　JS-9000γ 射线辐照器
1—储源水池；2—排气风机；3—屋顶塞；4—源升降机；5—过照射区传送容器；6—产品循环区；7—辐照后的传送容器；8—卸货点；9—上货点；10—辐照前的传送容器；11—控制台；12—机房；13—空压机；14—冷却器；15—去离子器；16—空气过滤器

图 9-25　电子加速器辐照器
1—控制台；2—储气罐；3—调气室；4—振荡器；5—高频高压发生器；6—废气排放管；7—上货点；8—扫描口；9—传送带；10—辐照室；11—卸货点

因 ^{60}Co 有许多优点，因此目前多采用其作辐射源。由于 γ 射线穿透性强，所以这种装置几乎适用于所有的食品辐射处理。但对只要求进行表面处理的食品，这种装置效率不高，有时还可能影响食品的品质。

（2）电子加速器辐照器　如图 9-25 所示，该类装置以电子加速器作为辐射源，用电磁场使电子获得较高能量，将电能转变成射线（高能电子射线，X 射线）的装置。主要有静电加速器、高频高压加速器、绝缘磁芯变压器、微波电子直线加速器、高压倍加器、脉冲电子加速器等。作为食品辐照杀菌时，为保证安全性，加速器的能量多数是用 5MeV，个别用 10MeV。如果将电子射线转换为 X 射线使用时，X 射线的能量也要控制为不超过 5MeV。

因电子束穿透力不强，只能进行食品表面辐射杀菌处理，因此，适用范围没有 γ 射线辐照器广泛。如果将电子射线转换成 X 射线，往往转换效率不高。

三、紫外线杀菌技术与设备

红外线、可见光、紫外线、X 射线和 γ 射线都是电磁波，波长比可见光中最短的紫色光还短的就是不可见的紫外线，紫外线是指波长范围在 100～400nm 之间的电磁波。紫外线波长不同，作用也不同。315～400nm 的紫外线，有附着色素及光化学作用，称为化学线。波长在 280～315nm 的紫外线有促进维生素生成的作用，称为健康线（特别有促进维生素 D 生成作用）。波长在 100～230nm 的紫外线能使空气中的氧气生成臭氧称为臭氧发生线（臭氧具杀菌力，可用于果蔬清洗时的消毒）。而波长在 200～280nm 之间的紫外线具有杀菌作用，称为杀菌线。紫外线的照度一般以每平方厘米的微瓦数（$\mu W/cm^2$）表示，再乘以照射时间（min）即为照射剂量（$\mu W \cdot cm^{-2} \cdot min$）。普通紫外灯照射灭菌时间长，尤其对霉菌达到灭菌效果的照射时间更长。瑞士 Brown Boveri 公司生产的 UV-C 型强力紫外线杀菌灯，其发射波长区主要集中在 245nm 处，具有较强的杀菌能力，其杀菌强度是普通紫外灯的 40 倍，已为许多无菌包装设备所采用。

（一）紫外线杀菌的特点

1. 与加热杀菌和药剂杀菌相比紫外线杀菌的优点

（1）紫外线对所有细菌都有明显的杀菌效果；

（2）紫外线杀菌几乎不会使被照射物发生什么有害的变化；

（3）不会使被紫外线照射的微生物产生耐性；

（4）使用方法简单经济；

（5）紫外线杀菌效果只限于照射过程中，无有害残存；

（6）紫外线对水和空气杀菌效率高；

（7）可在密闭系统中杀菌，若室内有人时也可采取简单预防措施进行杀菌。

2. 紫外线杀菌的缺点

（1）除水和空气外，对其他物质的杀菌只限于表面；

（2）紫外线对人的眼睛和皮肤有害，因此要注意预防。

（二）紫外线杀菌技术的应用

紫外线杀菌只局限于照射到的表面部分，而光照不到的地方（影子部分）则不能得到杀菌，因此其用途自然有限。紫外线杀菌在食品工业中的利用，大致分为食品本身、包装材料、制造环境和充填等装置的杀菌。

1. 食品杀菌

（1）食品表面杀菌　食品表面越光滑，紫外线杀菌效果越好，如果从表面到内部污染得越深，杀菌越困难。食品表面杀菌以强力紫外线杀菌灯的开发为契机正在快速实用化。

由于紫外线对霉菌的杀菌效果较差，所以不适于受大量霉菌污染的食品。再者，如果长时间照射，会使食品产生异味或变色。特别是含油脂食品，要特别注意油脂氧化问题。

（2）水和液态食品的紫外线深层杀菌　紫外线早就被应用于对饮用水等多种用途水的杀菌。近年来，随着强力紫外线灯的开发，水的杀菌装置也已高效化，在工业上的利用也扩大了。水的紫外线杀菌与氯气、过氧化氢等药剂的杀菌处理不同，紫外线杀菌处理后，水质不会发生变化。应用到食品上时，不会损害食品的色、香、味和光泽，因此可以大量进行处理。紫外线杀菌也可用于在清凉饮料用水和啤酒的原料水的杀菌，还可用于精制糖工厂对高浓度糖液的杀菌。

2. 食品包装材料杀菌

对包装材料杀菌时，杀菌效果依微生物种类不同而异。因包装材料在切断、复合、制袋等环节中易被空中浮游菌、落下菌附着，且机械或装置上附着菌的转移和生产作业者的接触容易导致二次污染。其中污染频率最高的是芽孢杆菌属、葡萄球菌属、微球菌属。从对紫外线的耐性来看，霉菌类较强，如果要杀死 99.9% 的黑曲霉孢子，需要 $22.0 \mathrm{mW \cdot s \cdot cm^{-2}}$ 的照射剂量。

对包装材料杀菌时，必须防止紫外线从装置中泄漏。另外，当包装机等装置出现故障时，即使是修理装置，也要采取保护措施，防止紫外线对人体的伤害。

3. 紫外线与化学杀菌剂并用的杀菌方法

（1）紫外线与过氧化氢结合使用　紫外线与 H_2O_2 结合使用将产生惊人的杀菌效果。H_2O_2 加紫外线与紫外线或 H_2O_2 单独杀菌效果比较发现：低浓度 H_2O_2 液（小于 1%）加上高强度的紫外线，只需在常温下就会产生立即生效的强杀菌效力，比两者单独使用（即使在高温下用高浓度的 H_2O_2 液）也要强百倍。紫外线和即使浓度低到 0.1% 的 H_2O_2 液结合使用，也有相当大的杀菌效果。在此浓度下使用，1L 容量的纸盒包装材料仅用 $0.1 \mathrm{mL}\ H_2O_2$，现已为 Liqui Pak 等公司广泛使用。

（2）紫外线与乙醇或柠檬酸等并用　70% 乙醇、柠檬酸单独使用时无杀菌效果，但与紫外线并用后均可在 3～5s 内达到杀菌要求，其中最引人注目的是紫外线与柠檬酸并用的杀菌效果，当枯草杆菌孢子污染程度达 10^6 个/cm^2 时，可在 3s 内达到无菌状态。日本的大日本印刷株式会社 FFS 塑料杯无菌包装系统采用此法对成型杯材和盖材进行杀菌处理。

（三）**紫外线杀菌设备**

（1）普通的紫外线杀菌装置　最常用的为紫外灯，其种类较多，随用途不同，放射出的波长亦不同。杀菌用的低压汞气灯，分热阴极和冷阴极两种。热阴极紫外线波长 95% 为 253.7nm，防疫杀菌中使用最多；冷阴极灯虽亦可产生 253.7nm 波长，但其辐射强度较小，常用于直接接触和近距离照射杀菌。紫外灯的杀菌力还取决于紫外线的输出量，大多灯管设计在 25～40℃ 条件下工作，如低于此温度时紫外线的输出量下降，若灯管温度由 27℃ 降至 4℃ 时，输出量可降低约 65%～80%。

软饮料用水的处理就多用此杀菌。常用的装置有：

① 直流式紫外线水液消毒器。如图 9-26 所示，使用 30W 紫外线灯管 1 支每小时可处理水

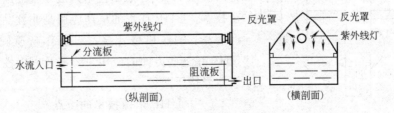

图 9-26　直流式紫外线水液消毒器

2000L，微生物致死指数可达 10^4。

② 套管式紫外线水液消毒器。如图 9-27 所示，各种装置可使水沿外管壁形成薄层流到底部，照射充分，每小时可产生 150L 无菌水。对污染物体表面消毒时，在灯管上部要装反光罩，使紫外线直接照射到污染表面。灯管与污染表面距离不要超过 1m，时间为 30min 左右，有效区域为灯管周围 1.5～2.0m 处。

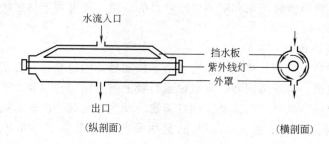

图 9-27　套管式紫外线水液消毒器

（2）高能紫外线杀菌装置

① 高能紫外线灯。高能杀菌灯与传统杀菌灯的比较见表 9-3。

表 9-3　高能杀菌灯与传统杀菌灯的比较

杀菌装置	高能杀菌灯	传统杀菌灯
玻璃种类	（没有臭氧发生的）石英玻璃	能透过紫外线的玻璃
功率	200～1000W	2～40W
负荷(单位长度灯功率输入)	5W/cm	约 0.4kW/cm
构成材料	水银，稀气体	水银，稀气体
电流	0～10A	0～1000mA
电极结构	使用钨丝，但在灯上加了耐电流的氧化极	在钨丝上涂布电子放射物质(和荧光灯相同)
灯管壁温度控制	有(使用冷却水)	没有

② 高能表面杀菌装置。日本岩崎电器股份公司生产的高能表面杀菌装置，如图 9-28 所示。该装置的特点是采用了冷却水循环方式，由照射部、电源部、水温控制部构成。灯是夹套管水冷结构，温度控制在 43℃±1℃ 的冷却水流经发光管的外壁。因此即使周围温度发生变化，发光管内的水银蒸气压也能维持在一定水平，杀菌辐射线的输出功率变化很小。

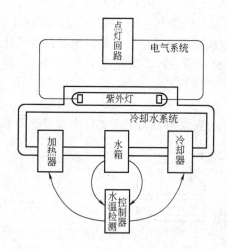

图 9-28　高能表面杀菌装置的结构示意图

四、超高静压杀菌技术与设备

超高静压（ultra high pressure，简称 UHP，又称为高静压 HHP）杀菌技术是近年来逐渐兴起的新型杀菌技术。UHP 技术的早期应用是非食品领域，用于生产陶瓷、钢铁和超合金，以制作高速硬质合金刀具。UHP 在这些方面的应用主要涉及以惰性气体为压媒和流体静挤压两种。

（一）UHP 杀菌技术的特点

（1）不经加热处理，使 UHP 处理食品能保持原有的营养价值、色泽和天然风味，不产生异臭或毒性因子。主要是施加几千个大气压时，不会发生共价键的切断或生成的缘故。这是 UHP 处理的优点，但也有负面影响，即 UHP 对共价键影响很小，不会像加热处理法那样能产生香气及美拉德反应的褐色。

（2）压力能瞬时一致地向食品中心传递，被处理的食品所受压力的变化是同时发生的，是均匀的。同时由于耗时少、循环周期短，且维持压力几乎不需要能量或只需很少能量。

（3）蛋白质和淀粉类物质在 UHP 处理时，其物性方面的变化与加热处理后的状态有很大的不同。

（二）UHP 杀菌设备

1. UHP 杀菌装置的分类

（1）按加压方式分为直接加压式和间接加压式两类　图 9-29 为两种加压方式的装置构成示意图。在左图直接加压方式中，UHP 容器与加压装置分离，用增压机产生 UHP 液体，然后通过 UHP 配管将 UHP 液体运至 UHP 容器，使物料受到 UHP 处理。在右图所示间接加压方式中，UHP 容器与加压液压缸呈上下配置，在加压液压缸向上的冲程运动中，活塞将容器内的压力介质压缩产生 UHP，使物料受到 UHP 处理。两种加压方式的特点比较见表 9-4。

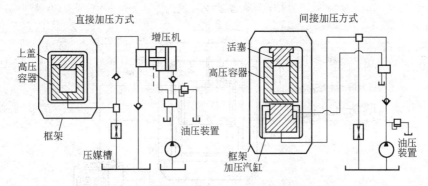

图 9-29　直接加压方式和间接加压方式示意图

表 9-4　直接加压方式和间接加压方式的特点比较

加压特点	直接加压方式	间接加压方式
适用范围	大容量（生产型）	UHP 小容器（研究开发用）
构　造	框架内仅有一个压力容器，主体结构紧凑	加压液压缸和 UHP 容器均在框架内，主体结构庞大
UHP 配置	需要 UHP 配管	不需 UHP 配管
容器容积	始终为定值	随着压力的升高容积减小
容器内温度变化	减压时温度变化大	升压或减压时温度变化不大
压力的保持	当压力介质的泄漏量小于压缩机的循环量时可保持压力	若压力介质有泄漏，则当活塞推到液压缸顶端时才能加压并保持压力
密封的耐久性	因密封部分固定，故几乎无密封的损耗	密封部位滑动，故有密封件的损耗
维　护	经常需保养维护	保养性能好

（2）按 UHP 容器的放置位置分为立式和卧式两种　图 9-30 所示为立式 UHP 处理设备，占地面积小，物料的装卸需专门装置。图 9-31 所示为卧式 UHP 处理设备，物料的进出较为方便，但占地面积较大。

2. UHP 杀菌装置的组成

主要由 UHP 杀菌处理容器、加压装置及其辅助装置构成，如图 9-32 所示。

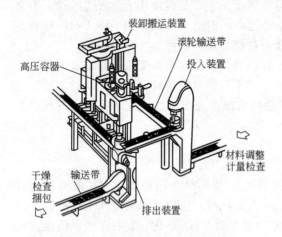

图 9-30 立式 UHP 处理设备示意图

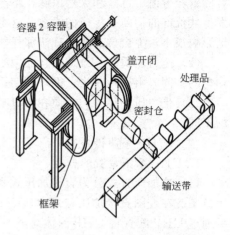

图 9-31 卧式 UHP 处理设备示意图

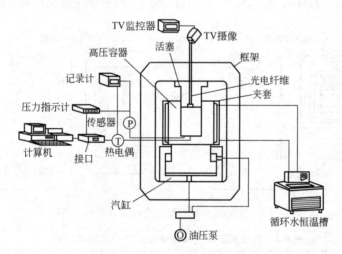

图 9-32 UHP 处理装置示意图

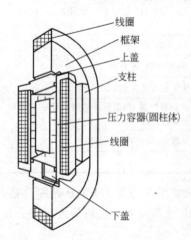

图 9-33 线圈强化 UHP 处
理容器的结构示意图

（1）UHP 杀菌处理容器 食品的 UHP 杀菌处理要求数百兆帕的压力，因此采用特殊技术制造压力容器是关键。通常压力容器为圆筒形，材料为高强度不锈钢。为了达到必需的耐压强度，容器的器壁很厚，这使设备相当笨重。最近有改进型 UHP 容器产生（图 9-33），在容器外部加装线圈强化结构，与单层容器相比，线圈强化结构不但实现安全可靠的目的，而且也实现了装置的轻量化。

（2）加压装置——UHP 泵 不论是直接加压方式还是间接加压方式，均需采用油压装置产生所需 UHP，前者还需 UHP 配管，后者则还需加压液压缸。

（3）辅助装置 UHP 处理装置系统中还有许多其他辅助装置，主要包括以下几个部分。

① 恒温装置。为了提高 UHP 杀菌的作用，可以采用温度与压力共同作用的方式。为了保持一定温度，要求在 UHP 处理容器外带有一个夹套结构，并通以一定温度的循环水。

128

另外，压力介质也需保持一定温度。因为 UHP 处理时，压力介质的温度也会因升压或减压而变化，控制温度对食品品质的保持是必要的。

② 测量仪器。包括热电偶测温计、压力传感器及记录仪，压力和温度等数据可输入计算机进行自动控制。还可设置电视摄像系统，以便直接观察加工过程中食品物料的组织状态及颜色变化情况。

③ 物料的输入输出装置。由输送带、机械手、提升机等构成。

五、脉冲强光非热杀菌原理与设备

(一) 脉冲强光技术及特点

(1) 脉冲强光是一种高强度、宽光谱的白色闪光，是利用广谱"白"光的密集、短周期脉冲进行处理产生的。主要用于包装材料表面、包装和加工设备、食品、医疗器械以及其他物质表面杀菌或用来减少微生物数目，可显著延长产品货架期，是一种有效、经济和安全的杀菌新技术。

(2) 脉冲强光处理产生的热量很少，在光化学和光热力学机制共同作用下，钝化微生物。脉冲强光对食品中的营养成分几乎没有影响，脉冲强光必需的能量，与热力和其他非热加工方法所需能量比较也是较少的。

(3) 利用短周期脉冲强光技术对包装材料和透明膜包装的食品灭菌，是一种极具有吸引力的处理方法。包装材料灭菌处理的常用方法是用过氧化氢杀菌。这种方法会在包装材料或食品内留下不受人们欢迎的过氧化氢残留物。脉冲强光的使用，可以减少甚至不再需要化学灭菌剂和保鲜剂。

(4) 脉冲强光灭菌的光谱波长范围从紫外线 (UV) 一直延伸到近红外区，灭菌材料至少要处理一个强光的脉冲，使其表面能量密度在 $0.01\sim50J/cm^2$ 内，所利用的波长分布满足至少 70% 的电磁能量分配在 $170\sim2600nm$ 波长范围内。

加利福尼亚 San Diego 的 Pure Pulse 技术有限公司设计的 Pure Bright™ 加工过程，使用的光强度约为地球表面太阳光强的 20000 倍。Pure Bright 光谱包括阳光中被地球周围"过滤"掉的 $200\sim300nm$ 波长的光。钝化具有选择性抵抗能力的微生物，需要用全波光谱，其余微生物的钝化可用过滤光谱。过滤光谱仅仅包括一定波长范围内的光。

(5) 脉冲强光处理是利用广谱白光的短周期闪光，钝化包括细菌和真菌孢子在内的广泛的微生物。脉冲周期为 $1\mu s\sim0.1s$。典型的闪光闪动频率为每秒 $1\sim20$ 次。大部分应用中，一秒钟内几次闪光，就能提供高效的微生物钝化效果。这种处理过程非常迅速，脉冲强光处理法成本费用很低，估计每处理 $1ft^2$❶ 的食品，耗费仅 0.1 美分，因此，可适于大批量生产。

(二) 脉冲强光非热杀菌原理

(1) 脉冲强光的产生 Pure Bright 使用的是脉冲能量处理技术。把电能存储到一个高能量密度的存储器中，以短周期、高强度脉冲释放出来，就可以得到高峰值能量级。电能的高峰值电脉冲或闪光，可以通过冲击充气闪光灯，间隙火花放电装置或其他脉冲式光源产生。当电流脉冲冲击充气式闪光灯时，闪光灯发出广谱光。电流电离气体，产生的广谱白光脉冲波长范围是紫外区的 200nm 到近红外区的 1mm。其中，紫外光占 25%，可见光占 45%，红外光占 30%。闪光灯一般会使用氙气或氪气等惰性气体，惰性气体在转化电能为光能时，效率最高。

(2) 脉冲光处理系统组成 产生脉冲强光的 Pure Bright 系统包含 2 个主要部分：电能设备单元和灯具单元。电能设备单元用于产生高压、高流脉冲，给灯具输入能量。其工作时，先把工频电压转化为 DC 高压。DC 高压给电容器充电，当电压达到预设程度后，就会通过一个

---

❶ $1ft^2=0.092903m^2$，下同。

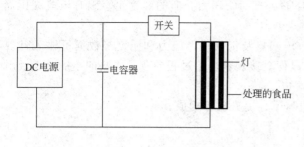

图 9-34　高密度脉冲光处理食品系统示意图

高压开关把电能输送给灯，如图 9-34 所示。灯亮的顺序是由一个内部控制器控制，或者由包装加工机械控制器控制。灯具单元由一个或多个惰性气体灯组合起来，照射要处理的区域。灯具单元和电能设备单元用一根电缆连接。一种高压脉冲电流"点亮"灯组。穿过灯内气体的高压电流，释放出脉冲强光。特定处理或包装，选择不同的闪光频率。可以使用多个灯，它们同时或依次闪光。闪光灯释放脉冲的频率，可通过目标遥感区域的产品数量控制。

（三）脉冲强光非热杀菌装置

图 9-35 所示的是一个使用脉冲强光处理包装材料的无菌包装设备，此设备包括用一系列辊轮支承的包装材料，且包装材料从增吸收剂溶液中通过。包装材料包含一个或多个内层膜，其外封层浸入增吸收剂中。

被处理物质表面不透明或光吸收系数很小时，需要使用增吸收剂。增吸收剂使用方法包括：把含试剂粉喷涂到材料表面，或把试剂溶解成液态再蒸发试剂到包装材料表面。一种恰当的增吸收剂会在期望光谱波长处，显示出很大的光吸收系数。虽然处理过程中，增吸收剂可以被完全清理掉，但是食品和医疗器械在加工时，要求使用可食用增吸收剂。增吸收剂在细胞表面是选择性吸收的光敏性指示剂，如染色剂、对 pH 敏感或氧化势能敏感的物质。脉冲强光处理过程中，一些染色剂的吸收系数发生变化。美国 FDA 认同的颜色，如洋红、3# 红色染料、灰绿、黑红以及它们的混合物，可以用作增吸收剂。天然油或烹调油也可以用作增吸收剂。2 种或 3 种具有不同最大吸收值的组分组成的混合物，可以增加对期望光谱的吸收性。

使用增吸收剂，也可增加脉冲强光周期。长、短周期脉冲强光杀菌效果一样，只不过光中紫外光所占成分略小。紫外光量的减少，可以提高闪光灯寿命。

辊轮会除去包装材料表面多余的吸收剂。最后，封口装置把这层包装薄膜封成径向封口的

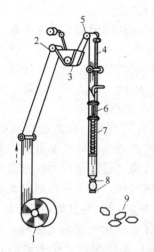

图 9-35　使用脉冲强光处理
包装材料的无菌包装设备

1—无菌包装材料；2—辊轮；3—增吸收剂槽；4—包装
材料边缝整形板；5—辊轮；6—纵封装置；7—闪光灯
组；8—横封装置；9—无菌产品

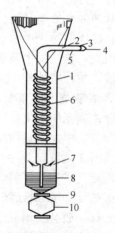

图 9-36　产品填充装置和闪光灯装置

1—卷材筒；2—支承管；3—闪光灯电缆；
4—食品物料管；5—无菌空气入口；6—闪光
灯；7—无菌空气；8—杀菌的食品；9—封口
装置；10—无菌包装产品

130

管状包装。

图 9-36 详细说明产品填充装置和闪光灯装置。闪光灯装置包括一个外部支承管和闪光灯组合。闪光灯组沿支承管分布，确保在用脉冲处理时，封上的管状包装材料内表面全都能处于高强度、短周期脉冲强光之下。为使包装材料里面全部处于脉冲强光下，闪光灯可以按几种方式排列到支承管上。处理过程中，向径向封口的管状包装中填入经过商业杀菌的食品。然后，管状包装被分成小包装的长度，用合理的脉冲强光次数对小包装接近食品的地方杀菌。无菌空气用来冷却闪光灯，带走脉冲在管中产生的光化学物质，减少对处理区域的污染。

无菌包装装置对成型容器也是适用的（图 9-37）。在容器上喷涂适当的增吸收剂，然后置于脉冲强光下（图 9-38）。杀菌过程中，容器要穿过几个工作区。把加工好的，经过商业灭菌处理的食品放入已杀菌的容器内，之后，在容器顶端加上灭菌的盖子。整个无菌包装机内有一层已灭菌的空气，防止包装单元受污染。

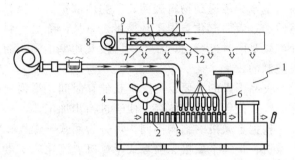

图 9-37 脉冲光杀菌的预成型容器的无菌包装设备示意图
1—无菌包装设备；2—预成型的产品容器；3—杀菌区域；
4—增吸收剂喷涂装置；5—脉冲光处理装置；6—产品填充装置；7—空气过滤装置；8—风机；9—过滤器；
10—闪光灯；11—脉冲光处理区域；12—反射室

图 9-39 描述的是一种可以用泵输送食品如水、果汁的灭菌装置。装置包含一个具有反射特性的圆柱状封闭套，它被称为处理室。食品从这个环绕了一个脉冲强光源的处理室内通过。流体泵根据脉冲重复率，控制食品通过处理室的流速，使得食品能处于选定脉冲量下。处理室可以设计成带有一个反射器组合成的内壁或外壁，把照射光反射回来，再次通过食品。水、空气等流体相对容易透光，造成光流强度衰减极小甚至无衰减。但是，具有很强吸收能力的流体，会大大减缩光流强度。因此，必须使整个处理区的光强密度，至少保持加工所需的最小光强密度，而且需要混合物料，确保所有流体都能处于恰当的光强密度下。

图 9-38 脉冲强光可以穿过多种
类型的干净包装材料

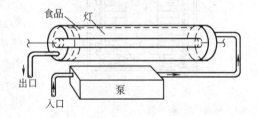

图 9-39 可用泵输送的产品的杀菌装置

第十章 干燥机械与设备

干燥是借助水分蒸发或升华排除物料中水分的一种操作过程。当物料受热干燥时，相继发生以下两个过程：热量从周围环境传递到物料表面使其表面水分蒸发，称为表面汽化；同时物料内部水分传递到物料表面，称为内部扩散。物料干燥时水分先通过内部扩散到达物料表面，然后通过表面汽化被周围环境带走，从而除去物料中部分水分。干燥中，水分的内部扩散和表面汽化是同时进行的，在不同阶段其速率不同，而整个干燥过程是由两个过程中较慢的一个阶段控制的。

食品干燥的主要目的：延长储存时间；增强食品品质和营养价值，使之更加美味和易于消化吸收；便于运输和储存；便于进一步加工。

根据干燥机的结构不同，可分为厢式干燥机、隧道式干燥机、回转圆筒式干燥机、滚筒式干燥机、带式干燥机、喷雾式干燥机、流化床干燥机、气流式干燥机、微波干燥机、远红外干燥机、真空冷冻干燥机等。

第一节　厢式干燥机

厢式干燥机属于间歇干燥设备，其结构如图 10-1 所示，主要由厢体、搁架、加热器、风机、排气口、气流分配器等组成。

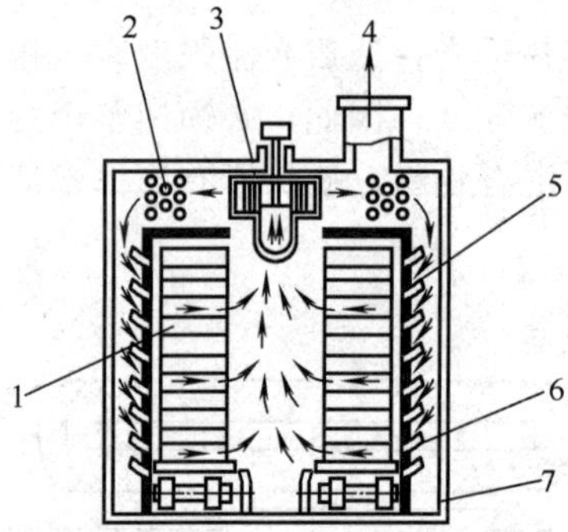

图 10-1　厢式干燥机

1—搁架；2—加热器；3—风机；4—排气口；5—气流分配器；6—小车；7—厢体

厢体（干燥室）外壁有绝热保温层，搁架上按一定间隔重叠放置一些盘子，盘中存放 50～150mm 厚的待干燥食品原料。有的搁架装在小车上，待干燥物料放置好后，将小车送入厢内。风机用来强制吸入干净空气并驱逐潮湿气体。干燥热源可以是设置在厢体内的远红外线加热器，也可以是从厢外输入的热空气。热风的循环路径，若与搁板平行送风，叫平行气流式；若气流穿过架上物料的空隙，叫穿流气流式。空气速度以被干燥物料的粒度而定，要求物料不致被气流带出，一般气流速度为 1～10m/s。

厢式干燥机的结构简单，使用方便，投资少，适于小批量或需要经常更换产品的食品物料。热风的流量可以调节，一般热风风速为 2～4m/s，一个操作周期可在 4～48h 内调节。

第二节　隧道式干燥机

隧道式干燥机的干燥室，如图 10-2 所示，干燥室内通以热风，被干燥物料放在小车、运输带等输送设备上，沿干燥室内通道向前移动，物料的加料和卸料在干燥室两端进行。该机的热风与物料接触时间较长，容易控制，其热量利用率高达 60％～80％。是蔬菜、水果、淀粉、鱼粉等食品大量生产使用的设备。

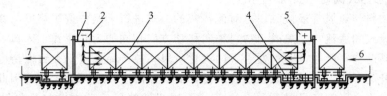

图 10-2　隧道式干燥机

1—活动门；2—废气出口；3—小车；4—小车移动机构；5—干燥介质进口；6—湿物料进口；7—干物料出口

干燥室的墙壁用砖或带有绝热层的金属材料制成，隧道的宽度主要决定于机顶所允许的跨度，一般不超过 3.5m。干燥机长度由物料干燥时间以及干燥介质流速和允许阻力确定。隧道愈长，则干燥愈均匀，但阻力亦愈大。长度通常不超过 50m，干燥介质的截面流速一般为 2～3m/s。

隧道里的小车有 4～20 台不等，小车上的蔬菜载量为 5～15kg/m²、水果为 5～25kg/m²。小车借助于轨道的倾斜度（1/200）或安装在进料端的推车机推动沿隧道移动，也有将小车吊在单轨上移动的。

在料层对空气阻力较大的情况下，小车与隧道的墙壁和洞顶的间隙应取最小值，一般为 70～80mm，否则，干燥介质就可能大量从物料旁边穿过而不经过物料，热能不能充分利用。

干燥室内的热风可采用一次或多次循环，也可采用中间加热和多段再循环等。多段再循环的优点是经济性好，不管纵向的气流如何，都可使横向空气速度变大，达到均匀和迅速干燥的目的。多段再循环大都依靠设置在机内的鼓风机实现，这种机内的鼓风机能减少空气阻力，因此，可在大风量、低风压下操作。

第三节　圆筒式干燥机

圆筒式干燥机的主体是回转的圆筒体，筒体略带倾斜，便于出料。

一、圆筒式干燥机的工作原理

如图 10-3 所示，湿物料从左端上部加入，借助圆筒的缓慢转动，在重力、圆筒倾角和进料压力的作用下从高端向低端移动，并与通过筒内的热风或加热壁面进行有效接触而被干燥，干燥后的产品从右端下部收集。筒体内壁上装有抄板，随着圆筒的回转，抄板可将物料抄起又洒下，使物料与热风的接触表面增大，以提高干燥速率并促进物料向前移动。干燥所用的热载体一般为热空气、烟道气或水蒸气等。

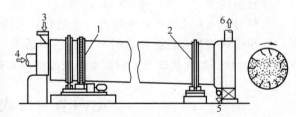

图 10-3　圆筒式干燥机

1—传动齿轮；2—支承滚筒；3—原料；4—热空气；
5—产品出口；6—废气排出口

如果热载体直接与物料接触，则经过干燥机后，通常用旋风分离器将气体中夹带的细粒物料收集起来，废空气排出。

二、圆筒式干燥机的分类

按照物料和热载体的接触方式不同，回转圆筒式干燥机可分为三种类型，即直接加热式、间接加热式和复合加热式。

（一）直接加热式圆筒干燥机

即被干燥物料与热风直接接触，以对流传热的方式进行干燥。按照热风与物料之间的流动方向，分为并流式和逆流式。热风与物料轴向移动方向相同的为并流式，入口处温度较高的热风与含湿量较高的物料接触，物料处于表面汽化阶段，故产品温度仍大致保持湿球温度，出口处物料温度虽升高了，但此时热风温度已降低，故产品温度升高不会太大。因此，选用较高的热风入口温度，不会影响产品的质量。逆流式干燥机的热风流动方向与物料轴向移动方向相反，对于耐高温的物料，可采用逆流干燥，热利用率高。

（二）间接加热式圆筒干燥机

即载热体不直接与被干燥物料接触，热量经过传热壁传给被干燥物料。该机型整个干燥筒砌在炉内，用烟道气加热外壳；也可在干燥筒体内另设置一个同心圆筒，供烟道气流通，被干燥物料则在外壳和中心筒之间的环状空间通过。汽化的水分可由风机及时排出，所需风量比直接加热式要小得多。因风速很小（一般为 $0.3\sim0.7m/s$），废气夹带粉尘量很少，几乎不需旋气分离设备。

另有一种蒸汽管间接加热式干燥机。在干燥筒内以同心圆方式排列 1～3 圈加热管，蒸汽等载热体在管内流通，物料在管外移动。这种干燥机的单位容积干燥能力是常规直接加热式回转圆筒干燥机的 3 倍左右，热效率高达 $80\%\sim90\%$。

（三）复合加热式回转圆筒干燥机

物料干燥所需的热量一部分由热空气通过壁面，以热传导的方式传给物料，另一部分通过热风与物料直接接触，以对流传热的方式传给物料。这样可提高热量的有效利用率，加快干燥速度。

三、圆筒式干燥机的特点

与其他干燥设备相比，圆筒式干燥机具有以下特点。

（1）优点

① 连续生产，生产能力大；

② 结构较简单，操作方便，故障少，维修费用低；

③ 适用范围广，操作弹性大，生产上允许产品的产量有较大波动范围。

（2）缺点

① 设备庞大，一次性投资较大；

② 热容量系数小，热效率较低（蒸汽管式回转干燥机除外）；

③ 小颗粒物料在机内停留时间较长，不适于对品质均匀性及食品质量要求严格的物料，多用于水分较多而受热变性影响较小的食品加工，如砂糖、豆粕、鱼粉、酒糟等。

第四节　带式干燥机

一、概述

带式干燥机由若干个独立的单元段所组成，每个单元段包括循环风机、加热装置、单独或公用的新鲜空气抽入系统和尾气排出系统。因此，对干燥介质数量、温度、湿度和尾气循环量等操作参数，可独立控制，从而保证工作的可靠性和操作条件的优化。带式干燥机操作灵活，湿物料进料、干燥过程在完全密封的箱体内进行，自动化程度高，劳动条件好，避免了粉尘的外泄。

带式干燥机的被干燥物料随同输送带移动，物料颗粒间的相对位置比较固定，干燥时间基本相同。带式干燥机非常适用于要求干燥物料色泽变化一致或湿含量均匀的物料干燥。此外，物料在带式干燥机上受到的振动或冲击轻微，物料颗粒不易粉化破碎，因此也适用于干燥不允许碎裂的食品物料。

干燥介质以垂直方向向上或向下穿过物料层的，称为穿流带式干燥机。干燥介质在物料上方做水平流动进行干燥的，称为水平气流带式干燥机。

该设备不仅供物料干燥，有时还可进行焙烤、烧烤或熟化处理。结构较简单，安装方便，能长期运行；但占地面积较大，运行时噪声较大。

二、带式干燥机的结构

根据组合形式不同可分为三种类型，即单级、多级和多层带式干燥机。

（一）单级带式干燥机

被干燥物料由进料端经加料装置被均匀分布到输送带上，输送带通常用穿孔的不锈钢薄板制成，由电动机经变速箱带动。最常用的干燥介质是热空气。空气用循环机由外部经空气过滤器抽入，并经加热器加热后，通过分布板由输送带下部垂直上吹。热空气流过物料层时，物料中水分汽化，空气增湿，温度降低，一部分湿空气排出箱体，另一部分则在循环风机吸入口与新鲜空气混合再循环。干燥后的产品，经外界空气或其他低温介质直接接触冷却后，由出口端排出。

（二）多级带式干燥机

多级带式干燥机实质上是由数台（多至 4 台）单级带式干燥机串联组成，其操作原理与单级带式干燥机相同。

干燥初期缩性很大的物料，如某些蔬菜类，在输送带上堆积较厚，将导致压实而影响干燥介质穿流，此时可采用多级带式干燥机，使机组总生产能力提高。

（三）多层带式干燥机

结构如图 10-4 所示，它是由多台单级带式干燥机由上到下，串联在一个密封的干燥室内，层数最高可达 15 层，常用 3～5 层。最后一层或几层的输送速度较低，使物料层加厚，这样可使大部分干燥介质流经开始的几层较薄的物料层，以提高总的干燥效率。层间设置隔板促使干燥介质的定向流动，使物料干燥均匀。多层带式干燥机由隔热机箱、输送链条网带、链条张紧装置、排湿系统、传动装置、防粘转向输送带、间接加热装置等部分组成。最下层出料输送带一般伸出箱体出口处 2～3m，留出空间供工人分捡出干燥过程中的变形及不完善产品。

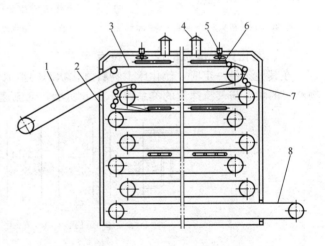

图 10-4　多层带式干燥机结构示意图

1—进料段；2—隔热机箱；3—输送链条网带；4—排湿系统；
5—风扇；6—间接蒸汽管；7—防粘转向输送带；8—出料段

该设备占地面积小，结构简单，常用于干燥速度要求较低、干燥时间较长，在干燥过程中工艺操作条件要保持恒定的场合，如谷物类、米饼类食品。

第五节　流化床干燥机

流化床干燥机是 20 世纪 60 年代发展起来的一种新型干燥技术，又称为沸腾床干燥机。流化床干燥是指粉状或颗粒状物料呈沸腾状态被通入的气流干燥。这种沸腾料层称为流化床，而采用这种方法干燥物料的设备，称为流化床干燥机。当采用热空气作为流化介质干燥湿物料时，热空气起流化介质和干燥介质双重作用。被干燥的物料在气流中被吹起、翻滚、互相混合和摩擦碰撞的同时，通过传热和传质达到干燥的目的。目前在食品、轻工、化工、医药以及建材等行业都得到了广泛的应用。流化床在食品工业上用于干燥果汁型饮料、速溶乳粉、砂糖、葡萄糖、汤料粉等。如图 10-5 所示，流化床干燥机呈长方形或长槽状箱体结构。流化床工作部位为多孔板，由薄钢板冲孔、细钢丝编织网或氧化铝烧结成多孔陶瓷板制成，多孔板下方是热空气强制通风室。干燥时，颗粒状食品原料由供料装置散布在多孔板上，形成一定料层厚度，热空气穿过多孔板，对板上物料进行干燥加热，同时使板上的食品原料呈沸腾状态，如同流体流动一般，所以叫流化状态。物料因流化而加速向出口运动，干燥物料通过出料口排出机外，吸湿换热后的低温空气由排风口排出。

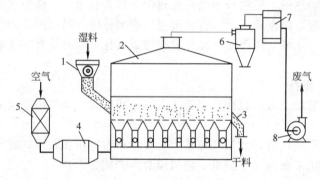

图 10-5　卧式多室流化床干燥器

1—摇摆颗粒机；2—干燥器；3—卸料管；4—加热器；5—空气过滤器；6—旋风分离器；7—袋滤器；8—抽风机

一、流化床干燥机的原理及特点

在其他条件一定时，流化床上物料流化状态的形成和稳定主要取决于气流的速度。流化床上物料层的状态与气流速度的关系如图 10-6 所示，气流速度与床层压力降的关系如图 10-7 所示。

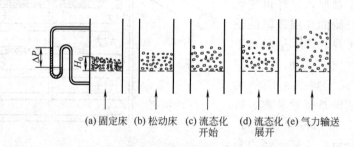

(a) 固定床　(b) 松动床　(c) 流态化　(d) 流态化　(e) 气力输送
　　　　　　　　　　　　开始　　　展开

图 10-6　流化床上物料层的状态与气流速度的关系

（1）固定床段　当风速很小时，气流从颗粒间通过，气流对物料的作用力还不足以使颗粒运动，物料层静止不动，高度不变，即固定床阶段（图 10-7 所示曲线的 OA 段）。

（2）松动床段　床层压力降随气流速度的增加而增大，当气流的速度逐渐增大至接近 v_K 时，压力降等于单位面积床上物料层的实际重力时，床层开始松动，高度略有增加，物料空隙率也稍有增加，但床层并无明显的运动，即松动床阶段（图 10-7 所示曲线的 AB 段）。

（3）流态化开始阶段　当气流的速度增大至 v_K（气流临界流化速度，此时床层压力降达到最大值 ΔP_K）并继续增加时，颗粒开始被气流吹起并悬浮在气流中，颗粒间相互碰撞、混合，床层高度明显上升，床上物料呈现近乎液体的沸腾状态，即流化态开始阶段（图 10-

7 所示曲线的 BC 段），此阶段床层处于不稳定阶段，极易形成"流沟"。流沟的出现使气流分布不均匀，大部分气流在未与物料颗粒充分接触前便通过。流沟若出现在物料流态化干燥过程中，引起干燥不均匀，干燥时间延长，白白浪费热量。

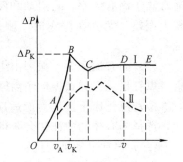

图 10-7　气流速度与床层压力降的关系

（4）流态化展开段　当气流的速度进一步增大，床上物料处于稳定的流化状态（图 10-7 所示曲线的 CD 段），在物料流态化干燥时，热风气流的速度应稳定在 CD 范围内。

（5）气力输送阶段　当气流速度再增大，气流对物料的作用力使物料颗粒被气流带走，即气力输送阶段（图 10-7 所示曲线的 DE 段）。

流化床干燥机的特点是：物料与干燥介质（热风）接触面大，热传导效果好；干燥速度快，物料在设备内停留时间短，适用于热敏性食品物料的干燥；物料在干燥室内的停留时间可由出料口控制，便于调节制品的含水率；设备结构简单、造价低廉、运转稳定、操作维修方便；热传递迅速，设备处理能力强。

二、流化床的工作参数

（一）临界流化速度 v_K 和操作速度

临界流化速度对于流化床的研究、设计、操作、运行是一个重要的参数。临界流化速度由固体颗粒和流体介质的性质所决定的，其大小表示流态化形成的难易程度。临界流化速度越小，流化状态越容易形成。临界流化速度 v_K 的计算公式有多种，因归纳公式的实验条件不同，每个计算公式的应用范围都有其局限性。根据 A.G. 费根的研究，果蔬食品流化床的临界速度 v_K（m/s）与物料单颗粒的质量呈抛物线关系，即

$$v_K = 1.25 + 1.95 \lg m_p \qquad (10\text{-}1)$$

实际操作速度 v 为

$$v = 2.25 + 1.95 \lg m_p \qquad (10\text{-}2)$$

式中，m_p 为颗粒单体的质量，g/个；v_K 为临界速度，m/s；v 为实际操作速度，m/s。

由上式知，对于不同种类的物料，因其单体的质量不同，应在不同的风速下实现单体干燥；即使单体的质量相同，因种类不同，密度有差异，风速也应该进行微调。因此要求风机应带有调速装置，以适应各种不同质量颗粒的需要。

（二）风机压力

风机的压力主要用于克服气流通过各种工作部件的阻力，如物料颗粒层的阻力、匀风筛板的阻力、换热器的阻力，以及流通阻力和局部阻力等。

在流化床中，匀风筛板既用于支承和输送物料，又起到匀风的作用，使气流在筛板上分布均匀。匀风筛板的阻力与气流速度和筛板开孔率有关。由于依据的条件不同，计算公式也不相同，实际计算时，常取匀风筛板的阻力为食品颗粒层阻力的 10%～40%。换热器阻力、流通阻力和局部阻力按常规方法计算。

三、振动流化床干燥机的结构

（一）振动方式

（1）强制振动型　利用安装在机体两侧的振动电动机产生直线振动，振动电动机安装相位角决定振动方向，更换固定偏心块或改变可动偏心块之间的夹角可调节激振力大小。由于振频

通常高于固有频率，在启动和停车的过程中，频率经过固有频率时，会产生共振，机体会产生较大振幅，尤其在停车时，剧烈的摇晃会产生较大冲击力，采用适当的措施，可减轻这种现象。

（2）固有振动型　振型由主振器固有振动决定，振幅一般不可调。运转中只需提供较少能量，以补偿主振弹簧振动中内摩擦及其他阻力消耗。节能是其突出特点，但寿命较低。

振动流化床干燥机为能适应各种不同的物料，应选强制型。如只是针对某一具体物料设计，选择固有振动型往往会获得较好的经济指标。

（二）振动电动机的位置

振动电动机的位置可有多种，电动机居中，电动机座板可在180°范围内任意调整，使相位角可以按需调节。由于电动机位置接近质心，易于调整机体前后平衡，从而保证振动流化床进出料端振幅相同。如将振动电动机安装在尾部，电动机散热条件较好，但改变相位角较困难。

（三）上、下箱体

上箱体将干燥区同大气分隔开，防止粉尘外逸污染环境。上箱体通常设计为薄壁结构，壁厚为1～4mm，可焊接加强筋，下箱体的基本功能是机体和空气分配室，它和匀风板共同完成将热风均匀送入床层的任务。一般下箱体进风口面积为匀风板开孔面积的6～8倍时，床层下部风较均匀。因此下箱体容积须足够大。下箱体结构同上箱体一样也为薄壁结构，但由于要承受参振质体动负荷，应设计为框架箱式结构。

（四）匀风板

匀风板多采用0.3～6mm厚的钢板钻孔或冲制孔而成，有的还要在底部焊筋以提高刚度，用来支承物料，并将气体均匀分布于料层中。

开孔率即匀风板开孔面积和与匀风板总面积之比，是匀风板的重要特性参数。开孔率越大，流化质量越不易保证，漏料也会越严重。但开孔率过小会使阻力加大，动力消耗提高。振动流化床干燥机开孔率一般取1%～5%，其下限常用于颗粒较细、密度较小的物料。当在匀风板下加设均风和防漏网时，开孔率可取7%～8%。

（五）隔振设计

振动引入流化床对干燥有利，但对周围环境不利，应设法降低或消除。强制振动式流化床一般用隔振方式，使传给地基的动载荷降到安全程度。隔振，就是用刚度较小的弹簧将振动流化床支承起来。常用的隔振弹簧有金属螺旋弹簧和橡胶弹簧。金属螺旋弹簧具有制造简单、内摩擦小、能耗低等优点，但体积大、易产生噪声、横向刚度小、易使机器产生横向摆振。橡胶弹簧则可制成不同形状和尺寸，三个方向刚度均可按需要设计，噪声低，过共振区时振幅较小，但适应温度能力较差，近年橡胶弹簧已大量采用。

第六节　喷雾式干燥机

喷雾干燥是采用雾化器将食品原料液分散为雾滴，并用热气体干燥雾滴而获得产品的一种干燥方法。

一、喷雾干燥的原理和流程

喷雾干燥的典型工艺流程如图10-8所示，由空气加热系统、原料液供给系统、干燥系统、气固分离系统和控制系统等组成，统称为喷雾干燥机。主要装置有空气过滤器、空气加热器、雾化器、干燥室（塔）、料罐及压力泵、旋风分离器及风机等。

喷雾式干燥机的主要工作过程是：外界新鲜空气通过空气过滤器、鼓风机，进入空气加热器，使空气温度提高到 160℃ 左右，送进干燥室（塔）。在进入干燥室（塔）前，热空气先通过匀风板，使热空气均匀分布，防止旋涡，避免焦粉发生，以保证干燥效果。需干燥处理的物料液，经杀菌处理后进入料罐，再由压力泵送至雾化器，料液以雾状喷出并与热空气混合，物料微粒吸取热量，瞬间水分蒸发，形成粉末向下降落，经过一段恒速干燥，进一步蒸发水分，粗颗粒落入干燥室（塔）的锥形底部并排出机外。干燥后的物料细粉粒和低温湿空气经旋风分离器分离，废空气由排风机排放，干燥细粉末产品落下由卸料器连续排出。

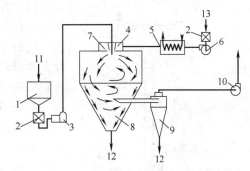

图 10-8　喷雾干燥的典型工艺流程

1—料罐；2—过滤器；3—泵；4—雾化器；5—空气加热器；
6—鼓风机；7—空气分布器；8—干燥室；9—旋风分离器；
10—排风机；11—进料；12—产品；13—空气

二、喷雾干燥的特点

（1）由于雾滴群的表面积很大，物料所需的干燥时间很短。

（2）在高温气流中，表面润湿的物料温度不超过干燥介质的湿球温度，由于迅速干燥，最终的产品温度也不高，因此，喷雾干燥特别适用于热敏性物料。

（3）根据喷雾干燥操作上的灵活性，可以满足各种产品的质量指标，例如粒度分布、形状、性质、产品的色、香、味、生物活性以及最终产品的湿含量。

（4）简化工艺流程。在干燥塔内，可直接将溶液制成粉末产品，此外，喷雾干燥容易实现机械化、自动化，减轻粉尘飞扬，改善劳动环境。

（5）当空气温度低于 150℃ 时，容积传热系数较低，所用设备容积较大。

（6）为了将气固混合物彻底分离，一般需要两级除尘。

（7）热效率不高，一般顺流塔型为 30%～50%，逆流塔型为 50%～75%。

三、雾化器

喷雾干燥的效果取决于料液的雾化质量，雾化器就是雾化料液和保证雾化质量的关键部件。雾化器主要有压力式和离心式两种，工作原理基本相同，前者使料液做高速运动，后者使空气做高速运动，料液流或珠滴受到空气的冲击或摩擦，克服其表面张力而破碎形成雾滴，雾滴的大小取决于料液同空气之间的速比，速比高，则雾滴细小；反之，则雾滴粗大。在实际操作中，可以通过改变压力或调整转速来控制雾滴的大小。

第七节　气流式干燥机

气流式干燥机属于连续式常压干燥机。结构如图 10-9 所示，是将加热介质与待干燥食品固体颗粒直接接触，并使之悬浮于气流中，和热气流并流流动，进行连续快速干燥。气流式干燥机可以在正压或负压下操作，这主要取决于风机在系统中的位置安排。

一、气流式干燥机的特点

（1）由于采用较高气流速度（20～40m/s），固体颗粒在气流中高度分散呈悬浮状态，使气固两相之间的传热传质的表面积大为增加，体积传热系数提高。

（2）气流干燥采用气固两相并流操作，这样可以使用高温的热介质进行干燥，气流干燥的管长一般为 10～20m，管内气速为 20～40m/s，因此，湿物料的干燥时间仅 0.5～2s，干燥时间很短、处理量大、热效率高。

（3）结构简单、紧凑、体积小、操作方便。

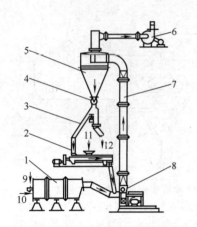

图 10-9 带有分散器的气流式干燥机
1—燃烧室；2—混合室；3—干料分配器；
4—加料器；5—旋风除尘器；6—排风机；
7—干燥管；8—鼠笼式分散器；9—燃料；
10—空气；11—湿料；12—成品

（4）气流式干燥机系统的流动阻力降较大，一般为3000～4000Pa，必须选用高压或中压通风机，动力消耗较大，气流干燥气速高、流量大，需选用较大尺寸的旋风分离器和袋式除尘器。气流干燥对于干燥负荷很敏感，固体物料输送量过大时，气流输送难以正常操作。

二、气流式干燥机的种类

分为直接进料式、分散进料式、粉碎进料式和混合进料式等类型。

（一）直接进料式气流干燥机

适用于分散性良好、黏着性小的粉料和粒料的干燥，如马铃薯片、米糠、淀粉和面粉等的加工。通常在 20～40m/s 的高速热风中直接进料进行干燥加工。

（二）分散进料式气流干燥机

特点是在气流干燥管下面装有一台鼠笼式分散器，可将进料打散，它适合于含水量较低、松散性尚好的块状物料，如咖啡渣、玉米渣等物料的加工。

（三）粉碎进料式气流干燥机

特点是在气流干燥管下面装有一台冲击式锤磨机，用以粉碎湿物料，减小粒径，增加物料表面积，强化干燥。因此，大量水分在粉碎过程中就可得到蒸发。这样，便于采用较高的进气温度，以获得大的生产能力和高的传热效率。对许多热敏性物料，其进气温度可高于物料的熔点、软化点和分解点。在淀粉、结晶食盐、速熟食品等处理中应用较多。

（四）混合进料式气流干燥机

若湿物料含水量较高，加料时容易结团，可以将一部分已干燥的成品作为返料，在混合加料器中和湿物料混合，以利于干燥操作。加工豆粕、鱼粉、汤圆粉等物料时采用。

第八节　电磁辐射干燥机

电磁辐射干燥，就是利用微波的电磁感应或红外线辐射效应，对物料实施加热干燥处理。与其他外部加热干燥法不同的是，这种干燥方法是从物料外部、内部同时均匀加热的方法，因此，这种干燥处理方法时间短，不会因过热变质或焦化，其干燥制品的质量好，尤其是热敏性食品的干燥效果更加令人满意。

一、微波加热器

（一）微波干燥系统组成原理

微波干燥系统主要由微波发生器、电源、波导装置、加热器、冷却系统、传动系统、控制系统等组成（图 10-10）。用于加热干燥的微波管主要是速调管和磁控管。速调管常用于高频率或大功率的场合。微波管产生的微波通过波导装置传输给加热器。加热器主要有箱式、极板式和波导管式等类型。

（二）箱式微波干燥器

箱式微波干燥器由矩形谐振腔、输入波导、反射板、搅拌器等部分组成。如图 10-11 所示。微波经波

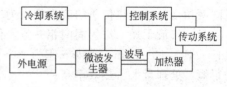

图 10-10　微波干燥系统组成示意图

导装置传输至矩形箱体内，矩形各边尺寸都大于 1/2 波长，从不同的方向都有波的反射，被干燥物料在腔体内各个方向均可吸收微波能，被加热干燥。没有被吸收的微波能穿过物料到达箱壁，由于反射又折射到物料上。这样，微波能全部用于物料的加热干燥。箱壁通常采用不锈钢或铝板制作，在箱壁上钻有排湿孔，以避免湿蒸汽在壁上凝结成水而消耗能量。在波导入口处装有反射板和搅拌器，搅拌器叶片用金属板弯成一定的角度，每分钟转几十至百余次，激励起更多模式，以便使腔体内电磁场分布均匀，达到物料均匀干燥的目的。如果用于连续生产，则在相对两侧边开有长方形孔道，以便输送带载荷物料通过。

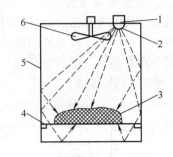

图 10-11　箱式微波干燥示意图
1—磁控管；2—微波发射器；3—被干燥原料；
4—工作面；5—腔体；6—电场搅拌器

二、红外线辐射加热器

红外辐射加热器是将电能或热能转变成红外辐射能，实现高效加热与干燥。从供热方式来分有直热式和旁热式两种。

(1) 直热式辐射器　是指电热辐射元件既是发热元件又是热辐射体，通常将远红外辐射涂层直接涂在电阻线、电阻片、电阻网、金属氧化物电热层或硅碳棒上，形状上制成灯式、管式、板式及其他异形等式样。直热式器件升温快、重量轻，多用于快速或大面积供热。

在直热式辐射器中，电阻带式辐射器的应用范围最广，这种辐射器是以铁铬铝合金电阻带或铬镍合金电阻带为电热基体，在其表面喷涂烧结铁锰酸稀土钙或其他高发射率涂料而制成。电阻带热惰性小、升温快，适合于中低温加热干燥，寿命长，维修方便。在使用电阻带式辐射器时，可以选配反射集光装置以加强干燥效果。

(2) 旁热式辐射器　是指由外部供热给辐射体而产生红外辐射，其能源可借助电、煤气、蒸汽、燃气等。辐射器升温慢、体积大，生产工艺成熟、使用方便，可借助各种能源，做成各种形状，且寿命长，故仍广泛应用。

旁热式辐射器有灯式、管式、板式等多种。板式远红外线辐射器是将电阻线夹在碳化硅板或石英砂板的沟槽中间，在碳化硅板或石英砂板的外表面涂覆有一层远红外涂料，当电阻线通电加热至一定温度后，即能在板表面发出远红外辐射。具有热传导性好、省电、温度分布均匀等特点，应用广泛。

第九节　真空干燥机

一、真空干燥的原理及特点

食品物料的真空干燥和常压下的干燥原理相同，只是由于在真空状态下，水分的蒸发温度较常压下的蒸发温度低。真空度越高，蒸发温度越低，因此整个干燥过程可以在较低的温度下进行。

真空干燥的特点是：

① 干燥过程中物料的温度低，无过热现象，水分易于蒸发，干燥产品可形成多孔结构，有较好的溶解性、复水性，有较好的色泽和口感。

② 干燥产品的最终含水量低。

③ 干燥时间短，速度快。

④ 干燥时所采用的真空度和加热温度范围较大，通用性好。

⑤ 设备投资和动力消耗高于常压热风干燥。

二、真空干燥设备

真空干燥需要在密封的环境内进行，真空干燥的设备一般是在常压干燥的设备外，加上密封和真空设备即可。较多使用的是箱式真空干燥机，也有带式和搅拌式真空干燥机，用蒸汽或热水提供蒸发热量。用真空泵或水力喷射器产生真空度。常用的真空泵有水环式真空泵（图2-24）和往复式真空泵。

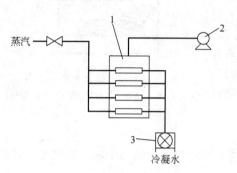

图 10-12　箱式真空干燥系统
1—真空干燥箱；2—真空泵；3—疏水器

（一）箱式真空干燥机

箱式真空干燥机是在常压箱式干燥机基础上加装密封和增加真空泵，使物料在干燥箱内在一定的真空度下进行干燥，箱式真空干燥系统见图10-12。

（二）带式真空干燥机

带式真空干燥机是连续式真空干燥机（图10-13）。由干燥室、加热和制冷系统、原料供给系统和真空系统等部分组成，用于液料或浆料的干燥。干燥室内设置有传送带，带下设加热和冷却装置，顺序地形成加热区和冷却区，其中加热区又分为4段或5段，第一、二段采用蒸气加热，进行恒速干燥，

第三、四段进行减速干燥，第五段进行均质，后三段采用热水加热。根据产品干燥工艺要求，各段的操作温度可以调节。

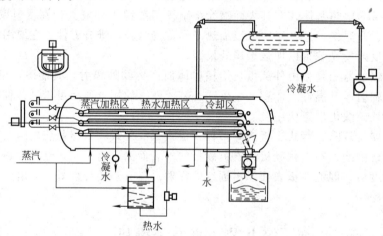

图 10-13　带式真空干燥机

经预热的料液由液料泵泵入密闭的干燥室内，并均匀分布到干燥室内的输送带上，在输送过程中，顺序加热使物料中的水分蒸发干燥，冷却后形成的片状产品送至出口处的粉碎机粉碎成颗粒状产品，由卸料装置排出。

这种干燥机干燥时间为5～25min，可直接用于干燥高浓度、高黏度物料，从而简化工艺，可获得多孔结构制品。

（三）搅拌型圆筒真空干燥机

搅拌型圆筒真空干燥机又称为耙式真空干燥器，是间歇式干燥机。如图10-14所示，它主要由卧式筒体、带耙齿搅拌轴等构成。筒体为夹套结构，夹套内通入加热用蒸汽、热水或热油。搅拌轴上安装有两组耙齿（桨叶），其中一组为左旋，另一组为右旋。搅拌轴颈与筒体封头间采用填料密封。

干燥时，原料从筒体上部的加料口送入，搅拌轴间歇进行正向和反向旋转，物料由带有

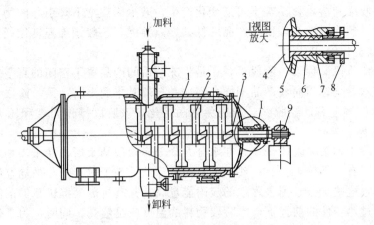

图 10-14　搅拌型圆筒真空干燥机

1—筒体；2—耙齿（左向）；3—耙齿（右向）；4—搅轴；5—压紧圈；6—封头；7—密封填料；8—压盖；9—轴承

左、右旋耙齿的搅动除沿圆周方向运动外还沿轴线双向往复移动，从而在受到均匀搅拌的状态下，物料在筒壁处进行热交换，使物料水分蒸发而干燥。这种真空干燥机主要适用于高湿的固体物料。

第十节　真空冷冻干燥机

一、真空冷冻干燥的原理及特点

食品冷冻干燥制品的色、香、味、形以及营养、物理性质等几乎保持不变，具有良好的复水性，是现代理想的食品干燥法。真空冷冻干燥是先将湿物料冻结到其水的凝固点温度以下，使水分变成固态的冰，然后在适当的真空度下，使冰直接升华为水蒸气，再用真空系统中的水汽凝结器将水蒸气冷凝，从而获得干燥制品的技术。干燥过程是水的物态变化和移动的过程。这种变化和移动发生在低温低压下。因此，真空冷冻干燥机的基本原理就是在低温低压下传热传质。

真空冷冻干燥的特点如下。

（1）物料在低压下干燥，使物料中的易氧化成分不致氧化变质，同时因低压缺氧能杀菌或抑制某些细菌的活力。

（2）物料在低温下干燥，使物料中的热敏成分能保留下来，营养成分和风味损失很少，可以最大限度地保留食品原有成分、味道、色泽和芳香。

（3）由于物料在升华脱水以前先经冻结，形成稳定的固体形态，所以水分升华以后，固体形态基本保持不变，干制品不失原有的固体结构，保持着原有形状，因此，多孔结构的食品具有理想的速溶性和快速复水性。

（4）由于物料中水分在预冻以后以冰晶的形态存在，原溶于水中的无机盐类溶解物质被均匀分配在物料之中，升华时溶于水中的溶解物质就地析出，避免了一般干燥方法中因物料内部水分向表面迁移所携带的无机盐在表面析出而造成表面硬化的现象。

（5）脱水彻底，重量轻，适合长途运输和长期保存，在常温下，采用真空包装保质期可达3～5年。

主要缺点是设备投资和运转费用高，冻干过程时间长，产品成本高。

真空冷冻干燥过程有3个阶段，即预冻阶段、水分升华干燥阶段和解析干燥阶段。

预冻阶段是通过预冻将溶液中的自由水固化，使干燥后产品与干燥前具有相同的形态，防止起泡、浓缩、收缩和溶质移动等不可逆变化产生，减少因温度下降引起的物质可溶性降低和生命特性的变化。预冻温度必须低于产品的低共熔点温度，一般预冻温度比低共熔点温度要低5～10℃，同时还应保温2h以上。

水分升华干燥阶段又称第一阶段干燥，是将冻结后的产品置于密闭的真空容器中加热，其冰晶就会升华成水蒸气逸出而使产品干燥。当冰晶全部升华逸出时，第一阶段干燥结束，此时产品全部水分的90%左右已经脱除。为避免冰晶熔化，该阶段操作温度和压力都必须控制在产品低共熔点以下。

解析干燥阶段又称第二阶段干燥。在水分升华干燥阶段结束后，在干燥物质的毛细管壁和极性基团上还吸附有一部分水分，这些水分未得以冻结。为了改善产品的储存稳定性，延长其保存期，需要除去这些水分。因吸附水的吸附能量高，其解析需要提供足够的能量。因此，在不燃烧和不造成过热变性的前提下，本阶段物料的温度应足够高，同时，为了使解析出来的水蒸气有足够的推动力逸出，箱内需要处于高真空状态。干燥产品的含水量需视产品种类和要求而定，一般在0.5%～4%之间。

二、冷冻干燥机

冷冻干燥机按运行方式不同可分为间歇式和连续式冷冻干燥机；按容量不同可分为工业用和实验用冷冻干燥机；按能否进行预冻可分为能预冻和不能预冻的冷冻干燥机等。

冷冻干燥机的结构形式繁多，但均由干燥箱、水汽凝结器（两部件可结合成一体）、制冷系统、真空系统、加热系统、控制系统等组成。

（一）间歇式冷冻干燥机

如图10-15所示，干燥箱1内有搁板，可用来搁置被冻干物料，当物料在箱内预冷时，该搁板既能冷却，又能加热。目前大多数干燥箱都带有预冻功能，使物料在箱中能冻结至共熔点以下的温度，然后在真空下使搁板加热升温，提供水汽升华所必需的热量。水汽凝结器2是用来凝结物料中升华的水汽，它与干燥箱1用管道连接，一般中间装有真空阀门，水汽凝结器的温度要求在-40℃以下。真空系统3是用来保持干燥箱和水汽凝结器内所必要的真空度，以及抽取从连接管和阀门等处泄漏入系统中的空气和不凝性气体的。冷冻干燥机的真空度要求较高，真空系统一般采用两级抽空。制冷系统4一般为两级压缩制冷循环或复叠式制冷循环。加热系统5采用间接加热形式，可利用中间介质既作冷媒又作热媒。控制系统，根据要求可分为手动操作、仪表显示，半自动控制，全自动控制等。按物料的不同冻干工艺，设定温度和时间来控制整个工艺过程。

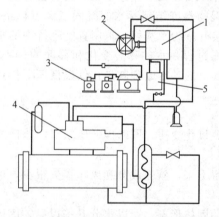

图10-15　间歇式冷冻干燥机流程图
1—干燥箱；2—水汽凝结器；3—真空系统；
4—制冷系统；5—加热系统

现代冷冻干燥机的干燥箱内还配有清洗消毒装置、自动加塞装置等。清洗消毒装置是为了保证箱内的清洁和消毒灭菌，在箱内装有清洁液喷淋喷嘴，通过泵升压，使清洁液喷向箱内各部分进行消毒。消毒有蒸汽消毒和化学药品消毒两种，蒸汽消毒是在箱内通以121℃以上的高温蒸汽，并维持一定时间（例如121℃时为30min）进行杀菌，采用此方式要求干燥箱和水汽凝结器的强度高，视镜、箱门等均能承受内压。

自动加塞的目的，是避免物料干燥后在箱外封装时，被空气中的水分、细菌污染。在物料装箱前，用半加塞机将一种带凹槽的特殊瓶塞放在每个瓶子的瓶口上，升华时水汽从凹槽中逸出瓶外，干燥完毕后，则用液压或其他动力推动搁板或加塞板，将瓶塞压入瓶口，物料出箱后再进行压铝帽或封蜡等。

（二）连续式真空冷冻干燥机（图 10-16）

连续式隧道真空冷冻干燥机的干燥室由长圆筒容器 4 和断面较大的扩大室 7 两部分组成。沿长圆筒容器和扩大室的内壁全长方向设加热板，加热板可单独加以控制。

该机前部有物料入口 14 连接进口闭风室 2，由闸式隔离阀 3 将其与干燥室隔开，并与设置在一侧的冷凝室 9 经过控制阀 13 相通，通大气阀门 1 设置在另一侧。该机尾部有两个冷凝室 9 通过隔离阀与扩大室相连通。出口闭风室 12 布置在扩大室的侧面与扩大室相通。

工作时，经过预冻的物料从物料入口 14 进入进口闭风室 2，开启闸式隔离阀 3 让物料进入干燥室，加热板 6 使物料中冻结的水分升华，升华的水蒸气通过冷凝室 9 和真空泵 11 排出。物料在干燥室内沿输送器轨道 15 向前运动，干燥好的物料经出口闭风室 12 送出。

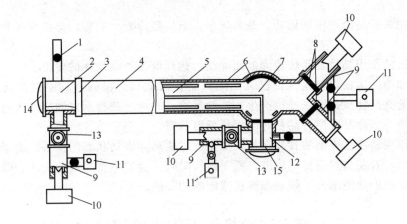

图 10-16 连续式隧道真空冷冻干燥机

1—通大气阀门；2—进口闭风室；3—闸式隔离阀；4—长圆筒容器；5—中央干燥室；6—加热板；7—扩大室；8—隔离室；9—冷凝室；10—制冷压缩机；11—真空泵；12—出口闭风室；13—控制阀；14—物料入口；15—输送器轨道

第十一章 食品冷冻机械与设备

第一节 概 述

食品冷冻机械包括制冷机、冷却冻结机、冷冻储藏机、冷冻运输机、解冻机和冷饮食品机械等。

制冷机是用来对制冷剂压缩做功，获得能量，然后经冷凝、膨胀，形成能吸收热量的冷源而制冷。

冷却冻结机的作用是使食品快速降温而冻结，达到低温冷藏入库的要求。

冷冻储藏和冷冻运输设备是保证已冻结的食品在储藏和运输的过程中保持低温的环境条件。这些机械的共同特点是以制冷机产生的冷源制冷，并通过载冷剂或制冷剂本身，将冷源带给食品，有效地冷却食品或使食品长时间保持低温状态。

解冻机的作用是使已冻结的食品在投入加工前尽快解除冻结状态的设备。由于解冻操作是吸收热量的过程，若在自然条件下解冻，需要很长时间，会发生食品成分变质、降低品质等不良后果，所以生产中常使用人工强制加热快速解冻的方法。

第二节 制冷机的工作原理和结构

一、制冷工作原理

制冷机是实现热工学中逆卡诺循环的一组机件的总和，也叫冷冻机。制冷机综合了压缩机、冷凝器、膨胀阀、蒸发器等机件。为了提高制冷机的效率和确保制冷系统的安全，还常设置一系列辅助设备，如油分离器、空气分离器、储氨器、氨液分离器等。

（一）单级压缩制冷循环

图 11-1 所示为单级氨压缩制冷循环图，氨的低压蒸气在压缩机 1 的汽缸内压缩成高压的过热蒸气。经过油分离器 2 后，进入冷凝器 3 冷却、冷凝成氨液，把热量传递给冷却介质。高压氨液从储氨器 4 经调节站 5，通过膨胀阀 6 节流降压，在氨液分离器 7 分离氨气后，氨液进入蒸发器 8，发生冷效应使冷库内的空气及物料温度下降。从蒸发器出来的低压低温氨蒸气，经过氨液分离器 7 分离氨液后，再进入压缩机 1 压缩。如此循环往复，达到制冷的目的。

（二）双级压缩制冷循环

氨气的压缩比 ε（冷凝压力 P_1 与蒸发压力 P_2 的比值）往往大于 8，若还采用上述单级压缩制冷循环流程，则压缩终了时氨蒸气的温度很高，会引起运行上的困难和麻烦，如压缩机润滑油的着火点温度须提高，且润滑油的黏度会随着温度的升高而降低，被高温氨气带走的润滑油也较多，同时高温下氨与润滑油会产生慢性分解。另外高温也会使汽缸产生热变形。所以又出现了双级压缩制冷循环流程。

如图 11-2 所示，双级氨压缩制冷循环是指来自蒸发器的低压低温氨蒸气要经过两次压缩（低压压缩机 1 和高压压缩机 3），才进入冷凝器 4。在两次压缩中间设置中间冷凝器 2，用中压氨液的蒸发吸热来冷却低压压缩机 1 压缩的过热氨蒸气。

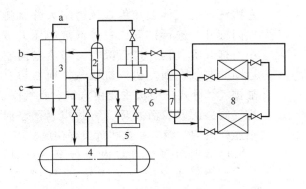

图 11-1 单级氨压缩制冷循环图

1—压缩机；2—油分油器；3—冷凝器；4—储氨器；

5—总调节站；6—膨胀阀；7—氨液分离器；8—蒸发器；

a—水；b—放空气；c—放油

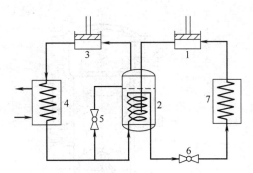

图 11-2 双级压缩制冷循环图

1—低压压缩机；2—中间冷却器；3—高压压缩机；

4—冷凝器；5—膨胀阀Ⅰ；6—膨胀阀Ⅱ；7—蒸发器

由于采用了两次压缩和中间冷却，使每台压缩机的压缩比 ε 和排气温度均降低，使压缩机的汽缸容积效率提高，并使压缩机的润滑系统工作良好，消耗于压缩机的功减少。但是，双级压缩制冷循环所需设备投资比单级压缩制冷循环大，操作复杂。一般当压缩比 ε＞8 时，采用双级压缩较为经济合理。

二、制冷剂与载冷剂

（1）制冷剂 在直接蒸发式制冷系统中循环，通过其自身的状态变化，来传递热量的媒介称为制冷剂。

（2）载冷剂 在间接蒸发式制冷系统中起传递冷效应的介质称为载冷剂。

工业上已采用的制冷剂很多，目前最常用的几种制冷剂的物理性质见表 11-1。

表 11-1 常用制冷剂的物理参数

代号	名　称	分子式	相对分子质量	正常沸点/℃	冰点/℃	临界温度/℃	临界压力/kPa
R11	三氯氟甲烷	CCL_3F	137.38	23.82	−111.0	198.0	4406
R717	氨	NH_3	17.03	−33.3	−77.7	133.0	11417
R22	氯二氟甲烷	$CHCLF_2$	86.48	−40.76	−160.0	96.0	4794
R744	二氧化碳	CO_2	44.01	−78.4	−56.6	31.1	7372
R50	甲烷	CH_4	16.04	−161.5	−182.2	−82.5	4638
R728	氮	N_2	28.01	−195.8	−210.0	−146.9	3396
R152a	二氟乙烷	CH_3CHF_2	66.05	−25.0	−117.0	113.5	4492
R134a	四氟乙烷	CH_3CH_2F	102.03	−26.16	−96.6	101.0	4067

三、制冷机的主要装置

（一）制冷压缩机

压缩机是制冷机的主要设备，它的主要功用是吸取蒸发器中的低压低温制冷剂，将其压缩成高压高温的过热蒸气。这样便可推动制冷剂在制冷系统内循环流动，并能在冷凝器内把从蒸发器中吸收的热量传递给环境介质（空气或水），以达到制冷的目的。

常用的有立式和卧式的压缩机。

（1）卧式压缩机 卧式压缩机一般都是双作用的，其工作原理如图 11-3 所示。当活塞向左运动的时候，

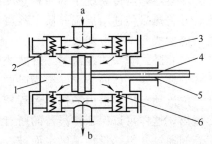

图 11-3 卧式压缩机的工作原理图

1—汽缸；2—阀门弹簧；3—吸气阀；4—活塞杆；

5—密封填料；6—排气阀；

a—低压气体；b—高压气体

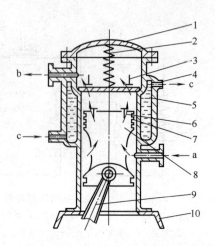

图 11-4 立式、单作用、直流式氨压缩机工作原理图
1—上盖；2—缓冲弹簧；3—排气阀门；4—样盖；5—水套；
6—吸气阀门；7—活塞环；8—活塞；9—连杆；10—曲轴箱；
a—低压气体；b—高压气体；c—水

左边汽缸的气体被压缩，压力增大并将排气门打开，进行排气；右边汽缸因压力减小而打开吸气门，进行吸气。当活塞向右运动的时候，则左边汽缸吸气，而右边汽缸排气。卧式压缩机主要由汽缸、吸气阀、排气阀、活塞、活塞环、密封填料函、曲轴连杆机构、润滑装置和机架等构成。

压缩机活塞在汽缸内运行至终点时，活塞与汽缸盖之间仍保持有一定的间隙，称为余隙。由于余隙的存在，余隙中残留的并被压缩至排气压力的制冷剂，在汽缸返回时膨胀降压，推迟了吸气阀门的开启时间，使压缩机从蒸发器吸入制冷剂的量减少，即减少了汽缸的有效容积，减少了压缩机的制冷能力。

（2）立式压缩机 图 11-4 所示为立式、单作用、直流式氨压缩机工作原理图，它主要由汽缸、活塞、活塞环、连杆、吸排气阀门、样盖、缓冲弹簧和曲轴箱等组成。当活塞向下运动时，装在活塞顶部的吸气阀门被打开，制冷剂经吸气阀进入活塞上部的汽缸中；当活塞向上运动时，汽缸内压力逐渐增大，吸气阀门自行关闭，活塞继续向上运动，汽缸中的制冷剂被压缩，当气压达到一定的程度时，即顶开装在样盖上的排气阀门，制冷剂排出汽缸，压入高压管路中。曲轴箱是固定汽缸和曲轴连杆机构等部件的机座，箱的下部存放润滑油。汽缸下部与曲轴箱连通，上部有上盖，里面有样盖（安全板），用缓冲弹簧压紧。如果汽缸内吸入氨液，产生较大的压力（液体是不可压缩的），样盖就能向上升起，将氨液放入排气腔内，压缩机发出响声，称为敲缸。发现敲缸，应及时纠正。汽缸上部周围有水套，起冷却作用，以降低上部工作腔的温度。

吸气阀装在活塞的上部，排气阀装在样盖上，制冷剂由吸气阀进入至排气阀排出，是同一个方向（直线）运动的，故称为直流式。活塞环装在活塞表面的槽内，上活塞环为封环，使活塞与汽缸壁之间形成密封，避免制冷剂从高压侧窜入低压侧。同时能防止活塞与汽缸壁的直接摩擦，有保护活塞的作用，活塞磨损后修理困难，而活塞环可以更换。下活塞环为油环，用途是刮去汽缸壁上多余的润滑油。

（二）冷凝器

冷凝器是制冷系统中的一种热交换器，使高压高温的制冷剂过热蒸气冷却、冷凝成高压液体，并将热量传递给周围介质。冷凝器的种类很多，常用的有卧式壳管式、立式壳管式、淋水式、蒸发式和空气冷却式等。

（1）卧式壳管式冷凝器 卧式壳管式冷凝器如图 11-5 所示，钢制圆柱壳体的两端焊有管板各一块，在壳体内装有一组横卧的直管管簇与管板焊接，冷凝器两端各装水盖一个。冷却水在管内流动，借水盖内的挡板多程转折进出。冷却水进出口设在同一水盖上，由下面流进，上面流出，这样可以保证冷凝器的所有管簇始终被冷却水充满。制冷剂蒸气自壳体上部引入，在管壳间通过并将热量传递给水而被冷凝，氨液在壳体下部引出。

卧式壳管式冷凝器结构紧凑、占空间高度小、传热系数高，但清除水垢困难。适于在水温较低、水质较好、水源充足的地方使用。

（2）淋水式冷凝器 淋水式冷凝器如图 11-6 所示，由储氨器、冷却排管和配水箱等组成。

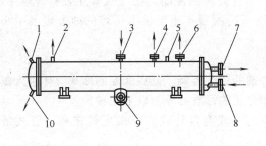

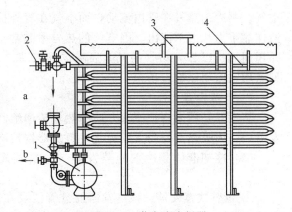

图 11-5　卧式壳管式冷凝器

1—放空阀；2—不凝结气体出口；3—氨气进口；

4—均压管；5—压力表；6—安全阀；7—冷却水出口；

8—冷却水进口；9—氨液出口；10—放水阀

图 11-6　淋水式冷凝器

1—储氨器；2—不凝结气体出口；3—配水器；4—冷却排管；

a—氨气；b—氨液

工作时冷却水由顶部进入配水箱，经配水槽流到蛇管的顶面，然后顺着每层排管的外表面成膜状流下，部分水蒸发，其余落入水池中，通过冷却再重复使用；氨气自排管底部进入管内，沿管上升时遇冷而冷凝成氨液，流入储氨器中。

为了减少管间距离，蛇管不是用一根长钢管绕制而成，而是用单根钢管焊接而成，焊接前，先将管端稍微弯曲成斜角。

淋水式冷凝器结构简单、操作方便、工作安全、对水质要求不严、容易清洗，但耗材较多，占地面积较大。适用于空气相对湿度较低、水源不足或水质特别差的地方使用。

（3）蒸发式冷凝器　蒸发式冷凝器如图 11-7 所示，由冷凝管、供水喷淋装置和风机等组成。它的冷却介质为水和空气。制冷剂蒸气从上部的蒸气入口进入，在冷凝管内与冷却水进行热交换，冷凝后经出液口排出。冷却水喷淋在冷凝管外壁上形成薄层水膜，其中一部分水膜吸热后蒸发成水蒸气，另一部分聚集成水滴，落回水池。抽风机产生自下而上的气流，将水蒸气排出机外，并冷却滴落过程中的水滴。随气流漂移的雾滴，碰到上部的阻挡栅后也滴回水池。这类冷凝器的传热效果较好、耗水量较少，但因蒸发式是利用水的汽化潜热，空气湿度对冷凝效果影响较大，湿度越高，越难汽化。所以蒸发式冷凝器不宜在湿度较高的地方使用。

（4）空冷式冷凝器　空冷式冷凝器由一排排蛇形铜管组成，如图 11-8 所示，冷却介质为

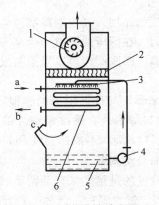

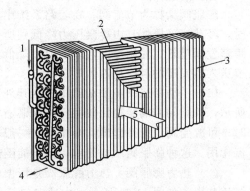

图 11-7　蒸发式冷凝器

1—抽风机；2—阻挡栅；3—喷嘴；4—泵；5—水池；6—冷凝管；

a—蒸气入口；b—出液口；c—空气

图 11-8　空冷式冷凝器

1—蒸气入口；2—冷凝管；3—散热片；

4—出液口；5—气流方向

空气。制冷剂蒸气在管内流动，而空气在管外掠过，吸收热量并散发于周围环境中，冷凝后的液体靠重力从下部流出。因空气的热导率非常小，为提高传热性能，在冷凝管外装有散热片，并用通风机以 2～3m/s 的风速强制空气流动。空冷式冷凝器常用于供水困难的地方以及中小型家用或医用制冷设备中。

（三）蒸发器

蒸发器是用来将被冷却介质的热量传递给制冷剂的热交换器。低压低温制冷剂液体进入蒸发器后，因吸热蒸发而变成蒸气。蒸发器按被冷却介质的性质可分为以下几种。

（1）冷却液体载冷剂的蒸发器　这类蒸发器的形式有盘管式、卧式壳管式和立管式等几种。

①盘管式蒸发器。该蒸发器的盘管浸没在冷却水箱内，制冷剂在盘管内流动，蒸发沸腾吸热；载冷剂在盘管外水箱内强制循环。盘管式的蒸发器传热系数稍低，但制造方便，常用于小型制冷机中。

②卧式壳管式蒸发器。卧式壳管式蒸发器的结构如图 11-9 所示，与壳管式冷凝器相似，在钢制圆柱壳体的两端焊有管板各一块，在壳体内装有一组与管板焊接的直管管簇，蒸发器两端各装水盖一个。盐水由离心泵泵入管内，借水盖内的挡板多程转折进出。盐水进出口设在同一水盖上，由下面流进，上面流出，这样可以保证蒸发器的所有管簇始终被盐水充满。制冷剂液体自壳体下部进入，在管壳间通过并吸收盐水热量蒸发变成蒸气，从壳体上部排出。卧式壳管式蒸发器结构简单、占空间高度小、传热效果好，因载冷剂循环系统密封，对设备腐蚀较小，当盐水浓度不够或盐水泵因故障停止运转时，可能发生冻结，造成管簇破裂。所以盐水的冰点应低于操作温度 10℃ 以上。

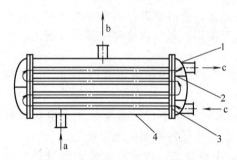

图 11-9　卧式壳管式蒸发器示意图
1—水盖；2—挡板；3—管板；4—圆柱壳体；
a—氨液；b—氨气；c—盐水

（2）冷却空气的蒸发器　这类蒸发器种类繁多，制冷剂在管内蒸发，空气在外侧流动。空气的流动可以是自然对流，如设在冷库库房中的墙排管、顶排管；空气也可依靠风机进行强制循环，如冷风机。

（3）与被冷冻物接触式蒸发器　制冷剂在传热间壁一侧蒸发，间壁另一侧与被冷冻物直接接触，如板式蒸发器。

（四）膨胀阀

膨胀阀又称为节流阀，在管路系统中起着节流和降压的作用。高压制冷剂液体通过膨胀阀时，经节流降压使其由冷凝压力降低到所要求的蒸发压力。在降压的同时，少部分制冷剂因沸腾蒸发而吸热，使制冷剂液体的温度降低到所需的低温。膨胀阀还可以根据蒸发器的工况调节送入蒸发器的制冷剂液体量。

（1）手动膨胀阀　手动膨胀阀从其外形及总体结构来看，与普通阻流阀相似，如图 11-10 所示，只是阀芯的结构比较特殊，阀芯有针形和 V 形缺口等形式。螺纹是细牙的，手轮转动时，可改变阀门的开启度。操作时，一般转动手轮 1/8～1/4 周，不能超过 1 周，否则失去节流作用。这种膨胀阀结构简单，但不能随热负荷的变化而自动调节。

（2）热力膨胀阀　热力膨胀阀是根据蒸发器出口处蒸气的过热度来自动调节制冷剂流量的节流装置，如图 11-11 所示，由感温包、毛细管、密封盖、波纹膜片、阀体、阀座等组成。在感温包、毛细管、密封盖、波纹膜片构成的密闭系统内也灌有制冷剂，当制冷机正常运转时，密闭系统内的压力等于波纹膜片下气体压力与弹簧压力之和，处于平衡状态。感温包处于蒸发

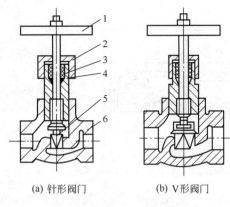

(a) 针形阀门   (b) V形阀门

图 11-10　手动膨胀阀

1—手轮；2—螺母；3—钢套筒；4—填料；

5—钢阀针；6—外壳

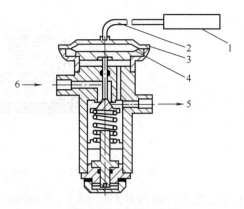

图 11-11　热力膨胀阀

1—感温包；2—毛细管；3—密封盖；4—波纹膜片；

5—制冷剂出口；6—制冷剂进口

器出口管道上，用来感受出口蒸气的过热度，若制冷剂供给不足，使蒸发器出口处蒸气过热度增大，引起感温包密闭系统内的温度升高，使波纹膜片下移，阀口的开启度增大，直至供液量与蒸发量相当时，再得到平衡；若制冷剂供给过量，使蒸发器出口处蒸气过热度减小，引起感温包密闭系统内的温度降低，使波纹膜片上移，阀口的开启度减小。供液量随负荷的大小自动增减，可保证蒸发器的传热面积得到充分利用，使压缩机正常安全运行。

四、制冷机的辅助装置

在制冷循环过程中，整个制冷系统会因结合处不够严密而渗入一些空气或杂质，压缩后的高压制冷剂蒸气也会从压缩机中带走一些润滑油，为了保证氨液均匀地进入蒸发器，氨气又能及时地被压缩机吸走，改善制冷机的工况，保证良好的制冷效果，延长制冷机的使用寿命，制冷机除压缩机、冷凝器、蒸发器、膨胀阀四大件外，还必须配有其他的装置和设备，这些装置和设备统称为制冷机的辅助装置，如油分离器、氨液分离器、空气分离器和中间冷却器等。

第三节　冻　结　机

食品的冻结和冻藏是食品冷加工的主要方法之一，影响食品冻结的主要因素有温度、相对湿度和空气流速等。在果蔬和肉类食品的加工储藏期间，导致食品腐败的主要原因是其自身酶的催化反应和微生物的繁殖与生长，温度越低，酶的活性及微生物的繁殖速度也越低，有利于食品的冻藏。足够高的空气相对湿度和合理的空气流速及分布，对于减少食品的干耗也非常重要。冻结速率是指食品热中心温度的下降速度，食品热中心即指降温过程中，食品内部温度最高的点，对于成分均匀且几何形状规则的食品，热中心就是其几何中心。目前生产中使用的冻结装置的冻结速率大致为：慢冻（冻结速率为 0.2cm/h）；快冻或深冻（冻结速率为 0.5～3cm/h）；速冻（冻结速率为 5～10cm/h）；超速冻（冻结速率为 10～20cm/h）。

一、隧道式冻结装置

（1）传送带式连续冻结装置　传送带式连续冻结装置由蒸发器、风机、传送带及包围在它们外面的隔热壳体构成。该装置有多种结构形式，现仅介绍带冷冻板的传送带冻结装置（图11-12），调速电动机经减速器通过链传动驱动主动轮，使不锈钢网状传送带慢速向前运动。食品置于不锈钢传送带上，不锈钢传送带的底面与蒸发器冷冻板相紧贴，上部为冷风机，根据食

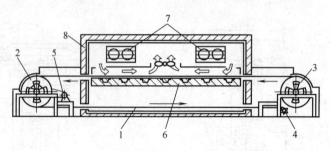

图 11-12　带冷冻板的传送带冻结装置

1—传送带；2—主动轮；3—从动轮；4—传送带清洗刷；5—调速电动机；6—冷冻板；7—冷风机；8—隔热层

品在隧道里所处的位置不同，空气循环的方式有顺流式、逆流式和混流式。传送带下部冷冻板的温度为－40℃，上部冷风的温度为－35℃。厚 15mm 的食品 12min 可以冻好，厚 40mm 的食品 41min 可以冻好。根据不同品种和厚度的食品，调节传送带的速度，获得不同的冻结时间。

（2）吊篮式连续冻结装置　吊篮式连续冻结装置如图 11-13 所示，主要用于冻结家禽等产品，家禽经宰杀并晾干后，用塑料袋包装，装入吊篮中，然后吊篮上链，经进料口输送到冻结间内。在冻结间内首先用冷风吹约 10min，使家禽表面迅速冷却，达到色泽定型的效果。然后吊篮被送到乙醇喷淋间内，用－25℃左右的乙醇溶液（浓度 40%～50%）喷淋 5～6min，家禽表面层快速冻结。最后家禽进入冻结间，经过较长时间的冻结，可使禽体热中心温度降至－16℃。最后，吊篮随传送带到达卸料口，冻结过程结束。

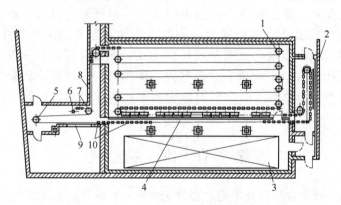

图 11-13　吊篮式连续冻结装置

1—横向轮；2—乙醇喷淋系统；3—蒸发器；4—轴流风机；5—张紧轮；6—电动机及减速装置；
7—主动链轮；8—卸料口；9—进料口；10—链盘

吊篮式连续冻结装置的主要特点是机械化程度高，减轻了操作人员的劳动强度，提高了生产效率。而且由于冻结速度快、冻品各部位降温速度均匀，因而冻品冰结晶细小，色泽好，商品质量高。但结构不紧凑，占地面积大，风机能耗高，经济指标差。

（3）推盘式连续冻结装置　推盘式连续冻结装置如图 11-14 所示，主要由绝热隧道、蒸发器、风机、液压传动机构、货盘推进和提升机构等组成。主要用于冻结果蔬、虾、肉类副产品和小包装食品等。食品装入货盘后，在隧道入口处由液压推盘机构推入隧道，隧道内有 2 条轨道，每次同时进盘 2 只，又同时出盘 2 只，当货盘到达第一层轨道的末端后，被液压提升装置升到第二层轨道，如此往复经过 3 次，冻品在间歇式的传送过程中，被冷风机强烈吹风冷却，逐渐降温直至冻结，最后在隧道出口被推出。

二、平板式冻结装置

平板式冻结装置的主要构件是一组作为蒸发器的空心平板，平板空心与制冷剂管道接通，待冻品放在两相邻的平板间。并借助液压系统使平板与食品紧密接触，传热系数高。当接触压力为 $7\sim30\text{kPa}$ 时，传热系数可达 $93\sim120\text{W}/(\text{m}^2\cdot\text{K})$。

平板式冻结装置适用于冻结块状耐压的小包装食品，尤其对于厚度小于 50mm 的食品，冻结快，干耗小，冻结质量高，因直接接触，不用配备风机，电耗下降，

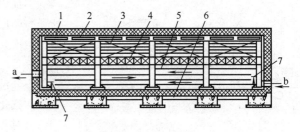

图 11-14　推盘式连续冻结装置示意图

1—绝热层；2—冲霜淋水管；3—翅片蒸发排管；4—鼓风机；
5—集水箱；6—水泥空心板（防冻通风道）；7—货盘提升装置；
a—货盘出口；b—货盘进口

占地面积小，投产快；但不能冻结大块食品和不耐压的食品，间歇生产，进货、卸货时间较长，因此冷损耗大。此外，平板与制冷管道的连接软管在选材方面有一定的难度。根据平板的工作位置不同，可分为卧式和立式两种类型。

（1）卧式平板冻结装置　如图 11-15 所示，平板放置在一个隔热箱体内，箱体一侧或相对的两侧有门，一般有平板 $6\sim16$ 块，平板的间距由液压系统来调节，液压升降装置上升时，相邻平板间最大间距可达 130mm；液压升降装置下降时，两平板间距视食品厚度而定。为防止压坏食品，相邻平板间均装有限位木垫块。冻结时，先将液压升降装置上升，使相邻平板间距升至最大，把食品放入各层平板间，再将液压升降装置下降，压紧食品，然后供液降温，进行冻结。

（2）立式平板冻结装置　立式平板冻结装置结构原理与卧式平板冻结装置相类似，只是冻结平板垂直排列，如图 11-16 所示，平板一般有 20 块左右，待冻品不需要装盘或包装，可直接散装倒入平板间进行冻结，操作方便，适用于肉、鱼类副产品的冻结。平板的移动、冻块的升降和推出等动作，均由液压系统驱动和控制。平板间装有定距螺杆，用以限制两平板间的距离。

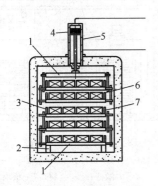

图 11-15　卧式平板冻结装置示意图

1—平板；2—支架；3—连接铰链；4—活塞；
5—液压缸；6—食品；7—限位木垫块

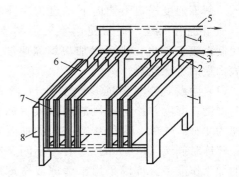

图 11-16　立式平板冻结装置示意图

1—机架；2,4—橡胶软管；3—供液管；5—吸入管；
6—平板；7—定距螺杆；8—液压装置

三、喷淋式液氮冻结装置

图 11-17 所示为喷淋式液氮冻结装置，它由隔热隧道式箱体、喷淋装置、不锈钢丝网格传送带、传动装置、风机等组成。通常将箱体分为三段：预冷段、喷淋段和均温段。待冻品由传送带送入，首先进入预冷段，风机 4 将喷淋段内温度较低的氮气输送到预冷段，风扇 3 将 $-10\sim-5\text{℃}$ 的氮气吹到由传送带送入的食品表面上，经充分换热，预冷食品。进入喷淋段后，食品受到喷淋头喷出的雾化液氮的冷却而被冻结。根据食品的形状和种类不同，冻结温度和冻结时间也有差异。一般通过调节储罐压力以改变液氮喷淋量，以及通过调节传送带的速度来

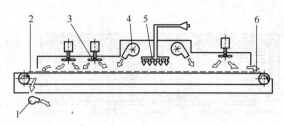

图 11-17 喷淋式液氮冻结装置
1—排气风机；2—产品入口；3—风扇；4—风机；
5—喷淋头；6—产品出口

加以控制，以满足不同食品的工艺要求。进入均温段后，已冻食品与低温氮气进一步进行热交换，使食品表面和中心的温度逐渐趋于一致。

液氮的沸点为 −195.8℃，氮气从 −195.8℃升温到 −20℃，吸收的热量为 182kJ/kg，液氮的汽化潜热为 199kJ/kg，总的制冷量为 381kJ/kg。对于 5mm 厚的食品，经过 10～30min 即可完成冻结。冻结后的食品表面温度为 −30℃，中心温度为 −20℃，冻结每千克食品所耗用的液氮量为 0.7～1.1kg。

利用液氮冻结食品的特点为：冻结食品质量高、干耗小、占地面积小、初投资低、装置效率高，但液氮冻结成本高，不宜冻结廉价食品。

第四节 解 冻 机

解冻是冻结食品融解恢复到冻前的新鲜状态，由于冻结食品自然放置时也会融解，所以解冻易被人们忽视。在食品工业中，需要大量冻结食品作原料，必须重视解冻方法，了解解冻对食品质量的影响。

常用的解冻方法有外部加热法、内部加热法以及内部与外部同时加热的组合加热法。

一、外部加热解冻装置

（一）空气解冻装置

空气解冻又称自然解冻，以空气为换热介质，设备简单，应用普遍。常温自然对流的空气传热效果差，解冻速度慢，不能向下一道工序及时供应原料，质量也有问题。通常使用空气强制流动循环，并控制温度、湿度，则可以加快解冻速度，解决食品表面层的干燥问题。

（1）间歇式空气解冻装置 图 11-18 所示为能控制温度、湿度并伴有送风的间歇式解冻装置，在风速为 1m/s 左右，温度为 0～5℃ 的加湿空气下解冻，解冻时间为 14～15h。一般在夜间解冻，为白天的加工作准备。可以采用半解冻或全解冻，解冻后易于加工，品质也较好。

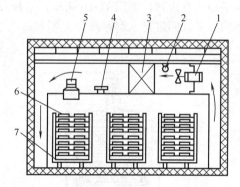

图 11-18 低温加湿送风间歇式解冻装置
1—风机；2—杀菌灯；3—冷却器；4—加温器；
5—加湿器；6—鱼块；7—鱼块车

（2）连续式空气解冻装置 连续式空气解冻装置如图 11-19 所示，加热器和加湿器安装在风道上部，下部为不锈钢网格传送带，解冻品置于传送带上。该装置每小时解冻 1t 食品时，配用风机功率为 7.5kW，风量为 600m³/h。这种装置与前一种相比，处理量大、时间短、操作简便，但占地面积大、能量消耗较大。

（二）水解冻装置

把冻品浸在水中解冻，因水比空气传热性能好，可以缩短解冻时间。该装置适于带皮或包装的冷冻水产品的解冻。对于裸露且

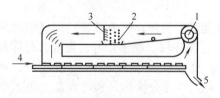

图 11-19 连续式空气解冻装置示意图
1—风机；2—加热器；3—加湿器；4—进料口；5—出料口

易受水污染的食品，不宜用此方法。

（1）静水式解冻装置　静水式解冻虽然时间长，但应用仍然广泛，如罐头厂将冻鱼置于水槽内，经过一个晚上的解冻，等到第二天，鱼刚好能被切开。由于冻鱼和水的热交换使水的温度下降，鱼的质量不会有影响。

（2）喷淋式解冻装置　将冻鱼放在传送带上，传送带一边运动，喷头一边喷水进行解冻。水温为18～20℃，热源为蒸汽。每小时可处理大型鱼1.6t或小型鱼3.2t，耗蒸汽量250kg/h。水经过过滤器、净水器处理。图11-20为喷淋与浸渍相结合的解冻装置，鱼块由进料口输送到传送带上的网篮中，经过喷淋再浸渍解冻，到出料口时，鱼已解冻完成。

（三）真空解冻装置

在真空状态下，水在低温时就沸腾，沸腾时形成的水蒸气遇到温度更低的冻品时就在其表面凝结成水珠，蒸汽的凝结热使冻品的温度升高而解冻。此方法适用于鱼、鱼片、肉、蛋、果蔬、浓缩状食品等，解冻时间短，食品表面不会产生过热，保证产品质量。

图11-21所示为全自动真空解冻装置的一种形式，主体部分为一卧式圆筒状容器，一端是冻品进出口的门，上部装有水环式真空泵，下部为水槽，待冻品放在小车上送入容器。当容器内压力为10～15mmHg❶时，水在10～15℃时即沸腾。当水温较低时，水蒸气产生量会减少，此时通过蒸汽加热管，慢慢地使水加热到10～15℃。

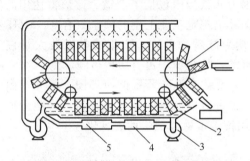

图11-20　喷淋和浸渍组合解冻装置

1—传送带；2—水槽；3—泵；4—过滤器；5—加热器

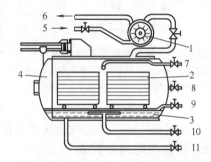

图11-21　真空解冻装置示意图

1—水环式真空泵；2—食品车；3—水槽；4—食品出入门；5—真空泵供水口；6—真空泵排气口；7—清洗水入口；8—空气入口；9—进水口；10—蒸汽入口；11—排水口

在该装置内解冻可防止氧化。由于是饱和水蒸气，故冻品不会干耗。体液流失亦少。由于解冻品表面附着凝结水，蛋白质等营养成分的流失损耗在最小限度。

二、内部加热解冻装置

以空气和水作为介质来解冻，是把热量从冷冻品表面导入其内部而进行解冻。这种方法在解冻速度方面受到限制。要进一步提高解冻速度就需在热传导之外去考虑。利用电阻、电加热、超声波、红外辐射等内部加热方式，解冻速度就要快得多。

（一）低频电流解冻

电流通过镍铬丝时，镍铬丝就会因电阻而发热，其发热量为$0.24I^2R$，据此原理把电流通过冻品，起初是冻品，故电阻大、电流小。在逐渐发热过程中液态水增加，电阻减小电流增大，电流逐渐流经内部，在内部发热，冻品就被解冻。所用的电流是交流电、频率50Hz的低频电，故称低频解冻。

---

❶　1mmHg＝133.322Pa，下同。

电阻型解冻比空气和水解冻速度快2～3倍，产生的热量来源于食品的内部，加热速率不依赖于周围的环境温度，设备费用也比同性能的解冻机低，消耗电力小，运转费用低。缺点是它只能解冻表面平滑的块状冻品，块内部解冻不均匀，如解冻全鱼时因头和内脏存在空间，解冻就不均匀，此外在上下极板不完全密贴时，只有密贴部分才能通电流，从而产生过热，呈煮过状态。

（二）高频微波解冻

高频微波发热是电磁波对冻品中的高分子和低分子的极性基因起作用。尤其对分子有特殊作用，它使极性分子在电场作用下改变双轴分子的轴向排列。随着频率变化，极性分子的轴向排列进行相应的变化。变化时分子之间进行互相旋转、振动、碰撞产生摩擦。频率越高，碰撞作用越大，发热量越多，解冻越快。

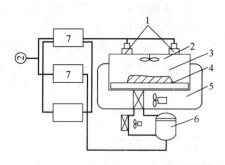

图 11-22　微波解冻装置的原理图
1—微波发生器；2—风扇；3—解冻室；4—解冻品；5—冷风道；6—冷风机组；7—电源

若频率为 2450MHz，则分子在 1s 之内旋转 24.5 亿次，这样大的旋转次数会产生很高的热效应，温度急剧升高。通常 1kW 产生 14kcal❶/min 的热量，相当于 1kg 水 1min 后升高 14℃，加热的速度极快。

通常把 1～50MHz 称为高频，300～300000MHz 称为微波。实际上不能从 300～300000MHz 内任意取其频率。因为此频带内包括了广播、通信雷达用的频率。所以国际上规定工业上用的频率只有 915MHz 和 2450MHz 两个波带。微波炉产生的电磁波大量侵入人体是有害的，故微波炉需有防护措施。

图 11-22 是微波解冻装置的原理图。解冻室由不锈钢制成，上部有微波发生器及搅拌器，为防止冻品凸出部分的过热，用－15℃的冷风在表面循环。使用传送带就可使生产连续化。

三、组合加热解冻装置

因单独使用空气、水和电进行解冻，各自存在一些缺点。如采取组合型解冻就可突出各自的优点而避免各自的缺点。这种设备大体都是以电解冻为轴心，再加空气或水。

（一）电和空气组合解冻

在微波解冻装置上再装以冷风，以防止微波所产生的部分过热。先由电加热到能达到厨刀切入的程度即停止电加热，继之以冷风解冻。这样不致引起部分过热，并能避免制品温度不均匀。

（二）电和水组合解冻

冷冻品在完全冻结时电流很难通过它的内部，如－28℃的冷冻鱼电导率为 0.6s·cm⁻¹，解冻中逐渐上升到完全解冻时为 1.5s·cm⁻¹，这样在电阻解冻前先采用空气或水把冻品表面稍融化，然后进行电解冻，可缩短解冻时间，节约用电。

---

❶　1kcal＝1000cal＝4186.8J，下同。

156

第十二章 浓缩设备

第一节 浓缩的基本原理及设备分类

一、食品浓缩原理与特点

蒸发浓缩是食品工厂中使用最广泛的浓缩方法。采用浓缩设备把物料加热，使物料的易挥发部分水分在其沸点温度时不断地由液态变为气态，并将汽化时所产生的二次蒸汽不断排除，从而使制品的浓度不断提高，直至达到浓度要求。同时，其他浓缩方法如冷冻浓缩、离心浓缩、超滤浓缩等也逐步在食品工厂使用。

真空浓缩设备是食品工厂生产过程中的主要设备之一。它利用真空蒸发或机械分离等方法来达到物料浓缩。目前，为了提高浓缩产品的质量，广泛采用真空浓缩，一般在 18～8kPa 低压状态下，以蒸汽间接加热方式，对料液加热，使其在低温下沸腾蒸发，这样物料温度低，且加热所用蒸汽与沸腾液料的温差增大，在相同传热条件下，比常压蒸发时的蒸发速率高，可减少液料营养的损失，并可利用低压蒸汽作为蒸发热源。

在预热蒸汽压力相同情况下，真空蒸发时，其溶液沸点低，传热温差增大可相应减小蒸发器的传热面积；可以蒸发不耐高温的溶液，特别适用于食品生产中的热敏性料液的蒸发；可以利用低压蒸汽或废蒸汽作加热剂；操作温度低，热损失较少；对料液起加热杀菌作用，有利于食品保藏。

但也存在一些不足之处，由于真空浓缩，必须有抽真空系统，从而增加附属机械设备及动力；由于蒸发潜热随沸点降低而增大，所以热量消耗大。

二、浓缩设备的分类

蒸发设备由蒸发器（具有加热界面和蒸发表面）、冷凝器和抽气泵等部分组成。由于各种溶液的性质不同，蒸发要求的条件差别很大，因此蒸发浓缩设备的形式很多，按不同的分类方法可以分成不同的类型。按蒸发面上的压力分可分为以下几类。

(1) 常压浓缩设备　溶剂汽化后直接排入大气，蒸发面上为常压，如麦芽汁煮沸锅、常压熬糖锅等。设备结构简单、投资少、维修方便，但蒸发速率低。

(2) 真空浓缩设备

① 根据加热蒸汽被利用的次数分类。单效浓缩设备；二效浓缩设备；带有热泵的浓缩设备。

② 根据料液的流程分类。循环式（有自然循环式与强制循环式）和单程式。一般循环式比单程式热利用率高。

③ 根据加热器结构形式分类。非膜式和薄膜式。

非膜式：料液在蒸发器内聚集在一起，只是翻滚或在管中流动形成大蒸发面。非膜式蒸发器又可分为：盘管式浓缩器；中央循环管式浓缩器。

薄膜式：料液在蒸发时被分散成薄膜状。薄膜式蒸发器又可分为：升膜式、降膜式、片式、刮板式、离心式薄膜蒸发器等。

第二节 单效浓缩设备

一、单效升膜式浓缩设备

膜式浓缩设备是使料液在管壁或器壁上分散成液膜的形式流动，从而使蒸发面积大大增加，提高蒸发浓缩效率。液膜式蒸发器按照液膜形成的方式可以分为自然循环液膜式蒸发器和强制循环液膜式蒸发器。按液膜的运动方向又可分为升膜式、降膜式和升降膜式蒸发器。

（一）工作原理

图 12-1 所示为升膜式蒸发器，料液由加热管底部进入，加热蒸汽在管外将热量传给管内料液。管内料液的加热与蒸发分三部分。

（1）最底部 管内完全充满料液，热量主要依靠对流传递。

（2）中间部 开始产生蒸汽泡，使料液产生上升力。

（3）最高部 由于膨胀的二次蒸发而产生强的上升力，料液呈薄膜状在管内上行，在管顶部呈喷雾状，以较高速度进入汽液分离器，在离心力作用下与二次蒸汽分离，二次蒸汽从分离器顶部排出。

升膜式蒸发器管内的静液面较低，因而由静压头而产生的沸点升高很小；蒸发时间短，仅几秒到十余秒，适用于热敏性溶液之浓缩；高速的二次蒸汽（常压时为 20～30m/s，减压时 80～200m/s）具有良好的破沫作用，尤其适用于易起泡沫的料液。二次蒸汽在管内高速螺旋式上升，将料液贴管内壁拉成薄膜状，薄膜料液的上升必须克服其重力与管壁的摩擦阻力，故不适用黏度较大的溶液，在食品工业中主要用于果汁及乳制品的浓缩。

加热管一般用直径为 30～50mm 的管子，其长径比为 100～300，一般长管式的管长为 6～8m，短管式的管长为 3～4m。长管式加热器的壳体应考虑热应力对结构的影响，需采用浮头管板或在加热器壳体上加膨胀节或采用套管办法来缩短管长。

（二）设备结构

单效升膜式浓缩设备属外加热式自然循环的液膜式浓缩设备。主要由加热器、分离器、雾沫捕集器、水力喷射器、循环管等部分组成。加热器为一垂直竖立的长形容器，内有许多垂直长管（图 12-1 中 2）。对于加热管的直径和长度的选择要适当，管径不宜过大，一般在 35～80mm 之间，管长与管径之比恰当。一般为 100～150。这样才能使加热面供应足够成膜的气速。事实上，由于蒸发流量和流速是沿加热管上升而增加，故爬膜工作状况也是逐步形成的。

二、单效降膜式浓缩设备

（一）设备结构

降膜式浓缩设备与升膜式浓缩设备一样，都属于自然循环的液膜式浓缩设备。为了使料液能均匀分布于各管道，沿管内壁流下，在管的顶部或管内安装有降膜分配器，其结构形式有锯齿式、导流棒式、旋液导流式等多种。它与升膜式蒸发器一样，具有传热效率高和受热时间短的特点，适用于果汁及乳制品生产。

结构与升膜式蒸发器大致相同，如图 12-2 所示，只是料液自蒸发器顶部加入，在顶部有料液分布器，使料液均匀地分布在每根加热管中。二次蒸汽与浓缩液一般并流而下，料液沿管内壁下流时因受二次蒸汽的作用使之呈膜状。由于加热蒸汽与料液的温差较大，所以传热效果好。汽液进入蒸发室后进行分离，二次蒸汽由顶部排出，浓缩液则由底部抽出。

要使降膜蒸发器高效地操作，最关键的问题是能使料液均匀地分布于各加热管，不使之产生偏流。料液分布器的作用原理可分为三类：一是利用导流管（板）；二是利用筛板或喷嘴；三是利用旋液喷头。

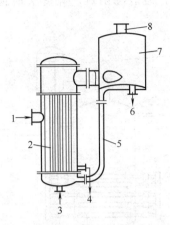

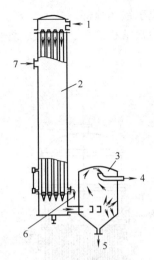

图 12-1　升膜式蒸发器

1—蒸汽进口；2—加热管；3—料液进口；4—冷凝水出口；
5—下导管；6—浓缩液出口；7—分离管；8—二次蒸汽出口

图 12-2　降膜式蒸发器

1—料液入口；2—蒸发室；3—分离室；4—二次蒸汽；
5—浓缩液；6—冷却水；7—蒸汽入口

（二）特点

1. 优点

（1）物料的受热时间仅 2min 左右，故适合于热敏性物料的浓缩；

（2）传热系数高，可避免泡沫的形成，受热均匀；

（3）采用热泵，热能经济，冷却水消耗减少，但蒸汽稳定压力需要较高。

2. 缺点

（1）每根加热管上端进口处，虽装有分配器，但由于液位的变化，影响薄膜的形成及厚度的变化，甚至会使加热管内表面暴露而结焦；

（2）利用二次蒸汽作为热源，由于其夹带微量的料液液滴，加热管外表面易生成污垢，影响传热；

（3）加热管较长，若结焦清洗困难，不适于高浓度或黏稠性物料的浓缩；

（4）生产过程中，不能随意中断生产，否则易结垢或结焦。

三、中央循环管式浓缩器

循环管式浓缩器是单效真空浓缩设备，由一台蒸发浓缩锅、冷凝器及抽真空装置组合而成。料液进入浓缩锅后，加热蒸汽对溶液进行加热浓缩，二次蒸汽进入冷凝器冷凝，不凝气体由真空装置抽出，使整个装置处于真空状态。中央循环管式浓缩器如图 12-3 所示。目前果酱、果汁及炼乳等生产中，大多数采用单效真空浓缩设备。

（1）加热器体　它由沸腾加热管及中央循环管和上下管板所组成，如图 12-3 所示。中央循环管的截面积，一般为加热管束总截面积的 40%～100%，沸腾加热管多采用直径 25～75mm 的管子，长度一般为 0.6～2m，材料为不锈钢或其他耐腐蚀材料。

（2）蒸发室　蒸发室是指料液面上部的圆筒空间。料液经加热后汽化，必须具有一定高度和空间，使汽液进行分离，二次蒸汽上升，溶液经中央循环管下降，如此保证料液不断循环和浓缩。蒸发室高度，主要根据防止料液被二次蒸汽夹带的上升速度所决定，同时考虑清洗、维修加热管的方便，一般为加热管长度的 1.1～1.5 倍。

在蒸发室外壁有视镜、人孔、洗水、照明、仪表、取样等装置。在顶部有捕集器，使一次蒸汽夹带的汁液进行分离，保证二次蒸汽的洁净，减少料液的损失，且提高传热效果。二次蒸汽排出管位于锅体顶部。

该浓缩锅结构简单、操作方便、锅内液面容易控制，但清洗困难，黏度大时循环效果很差。

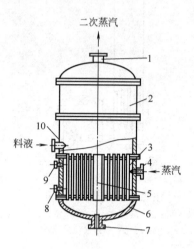

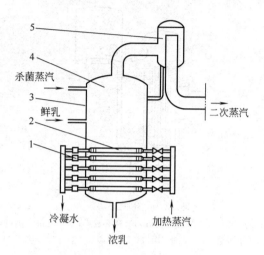

图 12-3　中央循环管式浓缩器
1—二次蒸汽出口；2—蒸发室；3—加热室；4—加热蒸汽出口；
5—中央循环管；6—锅底；7—料液出口；8—冷凝水出口；
9—不凝气出口；10—料液入口

图 12-4　盘管式浓缩设备
1—汽水分离器；2—加热盘管；3—锅体；
4—蒸发器；5—泡沫捕集器

四、盘管式浓缩设备

（一）结构

该设备主要由盘管式加热、蒸发室、冷凝器、抽真空装置、雾沫分离器、进出料阀及各种控制仪表所组成，结构如图 12-4 所示。

该设备的锅体为立式圆柱体，两端为半圆形封头，锅体上部空间为蒸发室，下部空间为加热室，加热室底部装有 3～5 组加热盘管，分层排列，每盘 1～3 圈，各组盘管分别装有蒸汽进口及冷凝水出口，可单独操作。盘管的进出口排列有两种，如图 12-5 所示。

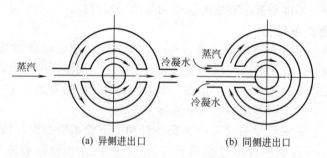

图 12-5　盘管的进出口布置

由于管段较短，盘管中的温度也较均匀，冷凝水能及时排除，传热面的利用率较高。

（二）盘管式浓缩设备的工作原理

设备工作时，物料自切线进料管进入锅内。加热蒸汽在盘管内对管外物料进行加热，物料受热后体积膨胀，密度减小，因浮力而上升，当到达液面时汽化，使其浓度提高、密度增大。但浓缩盘管中心处的物料，相对来说距加热管较远，与同一液位物料相比，密度较大，呈下降趋势，故受热蒸发的那部分物料不但密度大，而且液位又高，必向盘管中心处下落，从而形成了物料自锅壁及盘管处上升，又沿盘管中心向下的反复循环状态。蒸发产生的二次蒸汽，从浓缩锅上部中央，以切线方向进入分离器，产生旋涡，在离心力作用下，物料微粒撞击在分离器的壁上积聚在一起流回锅中，物料微粒遂与蒸汽分离，蒸汽则盘旋上升，经立管辗转向下，进入冷凝器，经冷凝器冷凝成水而排除。

当浓缩锅内的物料浓度经检测达到要求时，即可停止加热，打开锅底出料阀出料。该设备是连续进料、间歇出料的。

（三）盘管式浓缩设备的特点

① 结构简单，制造方便，操作稳定，易于控制。

② 传热系数较高，蒸发速率快，一般蒸发量为 1200L/h 的浓缩设备其实际蒸发量可达 1500L/h。

③ 可根据物料的数量或锅内浓缩物料液位的高低，任意开启多排盘管中的某几排的加热蒸汽，并调整蒸汽压力的高低，以满足生产或操作的需要。

④ 浓缩物料在锅内混合均匀，其质量均匀一致，而且在制造高浓度的产品时，也无碍操作，不至于产生料垢，故特别适用于黏稠性物料的浓缩。

⑤ 该设备间歇出料，浓缩料的受热时间较长，在一定程度上对产品质量有所影响。

⑥ 设备体积较大，清洗比较困难，尤其是结焦后清洗更为麻烦。

五、带搅拌的夹套式真空浓缩锅

带搅拌的夹套式真空浓缩锅如图 12-6 所示。由上锅体和下锅体组成，下锅体的底部为夹套，内通蒸汽加热，锅内装有犁刀式搅拌器，以强化物料循环，不断更新加热面外的料液。上锅体设有料孔、视镜、照明、仪表及汽液分离器等装置。产生的二次蒸汽由水力喷射器或其他真空装置抽出。操作开始时，先通入加热蒸汽于锅内赶出空气，然后开动抽真空系统，造成锅内真空，当稀料液被吸入锅内，达到容量要求后，即开启蒸汽阀门和搅拌器。经过检验，达到所需浓度时，解除真空即可出料。

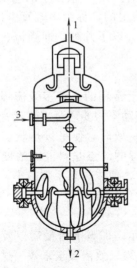

图 12-6　带搅拌的夹套式真空浓缩锅

1—二次蒸汽出口；2—浓缩液出口；3—料液进口

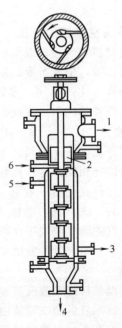

图 12-7　活动刮板式薄膜蒸发器

1—二次蒸汽；2—液滴分离器；3—冷凝水出口；

4—浓缩液出口；5—蒸汽入口；6—料液入口

六、活动刮板式薄膜蒸发器

活动刮板式薄膜蒸发器如图 12-7 所示，主要由转轴、料液分配盘、刮板、轴承、轴封、蒸发室和夹套加热室等组成。

料液由进料口沿切线方向进入蒸发器内，或经固定在旋转轴上的料液分配盘，将料液均布内壁四周。由于重力和刮板离心力的作用，料液在内壁形成螺旋下降或上升的薄膜或螺旋向前的薄膜。

第三节　多效浓缩设备

一、多效蒸发的效数

多效蒸发中所采用的效数是受到限制的，其原因如下。

① 实际耗汽量大于理论值。

② 设备费用增加，多效蒸发虽可节约蒸汽，但蒸发设备及其附属设备的费用却随着效数的增加而成倍增加，当增加至不能弥补所节约的燃料费用时，效数就达到了极限。

③ 蒸发器有效传热温差有极限，随着效数不断增加，每效分配到的有效温差逐渐减小。

二、多效蒸发的工作原理

生产中往往为了降低蒸汽的消耗量，充分利用二次蒸汽的热量来完成单效蒸发达不到浓缩目的，而采用多效蒸发。实施多效蒸发的条件是各效蒸发器中的加热蒸汽的温度或压强要高于该效蒸发器中的二次蒸汽的温度和压力，也就是说，两者有温度差存在，才能使引入的加热蒸汽起加热作用。

在多效蒸发操作中，蒸发温度是逐效降低的。其多效的操作压力是自动分配的，且逐效降低。因此对真空蒸发来说，整个系统中的压力的递减分配取决于末效真空度的保持，在多效操作中，第一效的压力高于大气压。但在多数食品蒸发中，第一效加热蒸汽的压力为大气压或略高于大气压。

三、多效真空浓缩的流程

由几个蒸发器相连接，以生蒸汽加热的蒸发器为第一效，利用第一效产生的二次蒸汽加热的蒸发器为第二效，依此类推，这种装有多个蒸发器及附属装置的，称为多效真空浓缩设备。根据原料的加入方法的不同，多效蒸发操作的流程大致可分为以下几种，即顺流、逆流、平流、混流和有额外蒸汽引出的操作流程。

（一）顺流

顺流又称并流，其流程如图 12-8 所示，这种流程为工业上常用的一种多效流程，其料液与蒸汽的流向始终相同。这种流程的优点是溶液在各效间的流动不需要用泵来输送；其次，由于前一效溶液的沸点比后一效高，因此当前一效料液进入后一效时，便呈过热状态而立即蒸发，产生更多的二次蒸汽，增加了蒸发器的蒸发量。这种流程的缺点是料液的浓度依效序递增，而加热蒸汽的温度依效序递减，故当溶液黏度增加较大时，使传热总系数减小，而影响蒸发器的传热速率，给末效蒸发增加了困难，但它对浓缩热敏性食品有利。

（二）逆流

逆流的流程是料液和蒸汽流动的方向相反，如图 12-9 所示。即料液由最后一效进入，依次用泵送入前效，最后的浓缩液由第一效放出。而蒸汽仍为由第一效依次至末效。这种流程的优点是溶液浓度升高时，溶液的温度也增高，因此各效黏度相差不大，可提高传热系数，改善循环条件。但需注意高温加热面上浓溶液的局部过热有引起结焦和营养物质破坏的危险。其缺点是效间料液流动是用泵，使能量消耗增大。与顺流相比，水分蒸发量稍减，热量消耗多。另

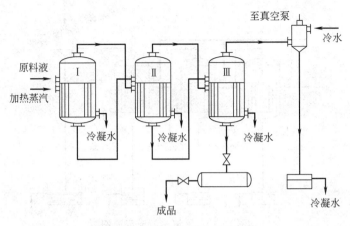

图 12-8　顺流多效流程简图

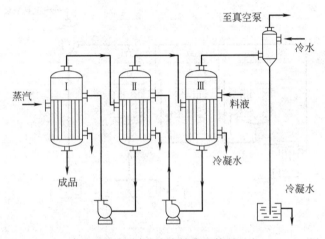

图 12-9　逆流多效流程简图

外，料液在高温操作的蒸发器内的停留时间较顺流为长，对热敏性食品不利。该法适于溶液黏度随着浓度的增高而剧烈增加的溶液，但不适于增高温度而易分解的溶液。

（三）平流

该流程是各效都加入料液和放出浓缩液，蒸汽仍由第一效至末效依次流动，如图 12-10 所示。此法只用于在蒸发操作进行的同时有晶体析出的场合，例如食盐溶液的浓缩。该法对结晶操作较易控制，并省掉了黏稠晶体悬浮液的效间泵送。

（四）混流

对于效数多的蒸发也有采用顺流和逆流并用，有些效间用顺流，有些效间用逆流。在料液黏度随浓度而显著增加的场合下，可采用混流。

（五）额外蒸汽运用

根据生产情况，有时在多效蒸汽流程中，将某一效的二次蒸汽引出一部分用作预热蒸发器的进料，或其他与蒸发无关的加热过程，其余部分仍进入第一效作为加热蒸汽。这种中间抽出的二次蒸汽，称为额外蒸汽，如图 12-11 所示，这种方法能够提高热能的利用率。

四、双效升膜式浓缩设备

（一）结构

双效升膜式浓缩设备又分为单程式和循环式两种。单程式结构基本上与单效升膜浓缩设备

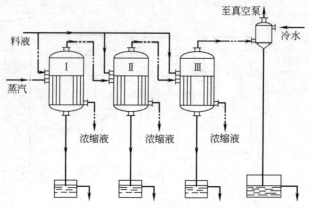

图 12-10　平流多效流程简图

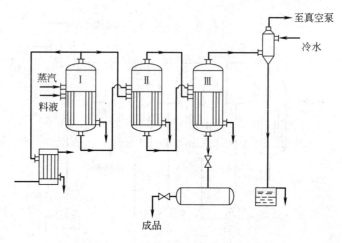

图 12-11　有额外蒸汽的多效流程简图

相类似，仅多配置了一台热泵，加热管长度较单效长。物料自第一效加热器底部进入，受热蒸发，经第一效分离器分离后，便自行进入第二效，经蒸发达到预定浓度时便可出料。第一效的二次蒸汽，一部分经热泵升温后作第一效热源；另一部分直接进入第二效作为热源。在该设备中，物料只经过加热管表面一次，不进行循环。

循环式结构如图 12-12 所示。该设备主要由第一效加热器和第二效加热器、第一效分离器和第二效分离器、混合式冷凝器、中间冷凝器、热泵、蒸汽喷射泵及各种液体输送系统组成。其加热器由一定数量直径较小的加热管及直径较大的循环管所组成。

（二）工作原理

该设备工作时，物料自第一效加热器的下部进入蒸发管中，由于管外蒸汽的加热及真空的诱导作用，使物料沿加热管上升，并在上部空间加热汽化、蒸发，被二次蒸汽夹带的料液滴经分离器分离后，由回流管仍回入第一效加热器的底部，当第一效的物料达到预定的浓度时，可部分进入第二效加热器的底部，再进行循环蒸发，当达到出料浓度时，即可连续不断地将其抽出。正常操作后，进料量必须等于各效蒸发量及出料量之和。

第一效的二次蒸汽除部分作为第二效的热源外，其余将通过 2 台热泵升温后作第一效的热源，第二效的二次蒸汽则由混合式冷凝器冷凝。抽真空系统采用双级蒸汽喷射装置，也可以改用常用的抽真空装置。

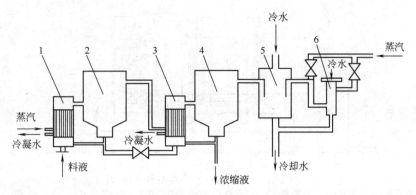

图 12-12　双效升膜式浓缩设备

1—第一效加热器；2—第一效分离器；3—第二效加热器；4—第二效分离器；5—混合式冷凝器；6—中间冷凝器

五、双效降膜式浓缩设备

（一）结构

该设备属单程式设备，其结构如图 12-13 所示，主要用于牛乳浓缩。

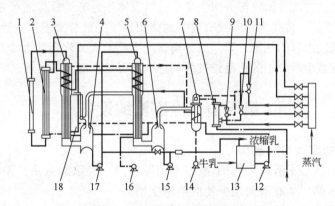

图 12-13　双效降膜式浓缩设备

1—保温管；2—杀菌器；3—第一效加热器；4—第一效分离器；5—第二效加热器；6—第二效分离器；7—冷凝器；
8—中间冷凝器；9——级气泵；10—二级气泵；11—蒸汽泵；12—进料泵；13—平衡槽；
14—冷却水泵；15—出料泵；16—冷凝水泵；17—物料泵；18—热压泵

设备主要由第一效加热器、第二效加热器、第一效分离器、第二效分离器、预热器、杀菌器、混合式冷凝器、中间冷凝器、热泵、各级蒸汽喷射泵及料泵、水泵等部分组成。

（二）工作原理

设备工作时，牛乳自平衡槽经进料泵，送至位于混合式冷凝器内的螺旋管预热，再经置于第一效加热器及第二效加热器蒸汽夹层内的螺旋管再次预热，然后进入列管式杀菌器杀菌和保温管进行保温。杀菌乳自顶部进入一效加热器，经蒸发达到预定浓度后，由强制循环的物料泵送至第二效加热器的顶部，再受热蒸发，达到浓度后可由出料泵自第二效分离器的底部连续不断地抽出，若浓度不符合要求，则由出料泵送回至第二效加热器顶部，继续蒸发。

六、三效降膜式浓缩设备

全套设备包括第一效蒸发器、第二效蒸发器、第三效蒸发器、第一效分离器、第二效分离器、第三效分离器、直接式冷凝器、液料平衡槽、热压泵、液料泵、水泵和双级水环式真空泵等部分，如图 12-14 所示，工作流程是液料自平衡槽 14，靠进料泵 13、经预热器 10 先进入第一效蒸发器 9，通过受热降膜蒸发，引入第一效分离器 12，被初步浓缩的液料，由第一效分离

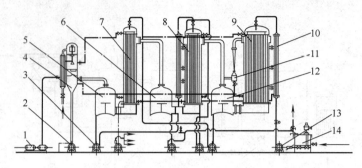

图 12-14　三效真空降膜浓缩设备

1—水环式真空泵；2—水泵；3—液料泵；4—冷凝器；5—第三级分离器；6—第二效分离器；7—第三效蒸发器；8—第二效蒸发器；9—第一效蒸发器；10—预热器；11—热压泵；12—第一效分离器；13—进料泵；14—平衡槽

器底部排出，经循环泵送入第三效蒸发器 7，再被浓缩并经第三效分离器 5 分离后，通过出料泵送入第二效蒸发器，最后经第二效分离器和出料泵排出浓缩成品。蒸汽先进入第一效蒸发器，对管内液料加热后，经预热器 10 再对未进蒸发器的液料进行预热，然后成为冷凝水由水泵排出；第一效分离器所产生的二次蒸汽除部分引入第二效蒸发器作为第二效蒸发水分的热源外，其余部分利用热压泵 11 增压后，再作为第一效蒸发器的热源；第二效分离器所产生的二次蒸汽，引入第三效蒸发器作为蒸发水分的热源；第三效分离器产生的二次蒸汽则导入冷凝器 4，冷凝后由水泵 2 排出。各效蒸发器中所产生的不凝结气体均进入冷凝器，由水环式真空泵 1 排出。

第四节　冷冻浓缩设备

一、冷冻浓缩的原理与特点

冷冻浓缩是利用冰与水溶液之间固-液相平衡原理的一种浓缩方法。是将稀溶液中作为溶剂的水冻结并分离冰晶，从而溶剂减少使溶液浓度增加。

该方法对热敏性食品的浓缩特别有利。由于溶液中水分的去除不是用加热蒸发的方法，而是靠从溶液到冰晶的相际传递，所以可避免芳香物质因加热所造成的挥发损失，为了更好地使操作时所形成的冰晶不混有溶质，分离时又不致使冰晶夹带溶质，防止造成过多的溶质损失，结晶操作要尽量避免局部过冷，分离操作要很好加以控制。在这种情况下，冷冻浓缩就可以充分显示出它独特的优越性。对于含挥发性芳香物质的食品采用冷冻浓缩，其品质将优于蒸发法和膜浓缩法。

主要缺点：加工后还需冷冻或加热等方法处理，以便保藏；此法不仅受到溶液浓度的限制，而且还取决于冰晶与浓缩液的分离程度；浓缩过程中会造成不可避免的损失，且成本较高。

二、冷冻浓缩装置系统

冷冻浓缩装置系统主要由结晶设备和分离设备两部分构成。

结晶设备包括管式、板式、搅拌夹套式、刮板式等热交换器，以及真空结晶器、内冷转鼓式结晶器、带式冷却结晶器等设备。

冷冻浓缩用的结晶器有直接冷却式和间接冷却式两种。直接冷却式可利用部分蒸发的水分，也可利用辅助冷媒（如丁烷）蒸发的方法。间接冷却式是利用间壁将冷媒与被加工料液隔开的方法。食品工业上所用的间接冷却式设备又可分为内冷式和外冷式两种。

分离设备有压滤机、过滤式离心机、洗涤塔，以及由这些设备组成的分离装置等。通常采用的压榨机有水力活塞压榨机和螺旋压榨机。压榨机只适用于浓缩比接近于 1 的场合。

对于不同的原料，冷冻浓缩的装置系统及操作条件也不相同，但大致可分为两类：单级冷冻浓缩和多级冷冻浓缩。

（一）单级冷冻浓缩装置系统

图 12-15 所示为采用洗涤塔分离方式的单级冷冻浓缩装置系统示意图。它主要由旋转刮板式结晶器、混合罐、洗涤塔、融冰装置、储罐、泵等组成。操作时，料液由泵 7 进入旋转刮板式结晶器，冷却至冰晶出现并达到要求后进入带搅拌器的混合罐 2，在混合罐中，冰晶可继续成长，然后大部分浓缩液作为成品从成品罐 6 中排出，部分与来自储罐 5 的

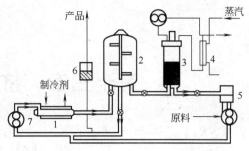

图 12-15　单级冷冻浓缩装置系统示意图
1—旋转刮板式结晶器；2—混合罐；3—洗涤塔；
4—融冰装置；5—储罐；6—成品罐；7—泵

料液混合后再进入旋转刮板式结晶器 1 进行再循环，混合的目的是使进入旋转刮板式结晶器的料液浓度均匀一致。从混合罐 2 中出来的冰晶夹带部分浓缩液，经洗涤塔 3 洗涤，洗下来的一定浓度的洗液进入储罐 5，与原料液混合后再进入旋转刮板式结晶器，如此循环。洗涤塔的洗涤水是利用熔冰装置（通常在洗涤塔顶部）冰晶熔化后再使用，多余的水被排走。

（二）多级冷冻浓缩装置系统

该系统是指将上一级浓缩液作为下级原料进行再浓缩的一种冷冻浓缩操作。

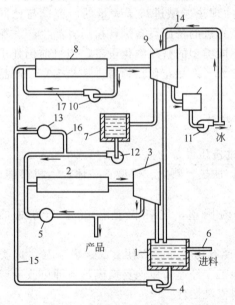

图 12-16　二级冷冻浓缩装置流程示意图
1，7—储料罐；2，8—结晶器；3，9—分离机；
4，10，11，12—泵；5，13—调节阀；6—进料管；
14—熔冰水进料管；15，17—管；16—浓缩液分支管

图 12-16 所示为咖啡的二级冷冻浓缩装置流程示意图。咖啡料液（浓度 26%）经管 6 进入储料罐 1，被泵送至（一级）结晶器 8，然后冰晶和一次浓缩液的混合液进入（一级）分离机 9 离心分离，浓缩液（浓度<30%）由管进入储料罐 7，再由泵 12 送入（二级）结晶器 2，经二级结晶后的冰晶和浓缩液的混合液进入（二级）分离机 3 进行离心分离，浓缩液（浓度>37%）作为产品从成品管排出。为了减少冰晶夹带浓缩液的损失，分离机 3、9 内的冰晶需洗涤，若采用熔冰水（沿管进入）洗涤，洗涤下来的稀咖啡液分别通过管，进入储料罐 1，所以储料罐 1 中的料液浓度实际上低于最初进料液浓度（<24%）。为了控制冰晶量，结晶器 8 中的进料浓度需维持一定值（高于来自管 15 的），这可利用浓缩液分支管 16，用调节阀 13 控制流量进行调节，也可以通过管 17 和泵 10 来调节。但通过管 17 与浓缩液分支管 16 的调节应该是平衡控制的，以使结晶器 8 中的冰晶含量在 20%～30%（质量分数）之间。实践表明，当冰晶含量为

26%～30%时，分离后的咖啡损失小于 1%。

第十三章　挤压加工机械与设备

第一节　挤压加工技术的基本概念

一、挤压加工技术的概念

食品挤压加工技术属于高温高压食品加工技术，特指利用螺杆挤压方式，通过压力、剪切力、摩擦力、加温等作用所形成的对于固体食品原料的破碎、捏和、混炼、熟化、杀菌、预干燥、成型等加工处理，完成高温高压的物理变化及生化反应，最后食品物料在机械作用下强制通过一个专门设计的孔口（模具），便制得一定形状和组织状态的产品。这种技术可以生产膨化、组织化或不膨化的产品。

我国的挤压加工技术的研究和应用始于 20 世纪 80 年代，先后在膨化小吃食品、营养米粉、糖果、动物饲料生产，传统食品龙虾片生产工艺的改善，大豆组织蛋白的加工，变性淀粉、淀粉糖浆、膳食纤维等生产应用领域和挤压技术的理论领域进行了大量的研究。与此同时，国内的许多生产厂家也先后从世界各大公司引进了先进的挤压设备进行挤压食品生产。在引进国外设备的同时，国内的许多厂家也先后生产了不同类型的挤压熟化设备，但目前仍处于相对落后的状态，设备性能有待改善，生产领域有待扩大，产品花色品种需进一步丰富，产品质量需进一步提高。

二、挤压加工技术的特点

食品挤压加工技术归结起来有以下特点。

① 连续化生产。原料经过处理后，即可连续地通过挤压设备，生产出成品或半成品。

② 生产工艺简单。生产流水线短，即粉碎、混合、加热、熟化、成型于一体，一机多能，便于操作和管理。

③ 物耗少、能耗低。生产能力可在较大范围内调整，能耗仅是传统生产方法的 $60\% \sim 80\%$。

④ 应用范围广。食品挤压加工使用小吃食品、即食谷物食品、方便食品、乳制品、肉类食品、水产制品、调味品、糖制品、巧克力制品等的加工。经过简单地更换模具，即可改变产品形状，生产出不同外形和花样的产品，有利于生产销售灵活性。

⑤ 投资少。挤压加工技术与传统生产加工方法相比，生产流程短，减少了许多单机，避免了单机之间串联所需的传送设备。

⑥ 生产费用低。有资料报道，使用挤压设备生产费用仅为传统生产方法的 40% 左右。

三、挤压机类型及特点

挤压机有若干种设计，目前应用于食品工业的主要是螺杆挤压机，它的主体部分是一根或两根在一只紧密配合的圆筒形套筒中旋转的螺杆。食品挤压机类型很多，主要有以下分类方法。

（一）按螺杆数量分类

这是一种最为常用的分类方法，可将挤压机分为单螺杆挤压机、双螺杆挤压机和多螺杆挤压机。其中以单螺杆和双螺杆最为常见。

① 单螺杆挤压机。挤压机配置一根挤压螺杆，是一种最为普通的螺杆挤压机，结构简单、设计制造容易、工作可靠、价廉、易于操作、维修方便，但混合能力差、作用强度低。

② 双螺杆挤压机。挤压机配置有两根螺杆，挤压作业由两者配合完成，是由单螺杆挤压机发展而来的。根据两螺杆的相对位置又分为啮合型（包括全啮合型和部分啮合型）和非啮合型，根据两螺杆旋转方向分为同向旋转和异向旋转（向内和向外）。主流机型为同向旋转、完全啮合、梯形螺槽。

（二）按挤压机功能分类

① 挤出成型机。螺杆结构具有较大的加压能力，利用夹层机筒和空心螺杆内通入冷却水抑制物料的过热，制取结构致密、均匀的未膨化成型产品，一般为中间产品，需要经后续加工或利用。所使用的原料一般为塑性物料。

② 挤压熟化机。又称为挤压蒸煮机，主要利用挤压机的加热蒸煮功能制取未膨化糊化产品。

③ 挤压膨化机。可在挤压过程中迅速把物料加热到175℃以上，使淀粉流态化，当物料被挤出模孔时极度膨胀成松脆质地的产品。用于生产膨化产品。

（三）按挤压过程的剪切力分类

① 高剪切力挤压机。是挤压过程中能够产生较高剪切力的挤压机。这类设备的螺杆上往往带有反向螺杆段，以便提高挤压过程中的压力和剪切力。这类设备的工作性能较好，在控制好所需要的工艺参数（如温度、物料含水量、螺杆转速等）的条件下，可方便地生产出多种挤压熟化产品。设备往往具有较高的转速和较高的挤压温度，但由于剪切力较高，形状复杂的产品成型较困难，适合于简单形状的产品生产。

② 低剪切力挤压机。生产过程中产生的剪切力较低，它的主要作用在于混合、蒸煮、成型。该类设备较适合于湿软的动物、水产饲料或高水分食品的生产。形状复杂的产品用该设备进行生产较为理想，产品成型率较高。适用物料的含水量一般较高，挤压过程物料黏度较低，操作中机械能黏滞耗散较少。

挤压机剪切力特征比较见表13-1。

表 13-1 挤压机剪切力特征比较

项 目	低 剪 切 力	高 剪 切 力
进料含水量/%	20～35	13～20
成品含水量/%	13～15	4～10
挤压温度/℃	150	200
螺杆转速/r·min^{-1}	60～200	250～500
螺杆剪切率/s^{-1}	20～100	120～180
输入机械能/kW·h·kg^{-1}	0.02～0.05	0.14
适合产品类型	湿软型	植物组织蛋白、膨化小食品、膨化饲料
产品形状	较复杂	较简单
成型率	高	低

（四）按挤压机的受热方式分类

① 自然式挤压机。挤压过程所需的热量来自物料与螺杆之间、物料与机筒之间、物料与物料之间的摩擦，挤压温度受生产能力、含水量、物料黏度、环境温度、螺杆转速、螺杆结构等多方面因素的影响，故温度不易控制，偏差较大。该类设备具有较高的转速，达 500～800r/min，产生的剪切力较大。自然式挤压机可用于小吃食品的生产，但产品质量不稳定，操作灵活性差，控制较困难。

② 外热式挤压机。是依靠外部热源提高挤压机机筒和物料的温度。加热方式很多，如采

用蒸汽加热、电磁加热、电热丝加热、油加热等方式。根据挤压过程各阶段对温度参数要求的不同，可设计成等温式挤压机和变温式挤压机。等温式挤压机的筒体温度全部一致，变温式挤压机的筒体分为几段，分别进行加热或冷却，分别进行温度控制。

自然式挤压机一般是高剪切力挤压机，外热式挤压机可以为高剪切力，也可以为低剪切力。外热式挤压机的原料和产品较多，设备灵活性大，操作控制容易，产品质量易稳定。

第二节　单螺杆挤压熟化机

一、单螺杆挤压机的构成

图 13-1 所示为一典型单螺杆挤压熟化机系统示意图，该熟化机由喂料、预调质、传动、挤压、加热与冷却、成型、切割、控制八部分组成。

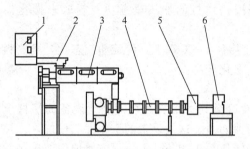

图 13-1　典型单螺杆挤压熟化机系统示意图
1—料仓；2—称重给料装置；3—预处理机；
4—机筒；5—成型模具；6—切割装置

（一）喂料装置

喂料装置用于将储存于料斗的原料定量、均匀、连续地喂入机器，确保挤压机稳定地操作。常用的喂料装置有：称重式喂料器、振动喂料器、螺旋喂料器和液体计量泵等。

（二）预调质装置

预调质装置用于将原料与水、蒸汽或其他液体连续混合，提高其含水量和温度及其均匀程度，然后输送到挤压装置的进口处。

预调质装置为半封闭容腔，内部安装有搅拌桨的搅拌轴。

（三）传动装置

传动装置的作用是驱动螺杆，保证其在工作过程中所需要的扭矩和转速。可选用可控硅整流的直流电动机、变频调速器控制的交流电动机、液压马达、机械式变速器等来控制螺杆转速。

（四）挤压装置

挤压装置由螺杆和机筒组成，是直接进行挤压加工的部件，为整个挤压系统的核心部分。

（五）加热与冷却装置

加热与冷却是挤压熟化过程顺利进行的必要条件，依工艺要求用于控制挤压室内物料的温度。通常采用电阻或电感应加热和水冷却装置来不断调节机筒或螺杆的温度。

（六）成型装置

成型装置又称挤压成型模头，模头上设有一些使物料从挤压机挤出时成型的模孔。模孔横断面有圆、圆环、十字、窄槽等各种形状，决定着产品的横截面形状。为了改进所挤压产品的均匀性，模孔进料端通常加工成流线型开口。

（七）切割装置

挤压熟化机中常有的切割装置为盘刀式切割器，刀具刃口旋转平面与模板端面平行。通过调整切割刀具的旋转速度和产品挤出速度间的关系来获得所需挤压产品的长度。根据切割器驱动电动机位置和割刀长度的不同又分为飞速和中心两种结构形式。飞速切割器的电动机装在模板中心轴线外面，割刀臂较长，以很高的线速度旋转。中心切割器的刀片较短，并绕模板装置的中心轴线旋转。

（八）控制装置

挤压熟化机控制装置主要由微电脑、传感器、显示器、仪表和执行机构等组成，其主要作用是控制各电动机转速并保证各部分运行协调，控制操作温度与压力以保证产品质量。

二、单螺杆挤压原理

单螺杆挤压机主要工作构件如图 13-2 所示，机筒及机筒中旋转的螺杆构成挤压室。在单螺杆挤压室内，物料的移动依靠物料与机筒、物料与螺杆及物料自身间的摩擦力完成。螺杆上螺旋的作用是推动可塑性物料向前运动，由于螺杆或机筒结构的变化以及由于出料模孔截面比机筒和螺杆之间空隙横截面小得多，物料在出口模具的背后受阻形成压力，加上螺杆的旋转和摩擦生热及外部加热，使物料在机筒内受到了高温高压和剪切力的作用，最后通过模孔挤出，并在切割刀具的作用下，形成一定形状的产品。

挤压熟化机是应用最广的挤压加工设备。如图 13-3 所示，当疏松的食品原料从加料斗进入机筒内后，随着螺杆的旋转，沿着螺槽方向被向前输送，这段螺杆称为加料输送段。

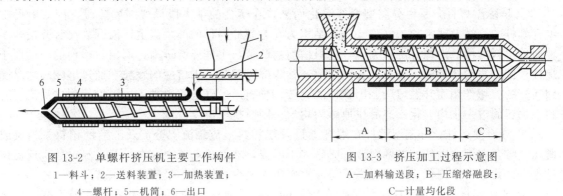

图 13-2　单螺杆挤压机主要工作构件　　　　图 13-3　挤压加工过程示意图
　1—料斗；2—送料装置；3—加热装置；　　　A—加料输送段；B—压缩熔融段；
　　4—螺杆；5—机筒；6—出口　　　　　　　　　　C—计量均化段

再向前输送，物料就会受到模头的阻力作用，螺杆与机筒间形成的强烈挤压及剪切作用，产生压缩变形、剪切变形、搅拌效应和升温，并被来自机筒外部热源进一步加热，物料温度升高直至全部熔融，这段螺杆称为压缩熔融段。

物料接着往前输送，由于螺槽逐渐变浅，挤压及剪切作用增强，物料继续升温而被蒸煮，出现淀粉糊化，脂肪、蛋白质变性等一系列复杂的生化反应，组织进一步均匀化，最后定量、定压地由模孔均匀挤出，这段螺杆称为计量均化段。

食品物料熔融体受螺旋作用前进至成型模头前的高温高压区内，物料已完全流态化，当被挤出模孔后，物料因所受到的压力骤然降至常压而迅速膨化。对于不需要膨化或高膨化率的产品，可通过冷却控制机筒内物料的温度不至于过热（一般不超过 100℃）来实现。

三、单螺杆挤压机主要工作构件

（一）螺杆

螺杆是挤压机的核心部件，是挤压机性能的决定性部件，其结构形式多种多样，一般情况下可按总体结构分为普通螺杆和特种螺杆。

（1）普通螺杆　普通螺杆的整个长度布满螺纹，因螺纹旋向、螺距、螺槽深度等又具体分为以下几种。

① 等距变深螺杆。所有螺槽的螺距不变，而螺槽深度则逐渐变浅。计量均化段较浅的螺槽有利于加强剪切混合，同时物料与机筒的接触面积较大，易从外部吸收热量，但受到螺杆强度的限制，不能用于压缩比较大的小直径螺杆。

② 等深变距螺杆。进料口处的螺杆具有较高的强度，便于提高生产能力，但在计量均化段剪切混合作用较差，甚至会出现熔料的倒流现象。

③ 变深变距螺杆。在螺槽深度逐渐变浅的同时，螺距逐渐变小，具有前两者的优点，可得到较大的压缩化，但制造困难。

④ 带反向螺纹的螺杆。压缩熔融段或计量均化段加设反向螺纹，使物料产生倒流趋势，进一步提高挤压及剪切强度，提高混合效果。为扩大物料对流混合区域，通常在此处螺纹上开设沟槽。

(2) 特种螺杆　为弥补单根普通螺杆性能的不足，提高输送的稳定性，提高混合效果，稳定挤压过程，人们不断开发新型特种螺杆。特种螺杆在实际使用中多以组合螺杆的一段构件出现。

① 分离型螺杆。在压缩熔融段设置一副螺纹形成屏蔽，其外径小于主螺纹，导程也与主螺纹不同。这种螺纹的副螺纹与机筒间的间隙只允许熔融料通过，从而强化了压缩熔融段的剪切作用，提高了熔融的均匀性，易形成可塑性面团，改善挤出物料质地的均匀性，有利于提高生产能力、产品质量和降低能耗。

② 屏障型螺杆。是由分离型螺杆演化而来，在螺杆的某一段设置一屏障段，因一般设在组合螺杆的一端，通常称为屏障头。其结构为在与螺杆同径的圆柱面上，沿圆周交替开设若干轴向进出料沟槽。沿螺杆旋转方向，进料槽前的凸棱与螺杆外圆等高，而出料槽前的凸棱低于螺杆外圆，与筒体形成一较大的径向间隙，称为屏障间隙。未熔融的颗粒在通过屏障间隙时受到强烈的剪切作用而升温熔融，因螺杆的旋转，物料通过屏蔽间隙进入出料槽后形成涡流，有利于物料的进一步均匀化，产品质地更为均匀，同时挤出温度较低。

③ 分流型螺杆。分流型螺杆在螺杆上设置使物料形成绕流、分流及汇流的销钉、挡块或通孔，将含有固体颗粒的熔融料流分成许多小股流，然后又汇流混合在一起，经过数次反复该过程，使物料得以均化，并因提高了剪应力作用而使得固体颗粒呈现熔融状态。

④ 波状螺杆。波状螺杆通常设置在螺杆的后半段或计量均化段。其螺杆外径不变，而是螺槽底圆的圆心按一定规律偏离螺杆轴线，使得螺槽深度呈周期性变化。螺槽最深处称为波谷，最浅处称为波峰。物料经过波峰的时间虽然很短，但因间隙很小而使固体颗粒受到强烈的挤压及剪切作用。在经过波谷时，因螺槽较深，容积较大，挤压及剪切强度低，停留时间长，可实现物料的分布性混合和热量的均化，料温不会升得很高。对于双波结构螺杆，则允许熔融料在低剪切作用区域通过，不易产生过热现象，同时增强了两槽内熔融料的对流混合。

(二) 机筒

机筒和螺杆共同组成了挤压机的挤压系统，完成对物料的固体输送、熔融和定压定量输送。机筒在挤压机中是仅次于螺杆的重要零部件。机筒的结构形式关系到热量传递的稳定性和均匀性，影响到整个挤压机的工作性能，加料输送段处的结构形式影响固体输送效率。常见的机筒有整体式和分段式两种结构形式。

(1) 整体式机筒 (图 13-4)　为整体加工而成。这种机筒便于设置外加热器，受热均匀，制造时易保证加工精度和装配精度，装配工作简单，应用较多；但是长度大，加工要求比较高，机筒内表面磨损后难以修复。

(2) 分段式机筒 (图 13-5)　是在分段加工后用法兰或其他形式连接而成。这种机筒的机械加工比整体式容易，便于改变长径比，多用于需要改变螺杆长径比的机型。这种机筒的主要

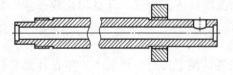

图 13-4　整体式机筒

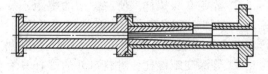

图 13-5　分段式机筒

缺点是分段太多，难以保证各段的对中，影响法兰连接处加热均匀性。

（3）双金属机筒　由两种金属制造而成，其中内层为耐腐蚀、硬度高、耐磨损的优质金属。按制造工艺又分为衬套式和浇铸式。衬套式机筒的内层为可更换的合金钢衬套，外层为碳素钢结构。这种机筒能够在满足抗磨损、抗腐蚀要求的同时，节省贵重金属材料，衬套磨损后可予以更换，但制造工艺复杂，且因两种材料受热变形量的差异易产生相对位移。浇铸式机筒是在基体内壁上通过离心法均匀浇铸一层约2mm后的合金层。这种机筒的合金层与基体结合良好，无剥落和开裂倾向。

为提高输送效率和压力，经常使用特种机筒。轴向开槽机筒：在进料段的机筒内表面开有沿圆周均匀分布的轴向小凹槽，提高了该段的输送效率，及早建立起稳定的压力，有利于产品质量的稳定和提高。带排气孔的机筒：在机筒的某一位置或几个位置开设有泄气的阀门或孔口，与特殊结构螺杆配合，通过在物料被挤出模孔之前的部分气体排出，达到某种挤压工艺目的。如"高压、高剪切、高温挤压——排气——简单挤压"可获得较好的混炼效果和较高的成型率，采用"低强度挤压——高强度挤压蒸煮并排气——高强度挤压"可缓解高温下的氧化，采用"挤压——排气——低强度挤压输送"可实现控制膨化等。排气机筒与特种螺杆的配置大大改善了挤压机的性能，并丰富了其功能。

（三）模具

模具是物料从挤压室排出的通道，通道的横截面积远小于螺杆与机筒空隙的横截面积。物料经过模孔时便由原来的螺旋运动变为直线运动，有利于物料的组织化作用。模孔处为挤压机最后一处剪切作用区，进一步提高了物料的混合和混炼效果。模孔横截面的形状可控制产品的造型，如动物造型、字母造型、球形、环形等。模孔的内部结构影响到产品的表面结构，常见的模孔内部结构有：锥形模孔；突变模孔；测向模孔；长管模孔；共挤模头。

（四）加热与冷却装置

保证挤压室内适当的温度是挤压熟化加工进行的必要条件，挤压熟化机的加热与冷却系统是为了保证这一必要条件而设置的。物料在挤压熟化过程中的热量来源于料筒外部加热器供给的热量和物料与机筒内壁、物料与螺杆以及物料之间相对运动所产生的摩擦热。这两部分热量占有比例的大小与螺杆、机筒的结构形式、工艺条件、物料性质有关，也与挤压熟化的阶段有关。不同区段热量所占比例也不同：在加料输送段，螺槽较深，物料尚未压实，摩擦热是很少的，热量多来自加热器；在计量均化段，物料已熔融，温度较高，螺槽较浅，摩擦剪切产生的热量较多，有时非但不需要加热器供热，还需冷却器进行冷却；在压缩熔融段则介于上述两段之间，由摩擦剪切产生的热量比加料输送段多，而比计量均化段少。摩擦剪切产生热量的速度会随着物料的向前移动而渐渐增快，因此挤压机的加热与冷却系统多是分段设置的。

（1）电阻加热器（图13-6）　电阻加热是用得最广泛的加热方式，其装置具有外形尺寸小、质量小、装拆方便等优点。由于电阻加热器是采用电阻丝加热机筒外表面后再以传导的方式将热量传递到物料，而机筒本身很厚，会沿机筒径向形成较大的温度梯度，因而所需加热时间较长。

（2）电感应加热器　电感应加热是通过电磁感应在机筒内产生涡流电而直接使机筒发热的一种加热方法。电感应加热器的原理结构如图13-7所示。与机筒的外壁隔一定间距装置若干组外面包有线圈5的硅钢片1组成加热器。当将交流电源通入线圈时，在硅钢片和机筒之间

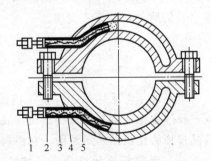

图13-6　铸铝加热器
1—接线柱；2—钢管；3—电阻丝；
4—氧化镁粉；5—铸铝

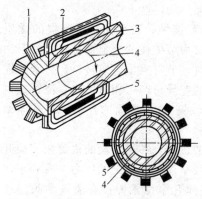

图 13-7 电感应加热器的结构原理图
1—硅钢片；2—冷却剂；3—机筒；
4—感应环流电；5—线圈

形成一个封闭的磁环。硅钢片具有很高的导磁率，磁力线通过所受磁阻很小。而作为封闭回路一部分的机筒其磁阻大得多。磁力线在封闭回路中具有与交流电源相同的频率，当磁通发生变化时，在封闭回路中产生感应电动势，从而引起二次感应电压及感应电流，即图中所示的环形电流，机筒因通过涡流电而被加热。

电感应加热与电阻丝加热相比具有如下几个特点：由机筒直接对物料加热，预热升温的时间较短，在机筒的径向方向上温度梯度较小；加热器对温度调节的反应比电阻加热灵敏，温度稳定性好；由于感应线圈的温度不会超过机筒的温度，比电阻加热器节省电能 30％ 左右；在正确冷却和使用的情况下，感应加热器的寿命比较长。

电感应加热器的不足之处是加热温度会受感应线包绝缘性能的限制，不适于成型加工温度要求较高的物料；径向尺寸大，需要大量的硅钢片等材料；在形状复杂的机头上安装不方便。

（3）机筒冷却　挤压机的冷却往往是采用自来水进行，其附属装置较为简单。水冷却速度较快，但易造成急冷，因一般未经软化处理的水，使水管易出现结垢和锈蚀现象而降低冷却效果或造成水管被堵塞、损坏等。通常采用的水冷却装置的结构有三种。

① 缠绕冷却盘管。为目前常用结构，在机筒的表面加工有螺旋沟槽，沿沟槽缠绕冷却水管（一般是紫铜管），主要缺点是：水管易被水垢堵塞；盘管拆卸不方便；水管与机筒的接触状态不佳，冷却效率低。

② 将加热棒和冷却水管同时铸入同一块铸铝加热器中。这种结构的特点是冷却水管也制成剖分式结构，拆卸方便，冷冲击相对于第一种结构来说较小。但制造较为复杂，一旦冷却水管被堵死或出现损坏时，则整个加热器就得更换。

③ 在感应加热器内侧设有水冷却套，这种装置装拆很不方便，冷冲击也较严重。

（4）螺杆冷却　螺杆冷却目的是改善加料输送段物料的输送，防止物料过热，利用物料中所含有的气体能从加料输送段的冷混料中返回并从料斗中排出。当螺杆的计量均化段受到冷却时，在螺槽的底部会沉积一层温度较低的料，会减小均化段的螺槽深度。

通入螺杆中的冷却介质通常是水，也可以是空气。一些先进挤压熟化机可根据不同物料和不同加工工艺要求调整螺杆的冷却长度，提高了机器的适应性，这一般通过调整伸进螺杆的冷却水管的插入长度等来实现。

第三节　双螺杆挤压机

食品加工常采用单螺杆挤压机连续生产面团类产品。近年来，结果复杂、物料输送能力强、操作更稳定的双螺杆挤压机在食品加工上的应用受到食品界的重视。图 13-8 为一双螺杆食品挤压膨化机结构示意图，它由料斗、机筒、两根螺杆、预热器、模板、传动装置等构成。

一、双螺杆挤压机分类及特性

根据两螺杆间的配合关系又可将双螺杆挤压机分为全啮合型、部分啮合型和非啮合型（图13-9）；根据螺杆转动方向，双螺杆挤压机可分为同向旋转型和异向旋转型两大类（图13-10）。

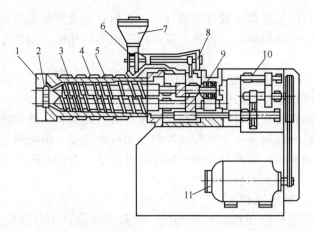

图 13-8　双螺杆食品挤压膨化机结构示意图

1—机头连接器；2—压模；3—机筒；4—预热器；
5—螺杆；6—下料管；7—料斗；8—进料传动装置；
9—止推轴承；10—减速器；11—电动机

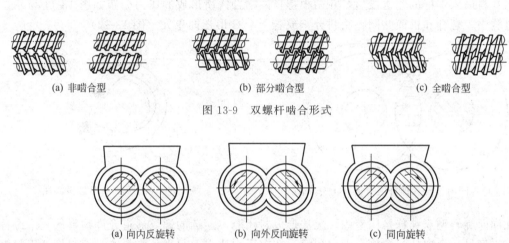

(a) 非啮合型　(b) 部分啮合型　(c) 全啮合型

图 13-9　双螺杆啮合形式

(a) 向内反旋转　(b) 向外反向旋转　(c) 同向旋转

图 13-10　双螺杆的旋转方式

（一）非啮合型与啮合型双螺杆挤压机

（1）非啮合型双螺杆挤压机　又称为外径接触式或相切式双螺杆挤压机，两螺杆轴距至少等于两螺杆外半径之和。在一定程度上可视为相互影响的两台单螺杆挤压机，其工作原理与单螺杆挤压机基本相同，物料的摩擦特性是控制输送的主要因素，这类挤压机在食品加工中应用较少。

（2）啮合型双螺杆挤压机　两根螺杆的轴距小于两螺杆外半径之和，一根螺杆的螺棱伸入另一根螺杆的螺槽。根据啮合程度不同，又分为全啮合型和部分啮合型。全啮合型是指在一根螺杆的螺棱顶部与另一根螺杆的螺槽根部不设计任何间隙。部分啮合型是指在一根螺杆的螺棱顶部与另一根螺杆的螺槽根部设计留有间隙，作为物料的流动通道。

（二）开放型与封闭型双螺杆挤压机

对于啮合型，根据啮合区螺槽是否设计留有沿着螺槽或横过螺槽的可能通道，划分为纵向开放或封闭、横向开放或封闭。

（1）纵向开放或封闭　如果物料可由一根螺杆的螺槽流到另一根螺杆的螺槽，则称为纵向开放；反之称为纵向封闭。

（2）横向开放或封闭　在两根螺杆的啮合区，若物料可通过螺棱进入同一根螺杆的相邻螺槽，或一根螺杆螺槽中的物料可以流进另一根螺杆的相邻两螺槽，则称为横向开放。横向开放必然也纵向开放。

（三）同向旋转与异向旋转双螺杆挤压机

（1）同向旋转　两根螺杆旋转方向相同。

（2）异向旋转　两根螺杆的旋转方向相反，包括向内旋转和向外旋转两种情况。向内异向旋转时，进料口处物料易在啮合区上方形成堆积，加料性能差，影响输送效率，甚至出现起拱架空现象。向外异向旋转时，物料可在两根螺杆的带动下，很快向两边分开，充满螺槽，迅速与机筒接触吸收热量，有利于物料的加热、熔融。

二、双螺杆挤压机挤压过程

双螺杆挤压机与单螺杆挤压机的功能相似，但在工作原理上存在较大的差异，主要体现在：强制输送、强烈混合。双螺杆挤压机内的挤压过程因螺杆结构、配置关系、运动参数等差异而大不相同。

（一）同向旋转型双螺杆挤压过程

当物料进入螺杆的输送段后，在两根螺杆的啮合区所形成的压力分布如图 13-11 所示。在挤压过程中，螺杆和机筒共同将物料分割成若干个 C 形扭曲单元（图 13-12）。

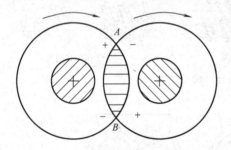

图 13-11　同向旋转双螺杆啮合区压力分布图　　　　图 13-12　C 形扭曲形物料料柱

在同向旋转型双螺杆挤压室内，无法形成封闭腔，连续的螺纹通道允许物料从一个螺杆的螺槽进入到另一个螺杆的螺槽，形成漏流，切向压力建立不起来。物料本身使螺杆处于料筒中央，螺杆与料筒之间和螺杆与螺杆之间允许间隙存在，仍具有自洁作用。在啮合区没有局部高剪切作用，从而减小机械磨损。螺杆的自洁作用防止了物料黏附于螺杆之上，避免了热敏性物料烧焦，加速了物料的扩散分布，进而缩短了停留时间分布。双螺杆螺槽内物料的流动见图 13-13。

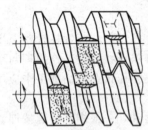

图 13-13　双螺杆螺槽内
物料的流动

增大产量和降低螺杆转速能缩小扩散速度分布，使剪切更加一致，物料更均匀。这类挤压机输送作用不如反向旋转型，但混合效果好，同时漏流使螺杆与料筒间摩擦减小，所以挤压机转速可高达 500r/min。可通过提高转速来弥补产量的不足。

为了加强对物料的剪切作用，在压缩段的螺杆上通常安装有 1～3 段反向螺杆和混捏元件。由于同向旋转型挤压机的混合特性好、磨损小、剪切率高、产量大以及更灵活，所以这类挤压机为食品挤压熟化普遍采用。

（二）异向旋转型双螺杆挤压过程

在半封闭设计中，螺槽间存在很小的漏流，而在螺杆啮合处的螺棱顶部与螺槽根部之间形成较高的压力。这种压力迫使螺杆压向机筒壁而产生摩擦，摩擦将随着螺杆转速增加而增大。反向旋转双螺杆一般仅适于低速作业，产量相对较低，螺槽内的物料不能受到完全相同的剪切作用和实现较好的扩散，这种结构的优点是挤压作用强、输出效率高、停留时间分布窄，但混合不足、产量低、产品的一致性差以及螺杆和料筒的使用寿命短。为了提高混合效果，减小局部高压，可选择较小螺棱宽度和较大螺杆间隙，但回流的可能性增加，使得挤压机对螺杆头部的压力变化更敏感，故仅限于混合段使用，挤出段必须保持较小的间隙。

异向旋转型双螺杆挤压机适用于要求输送作用强、剪切力较低、停留时间分布较窄的热敏性物料，特别适合于输送低黏度性物料如速溶糖和口香糖等。

第十四章　发酵机械与设备

第一节　发酵设备的类型和基本构成

一、发酵设备的基本要求

发酵设备的功能是按照发酵过程的要求，保证和控制各种发酵条件，主要是适宜微生物生长和形成产物的条件，促进生物体的新陈代谢，使之在低消耗下（包括原料消耗、能量消耗、人工消耗）获得较高的产量。因此发酵设备必须具备一定的条件，应用良好的传递性能来传递动量、质量、热量；能量消耗低；结构应尽可能简单，操作方便，易于控制；便于灭菌和清洗，能维持不同程度的无菌度；能适应特定要求的各种发酵条件，以保证微生物正常的生长代谢。

二、发酵设备的分类

发酵设备种类繁多。

① 根据发酵用培养基状况，发酵设备分为固体发酵设备（如固体发酵用的缸、池、窖）及液体发酵设备。

② 根据微生物类型，发酵设备又分为嫌气和好气两大类，酒精、啤酒和丙酮、丁醇溶剂等产品发酵需用嫌气发酵设备；谷氨酸、柠檬酸、酶制剂和抗生素等好气发酵产品需用通风发酵设备，在发酵过程中需不断通入无菌空气。

③ 根据发酵过程使用的生物体，可把设备分为微生物反应器、酶反应器和细胞反应器，其中的微生物反应器为发酵行业的主流设备，但在工业生产中仅应用少数几种形式。以酶为催化剂进行生物催化反应的场所称为酶反应器。根据酶应用形态的不同，酶反应器可分为溶解酶用反应器和固定化酶反应器。在工业生产中，酶反应器的应用日益广泛，新近开发了具有辅酶的保留、再生与循环使用功能的反应系统及非水系统的酶反应器等新型酶反应器。细胞反应器中的生物体是动植物细胞，目前，利用大规模细胞培养方法生产的有用产品大致可分为疫苗、干扰素、单克隆抗体和遗传重组产品四大类。

随着发酵产品产量的不断提高，发酵设备日趋大型化。大型发酵罐能简化管理，节省设备投资，降低成本。自动化控制也已广泛地应用于发酵设备中，发酵过程中的温度、压力、设备的清洗都已实现了自动控制。同时，连续发酵工业化的问题已引起人们的普遍关注和重视，目前，连续发酵生产酒精已在大部分工厂得到应用，而啤酒发酵的连续化也相继得到应用。

三、发酵设备的特性

发酵设备大都为反应釜。反应釜所以能有广泛的适应性，是与它自身所具有的特性分不开的，具体有以下一些特性：对于连续操作的反应釜，良好的混合可以产生较低的、易于控制的反应速率，当反应剧烈放热时，反应釜可以消除过热点，而间歇操作时，则可将温度按程序排定为反应时间的函数；可按生产需要而进行间歇、半间歇或连续操作；对于容量大和反应时间长的反应，往往更为经济；细小的催化剂颗粒能充分悬浮在整个液体反应体系中，从而获得有效的接触；在平行反应系统中，连续釜有利于反应级数较低的反应，间歇釜有利于反应级数较高的反应；在连串反应系统中，连续釜有利于最终产物，间歇釜有利于中间产物的生成。

第二节　嫌气发酵设备

在生产酒精、白酒、啤酒等发酵产品时，微生物不需要氧气来完成发酵，应使用嫌气发酵设备。

一、间歇式发酵罐

间歇式发酵是指生长缓慢期、加速期、平衡期和衰落期四个阶段的微生物培养过程全部在一个罐内完成。

利用酵母将糖转化为酒精时，要获得较高的转化率，除满足酵母生长和代谢的必要工艺条件外，还需要一定的生化反应时间，并移走在生化反应过程中释放出的生物热，否则将影响酵母的生长和代谢产物的转化率。酒精发酵罐的结构必须首先满足上述工艺要求，还应有利于发酵液的排出、设备清洗、维修以及设备制造安装方便。

间歇式酒精发酵罐（图 14-1）的筒体为圆柱形，底盖和顶盖均为碟形或锥形。为了回收发酵过程中产生的二氧化碳气体及其所带出的部分酒精，发酵罐一般采用密闭式结构。罐顶装有人孔 7、视镜及二氧化碳回收管、进料管、接种管、压力表 3 和测量仪表接口管等。罐底装有排料口和排污口 12，罐身上下部装有取样口 2 和温度计接口。对于大型罐，为了便于清洗和维修，接近罐底处设置有人孔。

对于发酵罐的冷却，中小型多采用罐顶喷水装置，而大型的采用罐内冷却蛇管或罐内蛇管和罐外喷洒联合冷却装置。有些采用罐外列管式冷却的方法，冷却均匀、效率高。

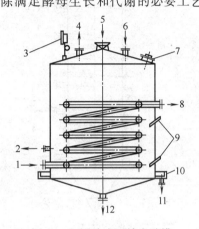

图 14-1　间歇式酒精发酵罐

1—冷却水入口；2—取样口；3—压力表；
4—CO_2 气体出口；5—喷淋水入口；
6—料液和酵母入口；7—人孔；8—冷
却水出口；9—温度计；10—喷淋水
收集槽；11—喷淋水出口；
12—排污口

酒精发酵罐的洗涤多采用水力洗涤器（图 14-2），主要为一根两端装有喷嘴的洒水管，呈水平安装，管壁上均匀地开有一定数量的小孔，两端有弯曲段，通过活络接头与固定供水管相

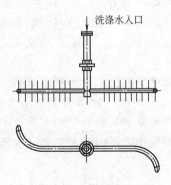

图 14-2　发酵罐水力洗涤装置

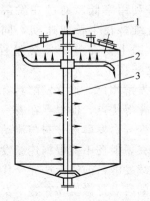

图 14-3　发酵罐高压水力喷射洗涤装置

1—洗涤剂进口；2—水平喷水管；3—垂直喷水管

连。工作时，喷水管借助于两头喷嘴处以一定的速度喷出而形成的反作用力自由旋转，在旋转过程中，洗涤水由喷水孔排出而均匀喷洒在罐壁、罐顶、罐底上进行罐的洗涤。这种水力喷射洗涤装置在水压不大时洗涤不彻底，对大型罐尤其明显。

与水力洗涤器相比，高压水力喷射洗涤装置（图14-3）在水平分配管道基础上增加了一直立分配管，洗涤用水压力较高，一般为0.6~0.8MPa。直立分配管安装于罐的中央，其上面开出的喷水孔与水平面呈20°夹角。水流喷出时可使喷水管以48~56r/min的速度自动旋转，并高速喷射到罐体四壁和罐底，垂直的分配管以同样的水流速度喷射到罐体四壁和罐底，一次洗涤过程约需5min。

间歇式酒精发酵罐内的环境和发酵过程易于控制，使得其目前在工业生产应用中仍然占据主要地位。

圆筒体锥形底啤酒发酵罐（图14-4）属于一种大型发酵罐，简称锥形罐，已广泛用于发酵啤酒生产，可单独用于前发酵或后发酵，还可以用于前、后发酵合并的罐法工艺中。

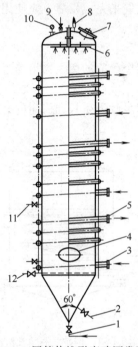

图14-4 圆筒体锥形底啤酒发酵罐
1—麦汁与酵母进口；2—啤酒出口；3—冷媒进口；
4—人孔门；5—冷媒出口；6—洗涤器；7—人口；
8—安全阀；9—排气阀；10—压力表；
11—取样口；12—CO₂入口

该罐一般置于室外使用。罐身为圆筒结构，外部围护有2~4段冷却夹套，用以维持适宜的发酵温度，在发酵最旺盛时，冷却夹套全部投入使用，其中冷媒多采用乙二醇或酒精溶液。罐体外设有良好的保温层，以减少冷量损耗。为在啤酒后发酵过程中有饱和CO_2，罐底安装有净化的CO_2充气管，经小孔吹入发酵液中。同时，为便于在罐中收集并回收CO_2，罐内需要保持一定程度的正压状态，并且在罐顶安装有压力表和安全阀。已灭菌的新鲜麦芽汁及酵母由底部进口泵入罐内。发酵完成后最终沉积于锥体部分的酵母可通过底部阀门排出，部分可留作下次使用。

二、连续酒精发酵设备

由于前后两个微生物非旺盛生长期延续时间相当长，采用间歇发酵时发酵周期长，发酵罐数多，设备利用率低。通过在发酵罐内连续加入培养液和取出发酵液，可使发酵罐中的微生物一直维持在生长加速期，同时降低代谢产物的积累，培养液浓度和代谢产品含量相对稳定，微生物在整个发酵过程中即可始终维持在稳定状态，细胞处于均质状态，这即为连续发酵技术。

与间歇式发酵相比，连续发酵具有产品产量和质量稳定、发酵周期短、设备利用率高、易对过程进行优化等优点，但也存在着一些明显的缺点，如技术要求较高、容易造成杂菌污染、易发生微生物变异、发酵液分布与流动不均匀等。目前虽已对连续发酵的动力学和无菌技术进行了广泛的研究，但还不能根据连续发酵的理论来完全控制和指导生产。因此，在实际发酵工业生产中，连续发酵目前还无法完全代替传统的间歇发酵。

连续发酵的特点是微生物在整个发酵过程中始终维持在稳定状态，细胞处于均质状态。在此前提下，可用数学公式和实验公式来表达连续发酵在稳定状态下，微生物生长速度、代谢产物、底物浓度和流加速度之间的关系。

第三节　通风发酵设备

通风发酵设备是好氧发酵使用的发酵反应器，主要包括酵母发酵罐、单细胞蛋白发酵罐、氨基酸发酵罐、酶制剂发酵罐、抗生素发酵罐等。高效发酵反应器要求设备简单，不易染菌，单位体积的生产能力高，代谢热易排出，操作易控制，易于放大。

目前工业化通风发酵罐在容量大型化的同时，还实现了计算机控制管理，发酵过程自动监测控制技术的检测项目主要有 pH 值、进出气体中的 O_2 浓度、CO_2 浓度、RO（溶氧浓度）、还原糖、细胞浓度等。

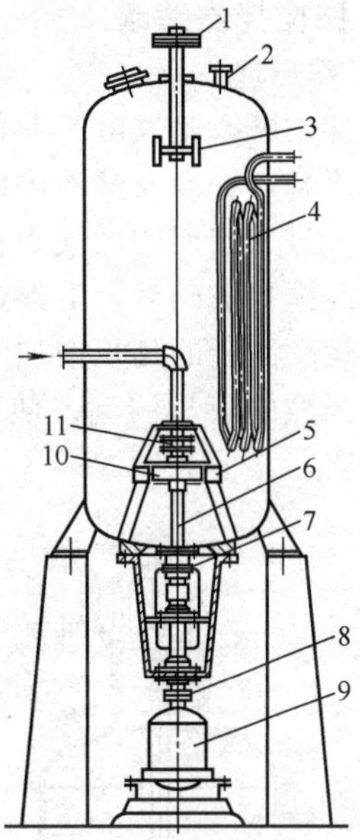

一、自吸式发酵罐

自吸式发酵罐是一种在搅拌过程中自行吸入空气的发酵罐，不需要配置空气压缩机或鼓风机，广泛用于医药工业、醋酸工业、酵母工业等工业。采用不同类型、容积的发酵罐已能成功生产葡萄糖酸钙、维生素 C、酵母、蛋白酶等产品。

自吸式发酵罐种类繁多，根据通气的形式不同，可以分为以下类型。

（一）无定子回转翼片式自吸式发酵罐

通气搅拌装置为回转翼片的空气分布器，翼片呈流线型，上有许多小孔，压缩空气通过空心轴进入，并由小孔分布于液体中。这种罐结构简单、制作容易、操作维修方便，但空气的利用率低、电耗稍大。

（二）有定子自吸式发酵罐

图 14-5 所示为一具有转子和定子的自吸式发酵罐，主要构件即转子（又称为自吸搅拌器）

图 14-5　自吸式发酵罐
1—带轮；2—排气管；3—消泡器；4—冷却排管；
5—定子；6—轴；7—双端面轴封；8—联轴器；
9—电动机；10—转子；11—端面轴封

图 14-6　十字形转子

和定子（又称为导轮）。转子为空心结构，如九叶轮、六叶轮、十字形转子（图 14-6）、三叶轮等。

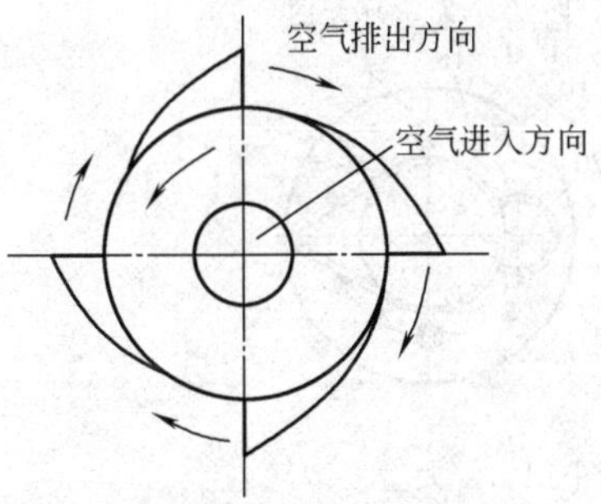

转子在启动前，需要先用液体将其浸没，在电动机驱动其高速旋转时，液体因离心力而被甩向叶轮边缘，并在转子中心处形成负压。在负压作用下，空气自动从转子中心处被吸入，通过导向叶轮内腔甩出，而液体因转子外阔叶片被吸入并均匀甩出，在转子外圆处被剪切成细微的气泡并与循环的发酵液相遇，在湍流状态下混合、翻腾、扩散，在搅拌的同时完成了充气。转子转速越高，所形成的负压也越大，吸气量也越大，流体的动能也越大，流体离开转子时由动能变成压力能也越大，从而排出的风量也越大。

自吸式发酵罐这种新型设备目前已广泛应用，其优点包括：空气自吸进入，节省了空气净化系统中的空气压缩机及冷却器、储罐、油水分离器等辅助设备，投资少，功耗低；气泡小，气液接触均匀，溶氧系数高；便于自动化、连续化操作，劳动强度低；酵母发酵周期短，发酵液中酵母浓度较高。

设备的局限性在于：吸程低，不适用于味精生产等无菌要求高的场合；气液流量调整无法兼顾，因此更适合于连续发酵；搅拌器末端线速度相当高，剪切作用强，不适合于丝状菌发酵；罐压较低，装料系数约为 40％；结构较复杂，加工精度要求较高。

二、机械搅拌发酵罐

(一) 工作原理

机械搅拌发酵罐是发酵工业使用最为广泛的通风发酵设备，它利用机械搅拌器，使空气和发酵液充分混合，提高发酵液内的溶氧量。通过机械搅拌使发酵罐中溶解氧增多，体现在三个方面：将空气进入初期的大气泡打碎成小气泡，使气液界面面积增大，提高了体积溶氧系数；同时，气泡经搅拌破碎后，上浮速度下降，在搅拌形成的液流影响下，气泡由直线上浮变成曲线上浮，因运动路径的延长增加气体与液体间接触时间，提高了空气中氧的利用率；在搅拌器作用下产生强烈的液相湍流，使得液膜厚度变薄，传质系数增大，从而获得较大的体积溶氧系数。

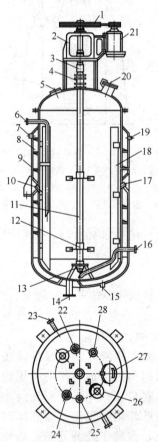

图 14-7　小型发酵罐

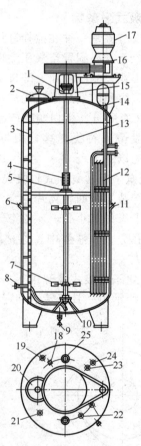

图 14-8　大型发酵罐

1—带轮；2—轴承支架；3—联轴器；4—轴封；5，26—视镜；6—取样口；7—冷却水出口；8—夹套；9—螺旋片；10—温度计接口；11—轴；12—搅拌器；13—底轴承；14—放料口；15—冷水进口；16—通风管；17—热电偶接口；18—挡板；19—接压力表；20，27—手孔；21—电动机；22—排气口；23—取样口；24—进料口；25—压力表接口；28—补料口

1—轴封；2，20—人孔；3—梯子；4—联轴器；5—中间轴承；6—热电偶接口；7—搅拌器；8—通风口；9—放料口；10—底轴承；11—温度计；12—冷却管；13—轴；14，19—取样口；15—轴承支座；16—带；17—电动机；18—压力表；21—进料口；22—补料口；23—排气口；24—回流口；25—视镜

（二）发酵罐的结构

如图 14-7 和图 14-8 所示，机械搅拌发酵罐属于密封受压设备，主要部件包括罐体、搅拌器、挡板、空气吹泡管（或空气喷射器）、打泡器、冷却装置及管路等。

（1）罐体　发酵罐罐体由圆柱形罐身及椭圆形或碟形封头焊接而成，材料多采用不锈钢，大型发酵罐可用复合不锈钢制成或采用碳钢及内衬不锈钢结构，衬里用不锈钢板，厚度为 2～3mm。为了满足压力操作的工艺要求，罐体可承受一定压力，如 0.25MPa 的常规灭菌操作压力。常见的工业生产用发酵罐容积为 20～500m³。

小型发酵罐的罐顶和罐身用法兰连接，罐顶设有清洗用手孔；大中型发酵罐则设有快开人孔及清洗用的快开手孔。人孔的大小除用于操作人员出入外，还用于罐内部件的装卸。罐顶装有视镜及灯镜，在其内面装有压缩空气或蒸汽的吹管，用以冲洗玻璃。罐顶的接管有进料管、补料管、排气管、接种管和压力表接管。为避免堵塞，排气管靠近封头的中心轴封位置。罐身上有冷却水进出管、进空气管、温度计管和测控仪表接口。取样管位于罐身或罐顶上，操作方便。

（2）搅拌器和挡板　罐内的搅拌器一般采用涡轮式结构，其主要作用是加速溶氧。搅拌器多为 2 组，也有 3 组或 4 组，其叶片结构有平叶式、弯叶式、箭叶式等多种。搅拌器一般采用不锈钢板制成。为了拆卸方便，大型搅拌器一般做成两半，通过螺栓联成一体。

挡板的作用是使液流由径向流型变成轴向流型，防止液面中央产生旋涡，促使液体激烈翻动，提高溶氧量。挡板的安装需要满足全挡板条件，即在一定转速下，再增加罐内附件，轴功率仍保持不变。一般安装有 4～6 块挡板，其宽度通常取 (0.1～0.12)D（罐直径），其高度自罐底延伸至液面。由于竖立的冷却蛇管、列管、排管也可以起挡板作用，一般有冷却列管或排管的发酵罐内不另设挡板，但冷却管为盘管结构时则需要设置挡板。挡板与罐壁之间的距离一般为 (1/8～1/5)D，避免形成死角，防止物料和菌体堆积。

（3）消泡器　消泡器用于打碎泡沫，最常见的有锯齿式、梳状式、孔式以及旋桨梳式等。孔板式的孔径为 10～20mm。消泡器的长度约为罐径的 0.65 倍。

（4）空气分布装置　其作用是引导无菌空气均匀吹入，有单管及环管等结构形式。常用的分布装置是单管式，管口末端在距罐底一定高度处朝下正对罐底中央位置，空气分散效果较好。空气由分布管喷出上浮时，被搅拌器打碎成小气泡，并与醪液充分混合，加快气液传质。管内空气流速一般为 20m/s。为防止气流直接冲击罐底，罐底中央安装有分散器，以延长罐底的寿命。环管式因效果不及单管式，且气孔易堵，已很少使用。

（5）冷却装置　冷却装置用于排出发酵热，通常有冷却夹套或排管。

（6）联轴器及轴承　联轴器用于搅拌轴的连接，小型发酵罐可采用法兰连接，大型发酵罐搅拌轴较长，常分为二三段，需采用联轴器连接。联轴器有鼓形及夹壳形两种。为减少因搅拌轴工作时产生的挠性变形所引起的振动，中型发酵罐一般在罐内装有底轴承，而大型发酵罐还装有中间轴承，其水平位置可调。在轴上增加轴套可防止轴颈磨损。

（7）轴封　轴封用于罐顶或罐底与搅拌轴之间的缝隙的密封。为防止泄漏和污染杂菌，发酵罐对于轴封的要求较高，通常采用密封性能良好的填料函和端面轴封。

（三）机械搅拌发酵罐的特点

① 机械搅拌作用获得的溶氧系数较高，一般体积溶氧系数为 100～1000L/h，适合于各种发酵的溶氧要求。

② 罐内液体和空气的混合效果较好，不易产生沉淀，可适应有固形物存在的场合，因此又叫全混式发酵罐。

③ 搅拌作用形成的液体流型使氧气的利用率较高，所需要的通风量较小。

④ 既有通风，又有搅拌，投资成本较大。

⑤ 单位溶氧功耗较大，操作费用高。

⑥ 结构复杂，清洗及维修不便。

三、气升式发酵罐

气升式发酵罐是近几十年来发展起来的新型发酵罐。空气由罐底进入后，通过罐内底部安装的分散元件（如多孔板）分散成小气泡，在向上移动过程中与培养液混合进行供氧，最后经液面与二氧化碳等一起释出。在液体密度差异而产生的压力差的推动下，培养液呈湍流状态在罐内循环。

这种发酵罐结构简单，无机械搅拌装置，设备需要空压机或鼓风机来完成气流搅拌，有时还需有循环泵。因无机械搅拌装置，能耗低，减少了杂菌污染的危险，安装维修方便，氧传质效率高，常用于单细胞蛋白、酵母、细胞培养、土霉素等生产。目前常用的类型有带升式、塔式、气升环流式、气升及外循环式等。

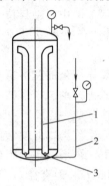

图 14-9　外循环带升式发酵罐
1—上升管；2—空气管；3—空气喷嘴

（一）带升式发酵罐

图 14-9 所示为外循环带升式发酵罐，其上升管安装于罐外，上升管两端与罐底及罐上部相连接，构成一个循环系统，下部装有空气喷嘴。

在发酵过程中，空气以 250～300m/s 的高速从喷嘴喷入上升管。由于喷嘴的作用空气泡被分割细碎，而与上升管的发酵液密切接触。因气体含量多、密度小，加上压缩空气的高速向上喷流动能，上升管内液体上升。同时，罐内液体下降进入上升管下端，形成反复循环。在循环过程中，发酵液不断地与空气气泡接触，供给发酵所耗的溶解氧，使发酵正常进行。

内循环式的循环管可通过采用多层套管结构，延长气液接触时间；并列设置多个上升管，降低罐体高度及所需空气压力。外循环式罐外置的上升管外侧可增加冷却夹套，在循环的同时对发酵液进行冷却。

带升式发酵罐的性能指标主要有循环周期（发酵液体积/循环速度）、空气提升能力（发酵液循环流量/通入空气量）和通风比（通入空气量/发酵液体积）。

带升式发酵罐的主体内无空气，只在循环管内循环，装料系数较高，可达 80%～90%，故应用广泛。但对于黏度较大的发酵液体积溶氧系数较低，一般小于 140L/h，为了提高体积溶氧系数，可以加大循环管的直径，同时在循环管内增设多孔板；对于外循环设备，可在循环管上增设液泵来增大循环速度，形成机械循环式反应器；还可采用多根循环管来提高循环速度。

（二）塔式发酵罐

塔式发酵罐又称为空气搅拌高位发酵罐，如图 14-10 所示，罐体的高径比较大，罐内安装有多层用于空气分布的水平多孔筛板，下部装有空气分配器。空气从空气分配器进入后，经多孔筛板多次分割，不断形成新的气液界面，使空气泡一直能保持细小，液膜阻力下降，液相氧的传递系数增大，提高了体积溶氧系数。另外，多孔筛板减缓了气泡的上升速度，延长空气与液体的接触时间，从而提高了空气的利用率。在气升式发酵罐中，塔式发酵罐的溶氧效果最好，适用于多级连续发酵，主要用于微生物的培养及水杨酸的生产。

塔式发酵罐的高径比较大，占地面积小，装料系数较大；通风比和溶氧系数的值范围较广，几乎可满足所有发酵的要求；液位高，空气的利用率高。但由于塔体较高，塔顶和塔底料液不易混合均匀，往往采用多点调节和补料。多孔筛板的存在不适宜固体颗粒较多的场合，否则固体颗粒大多沉积在下面，导致发酵不均匀；如果微生物是丝状菌，清洗有困难。

我国 40t 土霉素生产用塔式发酵罐的技术特性为：塔总高 14m，直径 2m，筛板距离 1.5m，筛孔直径 10mm，最下层筛孔面积 0.16m²，其余各层筛孔面积为 0.5m²，约占筛板面积的 20%；导流筒直径为 450mm，长 200mm。

（三）气升环流式发酵罐

气升环流式发酵罐的形式较多，常用的有高位、低位及压力发酵罐。

对于培养植物或动物细胞，既要求设备对培养基应能充分搅拌均匀，使气体均匀分散，又要求没有伤害细胞的强烈剪切力，因此细胞培养多采用气升环流式发酵罐（图 14-11）。罐内设置一旋转推进器。气体从推进器转轴的上部进入，由底部的环形气体分布器喷出，与培养液均匀接触后由上部排出。培养液与气泡充分混合后由推进器上部的液体出口排出，然后向下流动到底部，被旋转的推进器吸入，形成环流。设备的特点为低转速高溶氧，一般用于小型发酵罐。

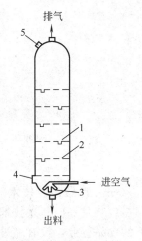

图 14-10　塔式发酵罐
1—导流筒；2—筛板；
3—分配器；4，5—人孔

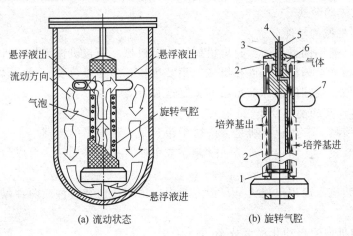

(a) 流动状态　　(b) 旋转气腔

图 14-11　细胞培养气升环流式发酵罐示意图
1—气体分布器；2—筛网；3—上盖；4—气体进口；
5—进气管；6—泡沫室；7—搅拌叶

第十五章 食品包装机械

第一节 食品包装技术与包装机械的分类

一、食品包装技术

包装是一门新兴技术学科，目前绝大部分商品都离不开包装。尤其是在现代社会经济条件下的食品行业，没有经过包装的食品是无法在市场上流通的，因而也毫无生命力可言。

包装的主要目的是为了保护商品，在食品包装中是以食品为保护对象的，因此食品包装的保护功能取决于被包装的食品的特点和基本性能。

食品工业是传统工业行业之一，其产品品种之多是其他任何一个行业都无法相比的，相应的食品包装技术也随之千变万化。食品包装在现代食品工业中已经不再只是一个附属部分，而是影响食品生产及其销售的一个重要的、不可忽视的因素，并成为食品生产的一个主要过程。

二、包装机械的分类

（一）按包装机械的功能分类

包装机械按功能不同可分为：充填机械、灌装机械、裹包机械、封口机械、贴标机械、清洗机械、干燥机械、杀菌机械、捆扎机械、集装机械、多功能包装机械，以及完成其他包装作业的辅助包装机械。我国国家标准采用的就是这种分类方法。

（二）按包装产品的类型分类

（1）专用包装机　专用包装机是专门用于包装某一种产品的机器。

（2）多用包装机　多用包装机是通过调整或更换有关工作部件，可以包装两种或两种以上产品的机器。

（3）通用包装机　通用包装机是在指定范围内适用于包装两种或两种以上不同类型产品的机器。

（三）按包装机械的自动化程度分类

（1）全自动包装机　全自动包装机是自动供送包装材料和内装物，并能自动完成其他包装工序的机器。

（2）半自动包装机　半自动包装机是由人工供送包装材料和内装物，但能自动完成其他包装工序的机器。

（四）包装生产线

由数台包装机和其他辅助设备连成的能完成一系列包装作业的生产线，即包装生产线。

第二节 液体灌装机

一、液体食品灌装工艺及方法

液体食品充填，习惯上称为灌装。需用灌装的液体食品种类很多，其理化特性各异，故灌装方法也有许多种。影响液体食品灌装的主要因素是液体的黏度，其次为是否溶有气体，以及起泡性和微小固体物含量等。因此在选用灌装方法和灌装设备时，首先要考虑液体的黏度。

（一）液体食品种类

根据灌装的需要，一般将液体食品按其黏度分为3类。

（1）流体 指靠重力在管道内按一定速度自由流动，黏度为 $0.001\sim0.1Pa\cdot s$ 的液料，如牛奶、清凉饮料及酒类等。

（2）半流体 除靠重力外，还需加上外压才能在管道内流动，黏度为 $0.1\sim10Pa\cdot s$ 的液料，如炼乳、糖浆、番茄酱等。

（3）黏滞流体 靠自重不能流动，必须靠外压才能流动，黏度在 $10Pa\cdot s$ 以上的物料，如调味酱、果酱等。

（二）灌装容器

用于液体食品灌装的容器主要有玻璃瓶、金属罐、塑料瓶（杯）等硬质容器，以及用塑料或其他柔性复合材料制成的盒、袋、管等软质容器。我国目前应用较多的仍是玻璃瓶，近年来金属罐、塑料瓶等发展迅速，已逐步取代部分玻璃瓶用于软饮料等的包装。金属罐主要是铝质二片罐和马口铁三片罐，常用于饮料和啤酒等的灌装，塑料瓶主要是聚酯瓶和聚氯乙烯瓶等。

（三）液体食品灌装方法

灌装方法按灌装原理分为常压灌装、等压灌装、负压灌装和压力灌装四大类；按计量方式可分为定液位灌装、容积灌装法两种。灌装具体方法将结合灌装机械讨论。

二、常压灌装机

（一）常压灌装机的结构及工作原理

该机的总体结构如图15-1所示。主要由储液箱1、进瓶拨轮6和出瓶拨轮7、托瓶盘5、

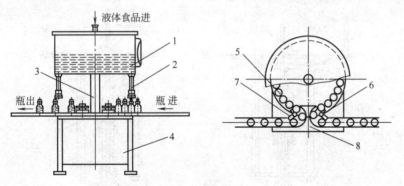

图 15-1 常压灌装机示意图

1—储液箱；2—灌装阀；3—主轴；4—机架；5—托瓶盘；
6—进瓶拨轮；7—出瓶拨轮；8—导向板

灌装阀2、主轴3及传动系统组成。在同一水平面上有进瓶拨轮6和出瓶拨轮7，托瓶盘5安装在升降杆上，主轴3直立安装在轴承底座上，储液箱1安装在主轴最顶端；储液箱下面共分配有24个灌装阀2，中间部分共有24个托瓶盘，通过下部轨道实现升降运动。电机和传动系统装置安装在机架内，如图15-2所示。

空瓶由进拨瓶轮6送入到托瓶盘5上（图15-1），托瓶盘5和储液箱1固定在主轴3上，电动机经传动装置（图中未画）带动主轴3转动，使托瓶盘和储液箱绕主轴3回转。同时，托瓶盘5沿固定凸轮（在机架4内）上升，当瓶口对准灌装头并将

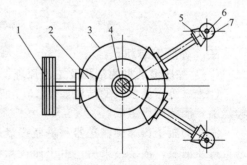

图 15-2 传动系统简图

1—带；2,3,5,7—圆锥齿轮；4—主轴；6—拨轮轴

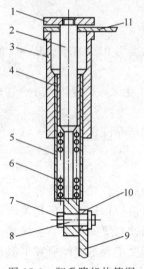

图15-3 瓶升降机构简图
1—托瓶盘；2—托瓶盘杆；3—升降杆套；4—升降
杆滑套；5—升降杆；6—弹簧；7—螺母；8—小
轴；9—升降凸轮；10—滚轮；11—固定盘

套管顶开后，储液箱中液体流入瓶中，瓶内空气由灌装阀2尖部的毛细管排出。灌装完成后，瓶子即将接近终点时在固定凸轮的作用下下降，再由出瓶拨轮拨出，送至压盖工位，即完成一个灌装过程。

（二）主要部件结构

（1）瓶的升降机构　该机瓶的升降机构如图15-3所示。托瓶机构固定在固定盘11上，滚轮10沿升降凸轮9运动，带动升降杆5做升降运劲，带动托盘及瓶子升降，升降杆是由一组空心轴内装一根细轴、中间有弹簧组成的弹性结构。

在充填过程中，当有的瓶子卡住不能上升时，升降杆可以自由压缩，这样灌装机可以继续回转，同时又不会压碎瓶子。

（2）灌装阀　灌装阀的结构如图15-4所示。空瓶由托瓶盘送入，当瓶口顶住导瓶罩12继续上升时，进液管11的套管和进液管分开，液料流入瓶内。当料瓶下降时，进液管套在弹簧力的作用下复位，液料就停止流出。

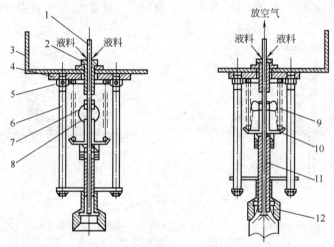

图15-4　灌装阀结构简图
1—排气管；2—分装管座；3—储液箱底；4—储液箱托盘；
5—紧固螺钉；6—导柱；7—定位螺母；8—乳胶密封管；
9—弹簧；10—浮簧支架；11—进液管；12—导瓶罩

三、等压灌装机

（一）等压灌装机的结构及工作原理

GD-60等压灌装机的结构如图15-5所示。灌装机主要由环形灌装缸、进出瓶拨盘、螺旋输送器、灌装阀等组成。

洗净的瓶子由螺旋输送器和进瓶拨盘送到托瓶台上，瓶子上升后瓶口与灌装阀紧密接触，进行等压灌装，灌装结束后，由出瓶拨盘将瓶子送到压盖机上。

（二）主要部件的结构

1. 包装容器的供送装置

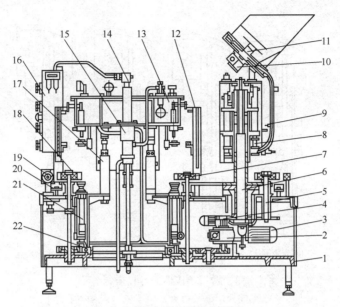

图 15-5　等压灌装封口机结构

1—机身；2,10—减速机；3—调速电动机；4—伺服电动机；5—出瓶拨轮；6—封口传动装置；
7—中间拨盘；8—封口冲头；9—送盖滑道；11—理盖机；12—灌装控制装置；13—灌装缸；
14—旋转气接头；15—中心进液管；16—电气控制箱；17—升降支柱；18—进瓶拨轮；
19—螺旋输送器；20—输送链；21—托瓶汽缸；22—轴承

供送装置为进瓶螺旋装置。该机的进瓶螺旋装置，如图 15-5 中的 6 所示，为了减少噪声，采用尼龙 1010 材料制成，其结构如图 15-6 所示。当灌装机转 1 周时，进瓶螺旋转 60 周。在工作过程中，出现卡瓶现象时，离合器 5 打滑使弹簧 7 往下压缩，使触点开关将电机路线切断，灌装机自动停机。当故障排除后，弹簧 7 复位，触点开关 6 接通线路，灌装机正常工作。

2. 灌装阀

（1）等压灌装原理　等压罐装首先向包装容器中充气，使其压力等于储液箱内气相压力，然后再打开进液口，在液料的自重作用下沉入包装容器内，如图 15-7 所示。

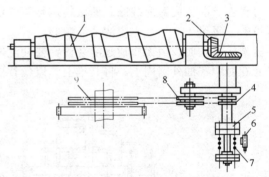

图 15-6　进瓶螺旋装置示意图

1—进瓶螺旋；2—小锥齿轮；3—大锥齿轮；
4—小链轮；5—离合器；6—触点开关；
7—弹簧；8—张紧轮；9—大链轮

① 充气等压。接通进气管 2，储液箱内的气体充入瓶内，直至瓶内气压与储液箱内气压相等，如图 15-7(a) 所示。

② 进液回气。接通进料管 1 和排气管 4，储液箱内液体经进料管 1 流向瓶内，瓶内气体由排气管 4 排入储液箱的空间内。当瓶内液面上升至 h_1 时，淹没了排气管 4 的孔口，瓶内液面上的气体无法排出，液面停止上升，液体沿排气管 4 上升到与储液箱的液面相同为止，停止灌液，如图 15-7(b) 所示。

③ 排气卸压。瓶子上部借助进气管 2 和排气管 4 同储液箱气室相通，排气管 4 内的液体流入瓶内，瓶内液面升至 h_2 处，而瓶内相对应的气体沿进气管 2 排回储液箱内。

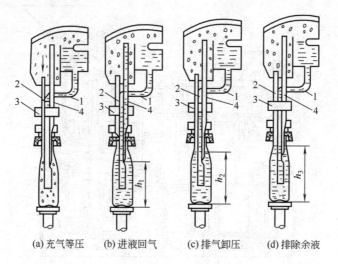

图 15-7　等压灌装过程示意图

1—进料管；2—进气管；3—旋塞；4—排气管

④ 排除余液。旋塞 3 转至进料管 1，进气管 2 和排气管 4 都与储液箱隔开，当瓶子下降时，旋塞 3 下部进料管 1 内的液体流入瓶内，使瓶内液位升至 h_3，完成全部灌装过程。

（2）灌装阀的清洗和消毒　灌装机安装后，在开机前必须对灌装阀和储液箱进行冲洗和消毒，消除残存的油污。冲洗的热水或冷水从入液总管送入，冲洗灌装阀时，水压应小于 0.3MPa（表压），否则灌装阀会关闭。

每班生产前，应对灌装阀和储液箱进行蒸气消毒，并用无菌压缩气吹干残存冷凝水，以免稀释液料。每班生产后，也应清洗灌装阀。

清洗灌装阀时，因无瓶顶起灌装阀，要冲洗净阀内的液道和气道，则借用清洗护罩。这个护罩套在对中罩的外圆周上，将其推上，以代替瓶子。清洗罩在冲洗、喷蒸汽消毒和喷吹无菌压缩气吹干整个过程中，都套装在灌装阀上，所有冲洗水、喷汽和吹气都从清洗护罩下端的小孔排出，这样避免污水四溅和喷汽伤人。

（3）灌装阀的特点　该灌装阀工作时，必须在瓶内气压与储液箱气压相等时才能打开阀门进行灌装，当灌装过程中出现缺瓶时，灌装阀门自动关闭不漏液，因此实现了无瓶不灌装，节省液料。

四、负压灌装机

（一）负压灌装机的结构及工作原理

GF-45 负压灌装机总体结构如图 15-8 所示。托瓶盘装在下转盘 13 上，它的升降是由升降导轮 16 来驱动的。储液箱中的液位是由液位控制装置 14 控制的。灌装阀 5 固定在上转盘 9 上，上转盘的高度可由高度调节装置 15 来调节，以适应不

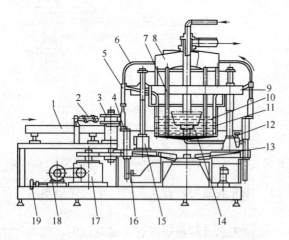

图 15-8　GF-45 负压灌装机总体结构

1—进瓶护板；2—不等距螺杆；3—进瓶拨轮；4—托瓶机构；
5—灌装阀；6—吸气管；7—真空指示管；8—真空汽缸；
9—上转盘；10—储液箱；11—吸液管；12—放气阀；
13—下转盘；14—液位控制装置；15—高度调节装置；
16—升降导轮；17—蜗轮减速箱；18—电动机；19—调速手轮

同瓶高的要求。调速手轮 19 用于无级调节主轴转速，使之符合主机生产率的要求。

灌装机工作时，空瓶由链带送入，经不等距螺杆 2 分开，间距为 110mm；再由进瓶拨轮 3 送到托瓶机构 4 上，瓶子随瓶托回转的同时，由升瓶导轮 16 带动上升 150mm；当瓶口顶住灌装阀密封圈时，瓶内空气被真空吸管 6、真空汽缸 8 吸走，瓶内形成一定的真空度。在压差作用下储液箱内液体被吸液管 11 吸入瓶内，进行灌装。灌装结束后，瓶子在凸轮导轮带动下第一次下降 60mm，使液管内存在的液料流入瓶内，瓶托再下降 90mm，瓶子进到水平位置，由出瓶拨轮将瓶子送到压盖机上。

（二）主要部件的结构

（1）托瓶机构　该机的托瓶机构是机械式的，其结构如图 15-9 所示。图中压缩弹簧 2 是由直径 3.5mm 的钢丝绕成的，弹簧的外径 28mm，在自由状态下长度为 580mm，装入上下滑筒后的长度为 480mm。这时弹簧受到的初始压力为 127.4N，以后每对弹簧增加 10mm 压缩量，弹簧压力相应增加 9.8N。

（2）灌装阀　灌装阀的结构如图 15-10 所示。待瓶子被瓶托托起，当瓶口与密封圈 4 接触密封时，吸气管 2 吸走瓶内的气体，当瓶内的真空度达到规定要求时，储液箱中液料在压力差的作用下被吸入瓶内。瓶内液面上升到吸气嘴 6 时，吸气管 2 吸入液体，液体一直上升到与真空指示管的液面相同高度为止，此时瓶子里的液面称为第一次液面。

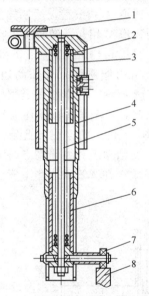

图 15-9　机械式升降机结构简图

1—托瓶台；2—压缩弹簧；3—上滑筒；

4—滑筒座；5—拉杆；6—下滑筒；

7—滚动轴承；8—凸轮导轨

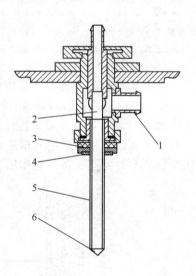

图 15-10　灌装阀结构简图

1—吸液管；2—吸气管；3—调整垫片；

4—密封圈；5—进液管；6—吸气嘴

当托瓶机构进入第一次下降工位，下降的距离达到 60mm 后，进液管 5 下端仍插在瓶内，而吸气管的液料被吸到真空气孔，通过真空指示管回流到储液箱中。阀体内的存液一部分随同吸料管流入储液箱，一部分流入瓶内，此时瓶内的液面称为第二次液面，即达到灌装要求。

调节灌装阀上的调整垫片 3 的数量，就可以调节瓶内液位的高低，调节灌装量。

五、压力灌装机

（一）主要结构及工作原理

GT-12 活塞式灌酱机的主要结构如图 15-11 所示。储酱箱 1 用不锈钢制成，箱底与箱座焊

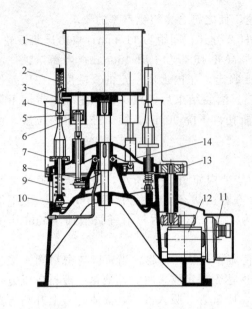

图 15-11　GT-12 活塞式灌酱机结构

1—储酱箱；2—弹簧；3—灌装活门；4—阀头；5—活
塞缸；6—活塞；7—托瓶盘；8—活塞升降凸轮；9—托
瓶盘弹簧；10—灌装阀升降凸轮；11—电动机；
12—减速器；13—传动齿轮；14—灌装台

接成一体，箱底部与轴刚性连接。在箱底部装有
12 个活塞。活塞柄的下端装有滚轮，滚轮沿环
形轨道运转，控制活塞往复运动。轨道一端装有
升降机构，调节活塞行程。12 个灌酱阀安装在
储酱箱外侧，与储酱箱相通。

电动机 11 经减速器 12 等传动元件，带动灌
装台 14 和储酱箱 1 转动。储酱箱转动带动灌装
阀转动。托瓶板在活塞升降凸轮 8 的带动下升
降。活塞杆在凸轮的作用下做升降运动，完成计
量工作。储酱箱回转带动灌装阀回转，完成灌装
工作。

（二）灌装阀

活塞式灌装阀的结构如图 15-12 所示。灌装
阀中有圆柱形滑阀 5，在滑阀上有弧形槽，槽的
大小能同时覆盖酱箱下面的通道 A 和活塞体上
部通道 B，使储酱箱和活塞体相通。当滑阀上升
时，储酱箱的通道 A 被覆盖，活塞体上的通道 B
和灌装阀上的通道 C 相通。灌装机工作时。活塞
杆在凸轮 7（图 15-11）的作用下下降，通道 A
和 B 相通，液料由储酱箱 1 底部的通道 A 经滑

阀 5 的月弧形槽 6 和通道 B 进入活塞体计量孔内，如图 15-12 所示。当空瓶进至瓶托上，瓶托
由凸轮 9（图 15-11）作用上升，瓶口顶住灌装头 8 和滑阀 5 上升，滑阀覆盖住通道 A，同时
接通灌装阀通道 C 和活塞通道 B。此时活塞杆在凸轮 7（图 15-11）的作用下上升，将活塞计
量室内液料压入瓶内，瓶内的空气由灌装头上的孔隙排出。当活塞上移到最高点时完成一次灌
装。紧接着装满酱料的瓶子在凸轮作用下向下移动，同时滑阀 5 在弹簧的作用下复位，滑阀弧

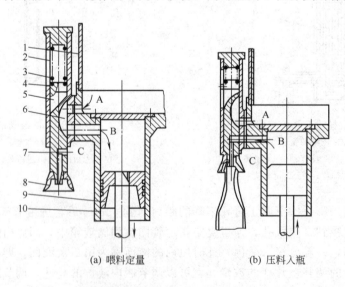

(a) 喂料定量　　　　　　(b) 压料入瓶

图 15-12　活塞式灌装阀结构简图

1—储酱箱；2—阀座；3—弹簧；4—导向螺钉；5—滑阀；6—弧
形槽；7—下料孔；8—灌装头；9—活塞；10—活塞缸体

形槽再次接通通道 A 和 B，储酱箱的酱料由储酱箱流入活塞内，活塞杆也同时在凸轮作用下下移，进行下一次灌装。

正常工作时，活塞的运动过程如图 15-12 所示：活塞在定圆柱凸轮的作用下做垂直移动。当滚轮沿路线 A 运动时，活塞下降，酱料被吸入活塞体内。当滚轮沿线路 B 运动时，活塞停止运动。滚轮沿线路 C 运动时，活塞压酱到空瓶内或回流到储酱箱内。

储酱箱内的液位高低，由三针液位计来控制，三针液位计与储酱箱内上部的食品卫生电磁阀联动。当箱内酱液在针的下限时，电磁阀打开进料；当液位在三针上限时，电磁阀关闭，停止进料，以实现液位自动控制。

第三节　散体充填包装机

充填机种类很多。按计量方式不同，可分为容积式充填机、称重式充填机和计数充填机。

一、容积式充填机

将产品按预定的容量充填至包装容器内的充填机称为容积式充填机。

根据物料容积计量的方式不同，容积式充填机可分为量杯式充填机、可调容量式充填机、气流式充填机、柱塞式充填机、螺杆式充填机、计量泵式充填机、插管式充填机、料位式充填机、定时充填机等。

容积式充填机适合于干料或稠状流体物料的充填。它的特点是结构简单、计量速度快、造价低，但计量精度较低。因此，它适用于价格比较便宜的物品的包装作业。

（一）螺杆式充填机

螺杆式充填机是通过控制螺杆旋转的转数或时间来量取产品，并将其充填到包装容器内的机器。

螺杆式充填机结构如图 15-13 所示。螺杆式充填机主要由螺杆计量装置、物料进给机构、传动系统、控制系统、机架等组成。

螺杆充填机的漏斗状料斗里有一个旋转的螺杆，它以恒速送出一定的物料。螺杆一般是竖直地装在漏斗中，送料管则向下直接对准容器。当容器到位后，传感器发出信号使电磁离合器合上，带动螺杆转动。料加好后，离合器脱开，制动器使螺杆停止转动，物料停止流下。

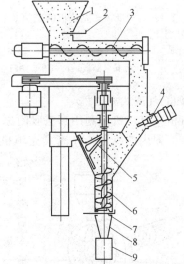

图 15-13　螺杆式充填机
1—料仓；2—插板；3—水平螺旋给料器；
4—料位检测器；5—搅拌器；6—垂直螺旋给料器；
7—闸门；8—输出导管；9—包装容器

（二）量杯式充填机

量杯式充填机是采用定量的量杯量取产品，并将其充填到包装容器内的机器。量杯式充填机的充填装置如图 15-14 所示。物料经料仓 1 自由地靠重力落到计量杯内，圆盘口上装有数个（图中为 4 个）量杯和对应的活门底盖 4，圆盘上部为外罩 2。当转盘主轴 8 带动圆盘 7 旋转时，粉料刮板 10（与供料斗 1 固定在一起）将量杯 3 上面多余的物料刮去；当量杯转到卸粉工位时，开启圆销 6 推开定量杯底部的活门 4，于是量杯中的物料在自重作用下充填到下方的容器中去；当量杯转到装料工位时，闭合圆销 5 推回定量杯底部的活门 4，物料进入到固定量杯中，重复下一个工作循环。

该装置是容积固定的计量装置，其定量不能调整，若要改变定量，则要更换量杯。

（三）可调容量式充填机

可调容量式充填机是采用可随产品容量变化而自动调节容积的量杯量取产品，并将其充填到包装容器内的机器。可调容量式充填机如图 15-15 所示。量杯由上、下两部分组成。通过调节机构可以改变上、下量杯的相对位置，实现容积微调。微调可以自动进行，也可以手动进行，计量精度可达 2%～3%。自动调整信号是通过对最终产品的质量或物料密度的检测来获得的。

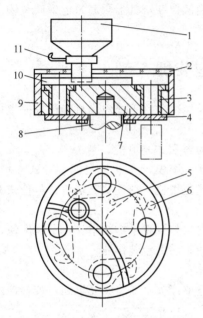

图 15-14　量杯式充填机的充填装置

1—供料斗；2—外罩；3—量杯；4—活门；5—闭合圆销；6—开启圆销；7—圆盘；8—转盘主轴；9—壳体；10—刮板；11—下料闸门

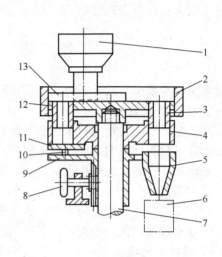

图 15-15　可调容量式充填机

1—料斗；2—护圈；3—固定量杯；4—活动量杯托盘；5—下料斗；6—包装容器；7—转轴；8—手轮；9—转盘；10—活门导柱；11—活门；12—调节支架；13—刮板

（四）气流式充填机

气流式充填机是利用真空吸附原理量取定量容积的产品，并采用净化压缩空气将产品充填到包装容器内的机器。气流式充填机结构如图 15-16 所示。该充填机的结构核心是一个充填轮，在其轮辐内装有量杯。量杯直径一般为 1～150mm，高约 150mm。量杯不一定是圆形截面，可以是环形、椭圆形、方形、矩形等。工作时，充填轮做匀速间歇转动，当轮中量杯口与料斗接合时，恰好配气阀也接通了真空管，物料就被吸入量杯。当量杯转位到包装容器的上方时，量杯中的物料就被经过配气阀输送来的压缩空气吹到容器中去。

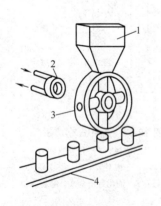

图 15-16　气流式充填机

1—料斗；2—配气阀；3—充填轮；4—输送带

（五）柱塞式充填机

柱塞式充填机是采用调节柱塞行程而改变产品容量的柱塞筒量取产品，并将其充填到包装容器内的机器。柱塞式充填机计量装置如图 15-17 所示。柱塞式充填机的计量和充填过程是：当柱塞推杆 7 向上移动时，由于物料的自重或黏滞阻力，使进料活门 5 向下压缩弹簧 6，于是物料从活门 5 与柱塞顶盘 3 的环隙进入柱塞下部缸体 2 的内腔中，当柱塞 4 向下移动时，活门 5 在弹簧的作用下关闭环隙（这时柱塞上部的物料对活门 5 的压力显然减少了许多），柱塞 4 下部的物料被柱塞压出并充填到容器中去。该装置的计量是通过柱塞 4 的往复运动，在柱塞两极限位置间形成的一定空间的容腔来计量物料的。

（六）计量泵式充填机

计量泵式充填机是利用计量泵中齿轮的一定转数取产品，并将其充填到包装容器内的机器。计量泵可以采用常见的齿轮泵，也可以采用转阀式计量泵，如图 15-18 所示。转阀 2 转 1 圈，充填 2 次。每次的容量可用调节螺钉 3 调节，其充填速度与转阀转速有关。转阀不能太快，否则容腔太小。

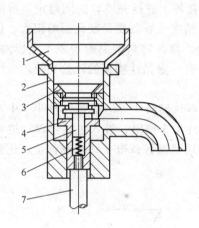

图 15-17　柱塞式充填机计量装置示意图
1—料斗；2—缸体；3—柱塞顶盘；4—柱塞；
5—活门；6—压缩弹簧；7—柱塞推杆

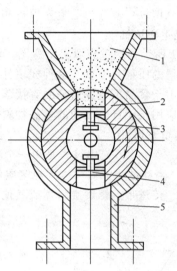

图 15-18　计量泵式充填机计量装置示意图
1—料斗；2—转阀；3—调节螺钉；
4—活门；5—出料口

（七）插管式充填机

插管式充填机是将内径较小的插管插入储料斗中，利用粉末之间的附着力上粉，到卸粉工位由顶杆将插管中的粉末充填到包装容器内的机器。插管式充填机的结构如图 15-19 所示。工作时，先将内径较小的插管 1 插入具有一定粉层高度的储料槽 4 中，由于粉末之间及粉末与管壁间都有附着力，所以当插管 1 被提起时也不致使粉末脱落下去，当插管转到卸粉工位时，由

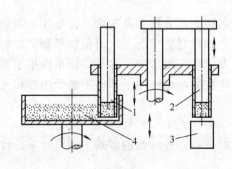

图 15-19　插管式充填机
1—插管；2—顶杆；3—容器；4—储料槽

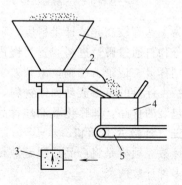

图 15-20　定时振动充填机
1—料斗；2—振动供料器；3—定时
器；4—容器；5—传送带

顶杆 2 将插管 1 中的粉末推入容器 3 中去。

（八）料位充填机和定时充填机

料位充填机是通过控制充填到包装容器内的产品料面高度的方法进行计量和充填的机器。定时充填机是通过控制产品流动的时间或调节进料管流量而量取产品，并将其充填到包装容器内的机器。利用振动供料机保持稳定供料的定时充填机结构如图 15-20 所示。定时器 3 控制振动料斗 1 的起停，充填入容器 4 内的物料容积，基本上与振动供料器 2 每次供料的时间长短成正比。这种充填机的计量精度是很差的，可作为称重式充填机的预计量。

二、称重式充填机

称重式充填机一般分为毛重充填机和净重充填机。

（一）毛重充填机

图 15-21 所示为毛重充填机示意图，将包装容器放在秤上进行充填，达到规定质量时停止进料，故称得的质量为毛重。这种充填计量方法的计量精度受容器质量变化影响很大，计量精度不高，但由于食品不经计量斗而直接落入容器中称量，食品物料的黏附现象不会影响计量，因此，除可应用于能自由流动的食品物料外，还适用于有一定黏性物料的计量充填。

（二）净重充填机

如图 15-22 所示，充填过程是用一个进料器 2 把物料从储料斗 1 运送到计量斗 3 中，由秤 4 连续称量，当计量斗中物料达到规定质量时即通过落料斗 5 排出，进入包装容器。进料可用旋转进料器、传送带、螺旋推料器或其他方式完成，并用机械秤或电子秤控制称量，达到规定的质量。

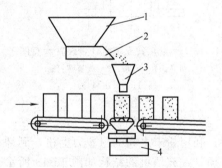

图 15-21　毛重充填机示意图
1—储料斗；2—进料器；
3—落料斗；4—称量机构

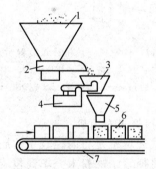

图 15-22　净重充填机示意图
1—储料斗；2—进料器；3—计量斗；4—秤；
5—落料斗；6—包装件；7—传送带

为了达到较高充填计量精度，可采用分级进料方法，即大部分物料高速进入计量斗，剩余小部分物料通过微量进料装置缓慢进入计量斗。在采用电脑控制的情况下，对粗加料和精加料可分别称量、记录、控制，做到差多少补多少，称量精度很高，所以净重称量广泛地应用于要求高精度计量的自由流动固体物料，如奶粉、咖啡等固体饮品，也可用于那些不适于用容积充填法包装的食品，如膨化及油炸食品等。

三、计数式充填机

计数充填机是将产品按预定数目充填至包装容器内的机器。按计数的方式不同可分单件计数和多件计数两类。

（一）单件计数充填机

单件计数充填机是采用机械、光学、电感应、电子扫描方法或其他辅助方法，逐件计数产品件数，并将其充填至包装容器内的机器。根据计数装置不同，单件计数充填机有转盘式计数充填机、履带式计数充填机等。

（1）转盘式计数充填机 转盘式计数充填机是利用转盘上的计数板对产品进行计数，并将其充填到包装容器内的机器。

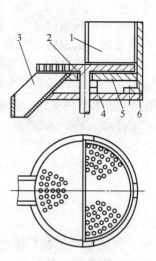

转盘式计数充填机结构如图 15-23 所示。该机在包装时，转动的定量盘 2 上的小孔通过料箱底部时，料箱中的物料就落入小孔中（每孔 1 粒），由于定量盘上的小孔计数额分成 3 组，互成 120°方位，所以当定量盘上的小孔有两组进入装料工位时，则必有一组处在卸料位置，物料通过卸料槽口充入包装容器。为确保物料能顺利地进入计量盘的小孔中，常使定量盘上小孔的直径比物料的直径略大 0.5～1mm，盘的厚度也比物料厚度（或直径）稍大些。料箱正面平板多采用透明材料，以利于观察料箱内物料及充填入孔的情况。此板底部与定量盘上面不宜留有过大间隙以防物料多余转出或将物料刮碎。

图 15-23 转盘式计数机结构示意图
1—料斗；2—定量盘；3—卸料槽；
4—底盘；5—卸料盘；6—支架

（2）履带式计数充填机 履带式计数充填机是利用履带上的计数板对产品进行计数，并将其充填到包装容器内的机器。

单件计数充填机适用于物料呈杂乱堆积而需要计数包装的情况，如颗粒状的巧克力糖、药片等，它们都各自具有一定的质量和形状，但难于排列，其包装时常常以计数方式进行。

（二）多件计数充填机

多件计数充填机是利用辅助量，如长度、面积等，进行比较以确定产品件数，并将其充填到包装容器内的机器。它通常有长度计数机构、容积计数机构、堆积计数机构等。

（1）长度计数机构 长度计数机构如图 15-24 所示。计数时，排列有序的产品经输送机构送到计量机构中，行进产品的前端触到计量腔的挡板时，压迫挡板上的电触头或机械触头，发出信号，指令推进器迅速动作，将一定数量的产品推到包装台上进行裹包包装。该机构常用在饼干、云片糕包装或茶叶等小盒包装以后进行第二次大包装等场合。

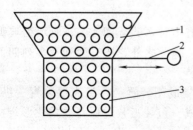

图 15-24 长度计数机构示意图
1—输送带；2—被包装产品；3—横向推板；4—触点开关；5—挡板

（2）容积计数机构 容积计数机构的原理如图 15-25 所示。物料自料斗 1 下落到计量箱内，形成有规则的排列。计量箱充满时，即达到预定的计量数，这时料斗与计量箱之间的闸门

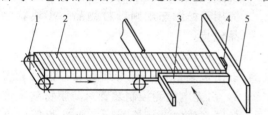

图 15-25 容积计数机构示意图
1—料斗；2—闸门；3—计量箱

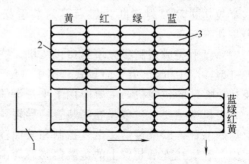

图 15-26 堆积计数机构示意图
1—托体；2—料斗；3—被包装物品

关闭，同时计量箱底门打开，物品就进入包装盒。此次包装完毕，计量箱底门关闭，进料闸门打开，于是第二次包装计量工序就开始了。

（3）堆积计数机构　普通的堆积计数机构如图 15-26 所示。该机构工作时，计量托与上下推头协同动作，完成取量及大包装的工作。开始时，托体 1 做间歇运动，每移动 1 格，从料斗 2 中落送一包至托体 1 中，但料斗的启闭时间随着托体的移动均有一相应的滞差，故托体 1 移动 4 次后才能完成一大包的计量充填。

该机构主要用于几种不同品种的组合包装，每种各取一定数量（或等额，或不等额）包装成一个大包。它还可用于小包的形状式样及大小有所差异的物料的计数包装。

第四节　多功能包装机

一、袋成型充填封口机

这类包装机有很多形式，就包装结构分，主要有枕形袋、扁平袋、角形自立袋等类型。

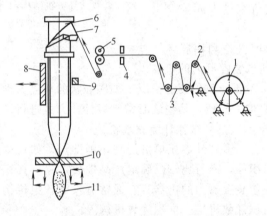

图 15-27　枕形袋成型制袋充填封口包装机示意图
1—卷筒；2—导辊组；3—张力装置；4—光电检测控制装置；
5—翻领成型器；6—充填管；7—计量充填装置；8—张紧装置；
9—纵向热封装置；10—横向热封装置；11—枕形袋包装件

（一）立式袋成型充填封口包装机

（1）枕形袋立式成型制袋充填封口包装机　这类袋装机也有许多形式，图 15-27 所示为翻领成型器成型制袋的枕形袋成型制袋充填封口包装机，有多种规格，主要应用于粉粒物品包装，也可应用于松散态规则颗粒物品、小块状物品包装。

机器的包装工艺过程为：从卷筒 1 引出包装薄膜绕经导辊组 2、张力装置 3，由光电检测控制装置对薄膜材料上商标图文位置进行检测后，通过翻领成型器 5 卷合成薄膜圆筒裹包在充填管的表面。先用纵向热封装置 9 对卷合成筒的薄膜接口部位热封，然后成密封筒状的薄膜移动到横向热封装置 10 处进行横封，构成包装袋筒。计量充填装置 7 把计量好的物品通过上部充填管 6 充填入包装袋内，再由横向热封装置 10 热封并在居中切断，形成下部的包装袋成品，并同时形成下一个筒袋的底部封口。为了使包装过程延续进行，包装材料由牵拉进给装置，即图示横向热封装置夹持，按工作节拍和光电检控装置控制，完成包装材料的牵拉送进和热封切断，然后热封装置松开对包装成品的夹持、空程向上返回，进行下一个工作循环。

（2）扁平袋成型制袋充填封口包装机　这类袋装机也有多种形式，图 15-28 所示为典型的两种机型：图中（a）为三面封式，图中（b）为四面封式。除此之外，还有两列及多列四面封式及其他类型的包装机，主要应用于小份量的粉粒物料包装。

此类机型主要由包装膜卷筒装置、导辊预松装置、制袋成型装置、计量充填装置、纵封、横封切断装置，以及传动、电气控制和其他辅助装置等组成。包装工艺过程与立式枕形袋机型相类似，置放在支承装置上的包装薄膜卷筒由预松装置 3 牵拉，经导辊 2 松展成包装材料带，通过制袋成型器 5 折合成重叠带；用纵封装置 7 热封重叠带纵向开口而得到扁平管筒；再由横封装置 8 热封前端开口而成长筒扁平包装袋；物料通过计量充填装置 6 充填入成袋中，热封上

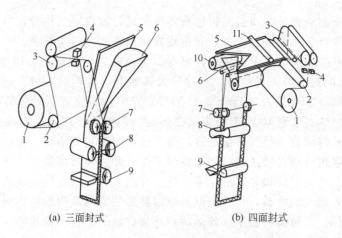

(a) 三面封式   (b) 四面封式

图 15-28　扁平袋成型制袋充填封口包装机示意图

1—包装用薄膜卷；2—导辊；3—预松装置；4—光电控制装置；

5—制袋成型器；6—计量充填装置；7—纵封装置；8—横封

装置；9—切断装置；10—转向辊；11—压辊

袋口、切断而完成包装。

（3）角形自立袋立式成型制袋充填封口包装机　这一类型的包装机不仅可进行粉粒物品包装，亦可应用于松散颗粒物料、小块状物品乃至液体类食品，也有多种机型。图 15-29 所示的角形自立袋立式成型制袋充填封口包装机先将包装材料成型为圆形管筒，再制作成角形自立袋，然后进行充填包装。包装薄膜从卷筒引出成材料带，经光电检测器、导辊 12 后到达翻领成型器 10，在成型圆筒导管 11 表面卷合成圆筒形；由纵向预封装置 9 对卷合的叠合部位进行热熔封合，然后通过过渡导管到达等边长的方筒导管 8 表面，用纵封装置 7 把纵接缝再封合使之美观；由烫角器 6 烫出四个角棱，使之成为方形薄膜管筒，然后由横封装置 4 封接底口形成包装袋。由计量充填装置把包装物料通过充填管 5 装入袋中，再钳合袋

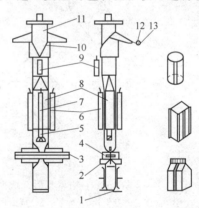

图 15-29　角形自立袋立式成型制袋充填封口包装机示意图

1—折合袋底装置；2—排气钳；3—夹带钳；4—横封装置；

5—充填管；6—烫角器；7—纵封装置；8—方筒导管；

9—纵向预封装置；10—翻领成型器；11—成型

圆筒导管；12—导辊；13—包装薄膜

口、排气、封合袋口、切断而完成一个工作循环。正常工作中，下面成品袋口的封合和上面袋底封合是一次完成，居中切断分开；横封切断装置受包装袋筒牵拉装置作用，夹持薄膜向下牵拉一个袋长距离，而后松开，空程返回。分离下来的包装袋由折合袋底装置 1 折合成平底，而后排出机外。

（二）卧式袋成型充填封口包装机

这类包装机也有很多种类型，块状物料的卧式成型制袋充填封口包装机，松散粉粒物料的枕形袋卧式成型制袋充填封口包装机较少见。角形自立袋的卧式成型制袋充填封口包装机与软纸盒的成型充填封口包装机类似。因此只介绍扁平袋的包装机。

扁平袋卧式成型制袋充填封口包装机也有多种形式，按包装结构分，有二面封结构和四面封结构的包装机；按包装机结构特征分，有直线式和回转式卧式包装机。

图 15-30 所示为直线式卧式成型制袋充填封口包装机工作原理图。图中（a）为三面封结构，图中（b）为四面封结构。其包装工艺过程大体如下：从卷筒 1 拉下的包装材料由导辊 2 导引，经成型折合器 3 和保持杆 4 折合成 U 形带；光电检测装置 5 对包装材料上装潢图文位距进行检测，然后由热封装置对 U 形带实施热熔封接两侧面、底边而完成制袋。牵引送进装置 7 做往复直线运动将成袋及材料牵引送进，每次送进一个袋宽距离，由切断装置 8 裁切成单个包装袋，然后由袋钳将袋钳持送进；在开袋口工位由开袋装置将袋口吸开，并往袋内喷吹压力空气使袋口扩开，并由钳持包装袋的钳手保持张开的袋口，以便使装填物料顺利进入。袋子送到计量充填工位完成装填物料，再在整形工位由整形装置对袋中松散物料实施整形处理，使其袋形便于封口操作，且钳袋的钳手往外运动，让袋口恢复平直闭合状态，在封口工位完好热封，得到的包装件从机器中排出。

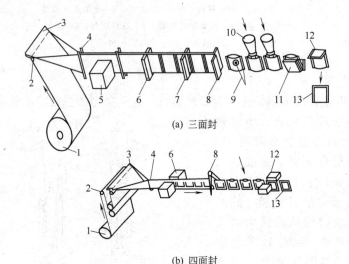

(a) 三面封

(b) 四面封

图 15-30　直线式卧式成型制袋充填封口包装机工作原理图
1—卷筒；2—导辊；3—成型折合器；4—保持杆；5—光电检测装置；
6—成袋热封装置；7—牵引送进装置；8—切断装置；9—袋开口装置；
10—计量装填装置；11—整形装置；12—封口装置；13—成品排出装置

二、热成型充填封口机

热成型充填封口机是在加热条件下对热塑性片状包装材料进行深冲，形成包装容器，然后进行充填和封口的机器。在热成型包装机上能分别完成包装容器的热成型、包装物料的充填（定量）、包装封口、裁切、修整等工序。该机又称为吸塑包装机，现广泛应用于食品、药品、文具、日用品、电子元器件等的包装。

（一）连续卧式热成型充填封口机

图 15-31 所示为连续卧式热成型充填封口机组成示意图。其工作过程是：塑料片材经加热器 3 加热后，随即被真空成型辊 2 的凹模吸入成型为泡状，并被冷却定型，随后脱模，被拉到充填料斗 4 的下方，物料（药品）便自动充填到泡状容器中。当运行到热封辊 6 处时，被面板（盖材）覆盖、封口。最后由冲裁机构 8 冲裁，成品 10 输出，废料则由废料卷辊 9 卷取。

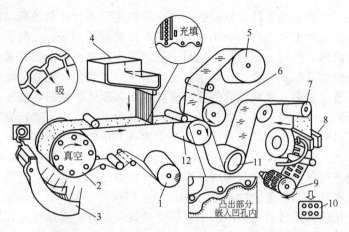

图 15-31 连续卧式热成型充填封口机组成示意图

1—薄膜卷；2—真空成型辊；3—加热器；4—充填料斗；5—盖材卷；

6—热封辊；7—导辊；8—冲裁机构；9—废料卷辊；

10—成品；11—张紧辊；12—热封主动辊

（二）立式小型热成型充填封口机

图 15-32 所示为该机的组成示意图。其工作原理与连续卧式热成型包装机相似。该机的主运动方向为立式，故占地小，结构紧凑，适合于小件多品种产品的生产。

三、无菌包装机

无菌包装机械按自动化程度可分为全自动和半自动两种，前者一体化占地少，操作工也少，后者多机组占地略多，操作工相对也多些；按使用包装容器可分为复合纸盒包装、复合大

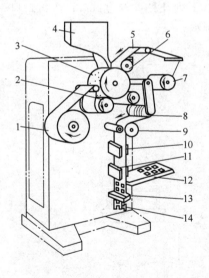

图 15-32 立式小型热成型充填封口机组成示意图

1—薄膜卷；2—加热滚筒；3—真空成型模；4—料斗；

5—盖材卷；6—热封辊；7—导辊；8—张紧装置；

9—传送辊；10—打印装置；11—冲裁模；

12—输送器；13—剪切装置；14—废料

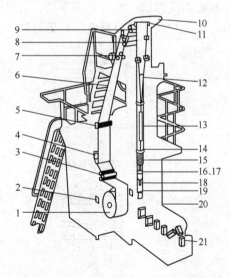

图 15-33 利乐无菌包装机工作原理示意图

1—卷材；2—光敏电阻；3—展平辊；4—打印装置；

5—弯曲辊；6—接头记录器；7—封条粘贴器；

8—双氧水浴槽；9—挤压辊；10—空气收集罩；

11—导辊；12—无菌物料充填管；13—纵封加热器；

14—纵封封口环；15—环形电热管；16—液面；

17—不锈钢浮标；18—充填管端口；19—横封器；

20—接头纸盒分拣装置；21—无菌产品

袋包装、塑料杯装三大类，前者适应性最强，可广泛应用于各种饮料及乳品的消费包装，而复合大袋包装仅适用于大中型加工厂的分销包装，塑料杯装则适用于一般的饮料消费包装；按包装产品形状可分为砖形、枕形、三角形、屋形、开启式袋和杯形，前四种包装已广泛流行，包装占据空间少，外包装只需纸托盘或小纸箱就行，而开启式袋包装还要另加铁桶包装，而塑料杯装占据空间比复合纸盒多，外观没有纸盒那样美观和多款式；按机器安放形式还可分为立式和卧式两种。前者向空中发展，具备的厂房要高，一般为 $4.5\sim5m$，要特意建造，后者则占地较多，普通厂房就可以了，不必特意建造。本节主要以利乐包装为例简单介绍如下。

利乐无菌包装机工作原理如图 15-33 所示。在利乐包装机上，包装材料向上传送时，其内表面的聚乙烯层会产生静电荷，来自周围环境的带有电荷之微生物便被吸附在包装材料上，并在接触食品的表面蔓延。所以包装材料经过 H_2O_2 水溶槽时，经 35% H_2O_2（其中含 0.3% 湿润剂）杀菌，达到化学灭菌目的。但冷的 H_2O_2 杀菌效果不好，需加热处理以提高 H_2O_2 的杀菌效率。包装材料经过挤压辊时挤去多余的 H_2O_2，此后包装材料便成为筒状，向下延伸并进行纵向密封。无菌空气从制品液面处吹入经过纸筒不断向上吹去，以防再度被细菌污染。

第五节　封 口 机 械

一、容器封口形式

封口的形式与包装容器有着密切关系，包装容器的品种是多种多样的，以制造容器的材料而言，有纸、塑料及复合材料，也有金属薄板、玻璃、陶瓷和木材等材料；就容器的造型来说，有不同形状的罐、瓶、盒、箱等；如以容器的刚度来分，则有刚性包装容器和柔性包装容器之别。

根据刚性容器密封方法的不同，封口的形式主要有下列几种：卷边封口；压盖封口；压塞封口；滚纹封口；滚边封口；旋盖封口。如图 15-34 所示。

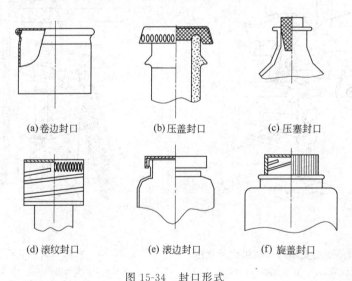

(a) 卷边封口　　(b) 压盖封口　　(c) 压塞封口

(d) 滚纹封口　　(e) 滚边封口　　(f) 旋盖封口

图 15-34　封口形式

二、常见刚性容器封口机械

(一) GT4B6 型自动卷边封口机

与同类卷边封口机相比，该机有结构紧凑、运转平稳、操作方便、生产率高等优点；但也存在运转时噪声较大、无盖时电器自动控制电压高、机头升降麻烦等缺点。目前这种卷边封口

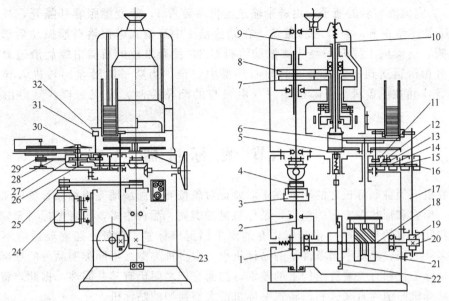

图 15-35　GT4B6 型自动卷边封口机传动系统示意图

1—蜗轮；2—传动轴；3—摩擦离合器；4—大带轮；5—托罐盘；6—送罐进盖拨盘；
7,8,12,13,14,15,16,26,27,32—齿轮；9—垂直分配轴；10—压盖杆；11—带轮；
17—分盖器传动轴；18—水平传动轴；19,20—螺旋齿轮；21—转位凸轮；
22—托罐凸轮；23—蜗杆；24—电动机；25—小带轮；28—传送带；
29—送罐转盘；30—分罐转盘；31—分盖器

机主要用于空罐车间封底盖。图 15-35 为 GT4B6 型自动卷边封口机传动系统示意图。

（二）BZYG-8 型王冠盖压力封口机

该机主要由送瓶机构、送盖装置、压盖机主体、安全机构、电气控制五个部分组成，如图

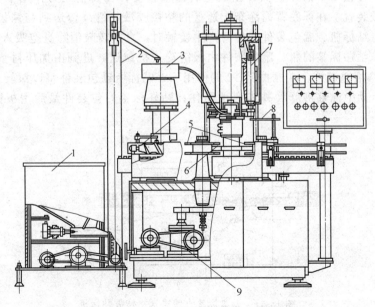

图 15-36　BZYG-8 型王冠盖压力封口机

1—储盖箱；2—磁性带；3—斗式振动给料器；4—供瓶装置；5—进瓶拨轮；
6—压盖转盘；7—压盖机头；8—吊瓶安全装置；9—无级变速器

15-36 所示。完成灌装后的瓶子，由链带输送至供瓶装置 4，经变螺距螺杆隔开，被进瓶拨轮 5 转送到压盖转盘 6 上；封口用的瓶盖，在储盖箱 1 中经槽式电振给料器振动后送出，被磁性带 2 吸附，连续向上提升，经斗式振动给料器 3，使杂堆放的瓶盖沿螺旋滑道自动定向排列输出，并由滑道送到压盖机头 7 的导向环槽中定位。当瓶子随转盘回转进入导向环下部时即被加盖，并在压盖机头下降运动时（由机身的凸轮控制）完成封口，然后由出瓶拨轮输出。

第六节　贴标机械

贴标签机（简称贴标机）的功能在于对贴标对象按要求圆满地完成粘贴标签的工作。由于贴标材质、形式和形状等方面的差别，贴标机械的类型、品种很多，再者贴标对象物上的标签要求不尽相同：有的只需贴一张身标，有的要求贴封口标签。此外，还需要适应不同生产率等。基于多种原因，满足不同条件下的贴标机也有很多种类型。不同类型品种的贴标机，它们之间存在贴标工艺和有关装置结构上的差别，然而它们之间仍有其共性。据此，就可以将各种各样的贴标机归纳为直线式和回转式贴标机两大类典型的贴标机。

一、直线式贴标机

直线式贴标机中，贴标对象物在整个贴标过程中做直线或近似直线运动。

图 15-37 为用卷盘标签的圆柱身瓶罐包装件的卷盘直线式真空转鼓贴标机示意图。待贴标瓶、罐包装件，由板链输送机 8 载送供给，由分隔轮 9 定时分隔后，被锯齿形拨轮 10 拨送行进。标签自标签卷盘 1 引出松展成带，绕经导辊 2、打印装置 3 而到达由输送对辊组成的输送装置 4，由输送对辊牵拉标签带做输送喂进，回转式裁切装置 5 对喂送来的标签带进行裁切，使之成为标签页片。标签裁切的长度与标签带上标签实有间距相适应，为此，贴标机标签带输送系统应设置标签间距检测装置和及时调节输送装置 4 运行速度的装置，使裁切下的标签完整、符合要求。被裁切下的标签页片由真空转鼓 6 接受，在真空吸力作用下吸持住做回转传送。传送中涂胶装置 7 在标签背面涂布上适量的粘接胶液，继续传送到与锯齿形拨轮 10 拨送过来的相应待贴标瓶、罐包装件圆柱身产生接触时，真空转鼓消除真空吸入，标签粘贴到瓶罐的表面之后，粘贴标签的瓶、罐包装件由板链输送机载送，进到由加压衬垫板 11 和摩擦带 12 组成的贴标摩滚通道中，在摩擦带 12 的作用下，贴标瓶罐包装件将以滚转运动的形式向前行进，在滚转运动中标签将舒展并牢实地贴住；贴好标签的包装件最后由板链输送机 8 载送排出。

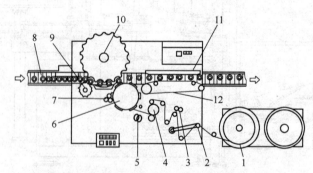

图 15-37　卷盘标签直线式真空转鼓贴标机

1—标签卷盘；2—导辊；3—打印装置；4—输送装置；5—回转式裁切装置；6—真空转鼓；7—涂胶装置；8—板链输送机；9—分隔轮；10—锯齿形拨轮；11—加压衬垫板；12—摩擦带

二、回转式贴标机

在回转式贴标机的贴标工作中、贴标对象物由板链输送机与回转工作台交替载运着通过相应的贴标工作区段，接受贴标。包装件在贴标机上行经了一条由直线-圆弧组成的轨迹。回转式贴标机也可以按所用标签形式、机器结构特点、取标方式及贴标对象物等进行分类。

回转式真空转鼓贴标机是回转式贴标机中应用较为广泛的一种类型。这是由于这种类型的贴标机采用真空转鼓结构部件，具有吸标、传输、贴标等多方面功能，能提高贴标工作效率和工作可靠性，且可促成机器结构合理简化。

图 15-38 为用于页片标签的圆柱身瓶、罐包装件回转式真空转鼓贴标机的示意图。其贴标工作过程为：被贴标对象物即圆柱身瓶包装件，先由板链输送机 4 载运行经不等距分件供送螺杆 6，将瓶、罐包装件实现等分间距，星形拨轮 7 将不等距分件供送螺杆 6 中传送出的瓶、罐包装件接续着供送到回转工作台 9 上就位，由回转工作台 9 载运着一起回转，页片式标签放置在标签盒 12 中，标签盒不运动，可随时添补标签。取标转鼓 1 回转中，

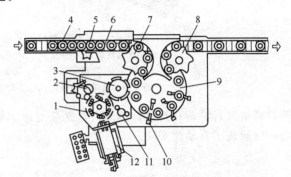

图 15-38　圆柱身瓶、罐包装件用回转式真空转鼓贴标机示意图
1—取标转鼓；2—涂胶装置；3—真空转鼓；4—板链输送机；
5—分隔轮；6—不等距分件供送螺杆；7,8—星形拨轮；
9—回转工作台；10—理标毛刷；11—打印装置；12—标签盒

先经过涂胶装置 2 而对取标板涂布上粘接胶液。经胶化浓缩转到标签盒所在位置时，取标弧板受凸轮碰块作用，从标签盒前面黏附出一张标签进行传送，传送中打印装置 11 于标签上打印上代码，在传送到与真空转鼓 3 接触位置时，分离铲将标签自取标转鼓 1 上剥离，并引导到真空转鼓真空吸持表面，利用真空吸持做回转传送。当与回转工作台 9 上的瓶罐包装件对应接触时，真空转鼓即释放真空吸力，标签转移粘贴到瓶、罐包装件表面。之后再由工作台载运回转，凸轮装置促成瓶、罐转换位置，让包装件上所贴标签能受到理标毛刷 10 的梳理，使标签舒展并贴牢。最后定位压头升起与瓶、罐包装件分离，瓶、罐包装件由星形拨轮 8 自回转工作台 9 上排卸到板链输送机 4 上载送排出。

第七节　自动包装生产线概述

食品包装自动线为包装产品的质量及食品生产的高速化规模化提供了保证，特别是计算机在包装控制和管理上的应用，以及包装机械手、机器人在自动包装线上的应用，使包装线不断完善，具有更广的适应性和一定的柔性，适应了包装市场上千变万化的多品种的包装要求，使包装自动线朝着包装自动化车间和自动化工厂发展。

现代食品包装自动线已发展成包括包装容器的成型制造成包装材料的印刷、裁切等包装材料容器的制备机械在内的各种完整的包装工程综合自动化线。图 15-39 所示为一条容器成型与产品包装综合自动线。该自动线由四台吹塑机组组成的自动吹瓶机组与运瓶器、瓶子漏斗、直立机、灌装机、封盖机、箱成型与装箱封箱机、输送装置和转向装置组成混联半柔性自动包装生产线。由自动吹瓶机组吹塑成型的瓶子落入无菌传送带上，被送至运瓶器，然后把瓶子送到瓶子漏斗储存后输送到直立机，在直立机里，瓶口被朝上排列好输出，通过输送装置到达灌装机进行灌装；而后送到封盖机封盖，再送往贴标机进行贴标；再经过转向装置后输送到箱成型

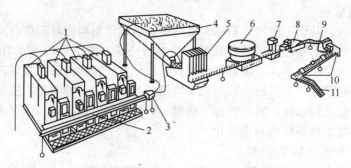

图 15-39　容器成型与产品包装综合自动线

1—自动吹瓶机组；2—传送带；3—运瓶器；4—瓶子漏斗；

5—直立机；6—液体灌装机；7—装盖封盖机；8—贴标机；

9—箱成型与装箱封箱机；10—转向装置；11—输送装置

和装箱封箱机进行装箱和封箱，然后由输送装置送到堆码机堆码，整个车间只安置了这样一条自动线，即形成了自动化车间。

参 考 文 献

1 许占林主编. 中国食品与包装工程装备手册. 北京：中国轻工业出版社，2000

2 徐景珩主编. 未来十年中国食品和包装机械发展趋势. 北京：中国轻工业出版社，1998

3 刘协舫，郑晓，丁应生，罗陈等编著. 食品机械. 武汉：湖北科学技术出版社，2002

4 崔建云主编. 食品加工机械与设备. 北京：中国轻工业出版社，2004

5 张裕中主编. 食品加工技术装备. 北京：中国轻工业出版社，2000

6 胡继强主编. 食品机械与设备. 北京：中国轻工业出版社，1999

7 沈再春. 农产品加工机械与设备. 北京：中国农业出版社，1997

8 陆振曦. 食品机械原理与设计. 北京：中国轻工业出版社，1999

9 闻邦椿，刘凤翘，刘杰. 振动筛、振动给料机、振动输送机的设计与调试. 北京：化学工业出版社，1989

10 顾尧臣. 粮食加工设备工作原理、设计和应用. 武汉：湖北科学技术出版社，1998

11 周坚. 小麦制粉工艺与设备. 武汉：湖北科学技术出版社，1999

12 卢寿慈主编. 粉碎加工技术. 北京：中国轻工业出版社，1999

13 庞声海，饶应昌编著. 配合饲料机械. 北京：中国农业出版社，1989

14 李兴国主编. 食品机械学. 成都：四川教育出版社，1992

15 石一兵主编. 食品机械与设备. 北京：中国商业出版社，1992

16 丁应生，罗陈. 辊式磨粉机力能传递的规律和公式. 粮食与饲料工业 [J]，1988，5

17 朱永义编著. 稻谷加工工程. 四川科学技术出版社，1988

18 王凯，冯连芳著. 混合设备设计. 北京：机械工业出版社，2000

19 丁绪淮编. 液体搅拌. 北京：化学工业出版社，1983

20 陈乙崇主编. 搅拌设备设计. 上海：上海科学技术出版社，1985

21 李兴国主编. 食品机械学. 成都：四川教育出版社，1992

22 程凌敏等编著. 食品加工机械. 北京：中国食品工业出版社，1988

23 郑晓. 辊切饼干机成型脱模力学分析. 武汉食品工业学院学报 [J]，2001，3

24 章建浩. 食品包装大全. 北京：中国轻工业出版社，2000

25 孙凤兰. 包装机械概论. 北京：印刷工业出版社，2004

26 金国森等. 干燥设备设计. 上海：上海科学技术出版社，1986

27 夏诚意等. 化学工程手册（16）干燥，北京：化学工业出版社，1989

28 赵鹤皋等. 冷冻干燥技术. 武汉：华中理工大学出版社，1990

29 潘永康等. 现代干燥技术. 北京：化学工业出版社，1998

30 华泽钊等编著. 食品冷冻冷藏原理与设备. 北京：机械工业出版社，1999

31 无锡轻工业学院等编. 食品工厂机械与设备. 北京：中国轻工业出版社，1985

32 Clive V. J. Dellino. 冷藏和冷藏工程技术. 张敏等译. 北京：中国轻工业出版社，2000

33 沈月新编著. 水产品冷藏加工. 北京：中国轻工业出版社，1996

34 黑龙江商学院食品工程系. 食品冷冻理论及应用. 哈尔滨：黑龙江科学技术出版社，1989

35 高孔荣. 发酵设备. 北京：中国轻工业出版社，1991

36 赵淮. 包装机械选用手册（上册）. 北京：化学工业出版社，2001

37 无锡轻工业学院、武汉粮食工业学院合编. 碾米工艺与设备. 重庆：中国财政经济出版社，1985